기초 탄탄, 성적 쑥쑥
시험에 나올만한 문제는 모두 모았다!

문제은행

3000제
꿀꺽수학

중3상

수학 시험에서 항상 100점을 맞는 비결은 무엇인가?
수학의 고수가 되는 길은 무엇인가?

많은 학생들이 수학은 어렵고 골치 아픈 과목이라고 생각한다. 그러나 스스로에게 맞는 공부 방법을 찾아 꾸준히 노력한다면 수학의 고수가 되는 일도 현실이 될 수 있다.

수학을 잘 하려면 같은 문제를 여러 번 반복해서 풀어야 한다.
일단 수학 문제의 바다로 뛰어든 다음 그 바다를 헤엄쳐 나가야 한다.

STEP 1_ 교과서 이해

교과서 보기 수준의 문제를 수록하여 교과서 개념을 완벽하게 이해할 수 있도록 구성하였다.

▶ 수학의 기초 실력을 탄탄하게 확립하는 단계이다. 수학은 무엇보다 기본 개념이 중요하므로 빠트리지
　말고 정복하도록 하자.

STEP 2_ 개념탄탄

학교 시험에 나올 만한 문제 중에서 간단한 계산, 기본 개념 이해를 확인할 수 있는 문제로 구성하였다.

▶ 기본적인 계산, 개념 이해도를 확인할 수 있는 단계이다. 학교 시험의 기초가 되는 중요한 과정이므로
　확실히 익혀 두자.

STEP 3_ 실력완성

계산, 이해, 문제 해결 능력을 고루 신장시킬 수 있도록 다양한 문제 유형으로 구성하였다.

▶ 학교 시험에서 출제 가능한 모든 문제 유형이 총망라되었다. 고득점의 베이스를 마련할 수 있는 중요
　한 과정이므로 최소한 세 번 이상 반복하여 학습하도록 하자.

STEP 4_ 유형클리닉

각 중단원 별로 실수하기 쉬운 유형이나 고난도의 유형을 모아 핵심적인 해결포인트를 함께 제시하였다.

▶ 각 문제별 해결포인트를 참고하여 더욱 완벽한 문제 해결을 위해 노력하자.

특장과 구성

수학은 문제 풀이에서 시작해서 문제 풀이로 끝나는 과목이라고 해도 과언이 아니다. 아무리 수학의 기본 원리와 공식을 줄줄 꿰고 있더라도 문제에 적용할 수 없다면 좋은 성적을 얻기 힘들다. 결국, 수학을 잘 하기 위해서는 「많은 문제를 반복해서 여러 번」 풀어 보는 것이 가장 좋은 방법이다.

〈꿀꺽수학〉은 학교 시험에 나올 수 있는 문제를 총망라하여 단계별로 구성한 문제은행이다.

특히, 비슷한 유형의 문제가 각 단계별로 난이도를 달리하여 여러 번 반복해서 풀어 볼 수 있도록 구성되어 수학에 자신감이 부족한 학생들에게는 최상의 문제집이 될 것이다.

이 책의 구성

STEP 5_ 서술형 만점 대비

서술형 연습을 위한 코너 채점기준표를 참고하여 단계별 점수를 확인할 수 있게 구성하였다.

▶ 서술형의 비중이 높아지고 있으므로 문제 풀이에서 꼭 필요한 단계를 빠트리지 않도록 충분히 연습하도록 하자.

STEP 6_ 도전 1등급

대단원별로 변별력 제고를 위한 고난도의 문제와 핵심 해결 전략을 제시하였다.

▶ 각 문제의 핵심 해결 전략을 참고하여 완벽하게 학교 시험에 대비하자.

STEP 7_ 대단원 성취도 평가

중간/기말고사 대비를 위하여 대단원별 성취도를 평가할 수 있도록 구성하였다.

▶ 수학의 기초 실력을 탄탄하게 확립하는 단계이다. 수학은 무엇보다 기본 개념이 중요하므로 빠트리지 말고 정복하도록 하자.

SPECIAL STEP 내신 만점 테스트

학교 시험 대비를 위한 코너, 중간고사 대비 2회분, 기말고사 대비 2회분으로 구성하였다.

기초 탄탄, 성적 쑥쑥 시험에 나올만한 문제는 모두 모았다!

문제은행 3000제 꿀꺽수학

I

실수와 그 연산

PART 01 제곱근의 뜻과 성질

1 제곱하여 a가 되는 수

[01~10] 제곱하여 다음 수가 되는 수를 모두 구하여라.

01 4

02 25

03 144

04 169

05 0.01

06 0.09

07 0.16

08 $\frac{1}{36}$

09 $\frac{49}{225}$

10 $\frac{400}{169}$

[11~16] 다음 식을 만족하는 x의 값을 모두 구하여라.

11 $x^2=36$

12 $x^2=100$

13 $x^2=0.04$

14 $x^2=0.64$

15 $x^2=\frac{9}{4}$

16 $x^2=\frac{25}{64}$

2 제곱근의 뜻

17 음이 아닌 수 a에 대하여 어떤 수 x를 제곱하여 a가 될 때, 즉 $x^2=a$일 때, x를 a의 □이라고 한다.

[18~19] 다음 □ 안에 알맞은 수를 써넣어라.

18 25의 제곱근은 제곱하여 □가 되는 수이고, $x^2=$□를 만족시키는 x의 값이다. 따라서 25의 제곱근은 □이다.

19 $\frac{9}{16}$의 제곱근은 제곱하여 □가 되는 수이고, $x^2=$□를 만족시키는 x의 값이다. 따라서 $\frac{9}{16}$의 제곱근은 □이다.

[20~25] 다음 수의 제곱근을 구하여라.

20 0

21 1

22 121

23 -81

24 0.09

25 $\frac{1}{196}$

[26~29] 다음 중 옳은 것은 ○, 옳지 않은 것은 ×를 표시하여라.

26 모든 정수의 제곱근은 두 개씩 있다. (   )

27 음수의 제곱근은 한 개뿐이다.   (   )

28 0의 제곱근은 없다.   (   )

29 양수의 두 제곱근의 절댓값은 서로 같다.
(   )

3   제곱근의 표현

30 양수 a의 제곱근 중에서 양수인 것을 양의 제곱근, 음수인 것을 음의 제곱근이라 하며, 기호 $\sqrt{}$ 를 사용하여 양의 제곱근을 [   ], 음의 제곱근을 [   ]와 같이 나타낸다.

31 기호 $\sqrt{}$ 를 [   ]라 하며, $\sqrt{a}$를 [   ] 또는 [   ]라고 읽는다. 또, $\sqrt{a}$와 $-\sqrt{a}$ 를 한꺼번에 [   ]로 나타내기도 한다.

[32~34] 다음 표의 빈칸에 알맞은 수를 써넣어라.

	a	a의 양의 제곱근	a의 음의 제곱근
32	16		
33	$(-7)^2$		
34	$\left(\dfrac{2}{3}\right)^2$		

[35~40] 다음 수의 제곱근을 근호를 사용하여 나타내어라.

35 5

36 15

37 150

38 3.2

39 14.4

40 $\dfrac{3}{5}$

[41~48] 다음 수를 근호를 사용하지 않고 나타내어라.

41 $\sqrt{9}$

42 $\sqrt{100}$

43 $-\sqrt{169}$

44 $\pm\sqrt{225}$

45 $\sqrt{0.01}$

46 $\pm\sqrt{0.49}$

47 $-\sqrt{\dfrac{25}{81}}$

48 $\sqrt{\dfrac{4}{49}}$

[49~52] 다음을 구하여라.

49 13의 양의 제곱근

50 13의 음의 제곱근

51 13의 제곱근

52 제곱근 13

4 제곱근의 성질

53 $a>0$일 때, a의 제곱근을 제곱하면 a가 되므로 $(\sqrt{a})^2=\square$, $(-\sqrt{a})^2=\square$이다.

54 근호 안의 수가 어떤 수의 제곱이면 근호를 사용하지 않고 나타낼 수 있다. 즉, $a>0$일 때, $\sqrt{a^2}=\square$, $\sqrt{(-a)^2}=\square$이다.

[55~64] 다음 값을 구하여라.

55 $(\sqrt{10})^2$

56 $-(\sqrt{75})^2$

57 $(-\sqrt{0.3})^2$

58 $-(-\sqrt{0.8})^2$

59 $\left(\sqrt{\dfrac{3}{7}}\right)^2$

60 $\left(-\sqrt{\dfrac{16}{5}}\right)^2$

61 $\sqrt{13^2}$

62 $\sqrt{0.5^2}$

63 $\sqrt{(-1.7)^2}$

64 $-\sqrt{(-11)^2}$

[65~74] 다음을 계산하여라.

65 $(-\sqrt{2})^2-(-\sqrt{5})^2$

66 $(\sqrt{2})^2+(-\sqrt{3})^2-(\sqrt{7})^2$

67 $\sqrt{0.01}\times(\sqrt{0.5})^2$

68 $-\sqrt{\dfrac{4}{25}}\div(-\sqrt{2})^2$

69 $\sqrt{(-7)^2}\times\sqrt{(-15)^2}$

70 $\sqrt{4}-\sqrt{9}\times\sqrt{25}$

71 $\sqrt{9}\times\sqrt{81}\div\sqrt{12^2}$

72 $\sqrt{(-3)^2}-\sqrt{(-2)^2}\div\{-\sqrt{(-4)^2}\}$

73 $\left(-\sqrt{\dfrac{3}{2}}\right)^2+\sqrt{\left(-\dfrac{5}{2}\right)^2}$

74 $\sqrt{49}-\sqrt{(-4)^2}+\sqrt{3^2}-(-\sqrt{2})^2$

[75~82] 다음을 근호를 사용하지 않고 나타내어라.

75 $x\geq 0$일 때, $\sqrt{x^2}$

76 $x<0$일 때, $\sqrt{x^2}$

77 $x\geq 0$일 때, $-\sqrt{x^2}$

78 $x<0$일 때, $-\sqrt{x^2}$

79 $x\geq 0$일 때, $\sqrt{(-x)^2}$

80 $x<0$일 때, $\sqrt{(-x)^2}$

81 $x\geq 0$일 때, $-\sqrt{(-x)^2}$

82 $x<0$일 때, $-\sqrt{(-x)^2}$

[83~84] $a \geq 0$일 때, 다음 식을 간단히 하여라.

83 $\sqrt{(-3a)^2} + \sqrt{(7a)^2}$

84 $\sqrt{(8a)^2} - \sqrt{(-2a)^2}$

[85~86] $a < 0$일 때, 다음 식을 간단히 하여라.

85 $\sqrt{(-3a)^2} + \sqrt{(7a)^2}$

86 $\sqrt{(8a)^2} - \sqrt{(-2a)^2}$

[87~88] $0 < x < 2$일 때, □ 안에 알맞은 부등호를 써넣고, 식을 간단히 하여라.

87 $2-x \,\square\, 0$이므로 $\sqrt{(2-x)^2} = \underline{\qquad}$

88 $x-2 \,\square\, 0$이므로 $\sqrt{(x-2)^2} = \underline{\qquad}$

[89~94] 다음 수가 자연수가 되도록 하는 가장 작은 자연수 x를 구하여라.

89 $\sqrt{3x}$

90 $\sqrt{2^2 \times 5 \times x}$

91 $\sqrt{12x}$

92 $\sqrt{\dfrac{50}{3}x}$

93 $\sqrt{3+x}$

94 $\sqrt{20-x}$

5 **제곱근의 성질**

[95~97] $a > 0$, $b > 0$일 때, 다음 □ 안에 < 또는 > 중 알맞은 부등호를 써넣어라.

95 $a < b$이면 $\sqrt{a} \,\square\, \sqrt{b}$

96 $\sqrt{a} < \sqrt{b}$이면 $a \,\square\, b$

97 $\sqrt{a} < \sqrt{b}$이면 $-\sqrt{a} \,\square\, -\sqrt{b}$

98 다음은 두 수 $\sqrt{6}$과 $\sqrt{7}$의 대소 관계를 비교하는 과정이다. □ 안에 알맞은 부등호를 써넣어라.

> $6 \,\square\, 7$이므로 $\sqrt{6} \,\square\, \sqrt{7}$

[99~102] 다음 □ 안에 < 또는 > 중 알맞은 부등호를 써넣어라.

99 $\sqrt{12} \,\square\, \sqrt{17}$

100 $\sqrt{\dfrac{1}{2}} \,\square\, \sqrt{\dfrac{1}{3}}$

101 $-\sqrt{15} \,\square\, -\sqrt{19}$

102 $-\sqrt{8} \,\square\, -\sqrt{7}$

103 다음은 두 수 $\sqrt{35}$와 6의 대소 관계를 비교하는 과정이다. □ 안에 알맞은 수 또는 부등호를 써넣어라.

> $6 = \sqrt{6^2} = \sqrt{\square}$ 이고 $\sqrt{\square} > \sqrt{35}$이므로
> $6 \,\square\, \sqrt{35}$

[104~105] 다음 □ 안에 < 또는 > 중 알맞은 부등호를 써넣어라.

104 $3 \,\square\, \sqrt{10}$

105 $\sqrt{\dfrac{2}{3}} \,\square\, \dfrac{1}{2}$

[01~04] 다음에서 밑줄 친 부분을 바르게 고쳐라.

01 16의 제곱근은 <u>4</u>이다.

02 $\sqrt{25}$는 <u>±5</u>이다.

03 $\sqrt{(-6)^2}$은 <u>−6</u>이다.

04 $\sqrt{0.9}$는 <u>0.3</u>이다.

05 다음 중 옳은 것은?

① 9의 제곱근은 3이다.
② $(-5)^2$의 제곱근은 −5이다.
③ −4는 16의 제곱근이다.
④ 음수의 제곱근은 음수이다.
⑤ $\sqrt{16}$의 제곱근은 4이다.

06 다음 중 옳은 것을 모두 골라 기호를 써라.

(ㄱ) $(-7)^2$의 제곱근은 49이다.
(ㄴ) $\sqrt{49}$의 제곱근은 $±\sqrt{7}$이다.
(ㄷ) $\sqrt{(-2)^2}=-2$
(ㄹ) x가 a의 제곱근이면 $x^2=a$이다. (단, $a>0$)
(ㅁ) 제곱근 4는 ±2이다.
(ㅂ) 양수 a의 제곱근은 a이다.
(ㅅ) $\sqrt{16}$의 제곱근은 ±2이다.

07 다음 중 'x는 12의 제곱근이다.'를 식으로 바르게 나타낸 것은?

① $x=\sqrt{12}$　　　② $x=12$
③ $x=12^2$　　　④ $x^2=\sqrt{12}$
⑤ $x^2=12$

08 다음 수의 제곱근을 구했을 때, 근호 $\sqrt{\ }$를 사용하지 않고 나타낼 수 있는 것을 모두 고르면? (정답 2개)

① 30　　　② 49
③ 108　　　④ 144
⑤ 200

09 $8.\dot{9}$의 음의 제곱근을 구하여라.

10 0.01의 양의 제곱근을 a, $\dfrac{64}{25}$의 음의 제곱근을 b라 할 때, ab의 값을 구하여라.

11 다음 중 제곱근을 구할 수 <u>없는</u> 수는?

① -9 ② 0

③ 1 ④ 8

⑤ $\dfrac{1}{9}$

12 3의 제곱근을 모두 구하면?

① $\pm\sqrt{3}$ ② $\sqrt{3}$

③ $-\sqrt{3}$ ④ 9

⑤ $\pm\sqrt{9}$

13 $a>0$일 때, 다음 중 옳지 <u>않은</u> 것은?

① $(\sqrt{a})^2=a$ ② $\sqrt{a^2}=a$

③ $-\sqrt{a^2}=-a$ ④ $\sqrt{(-a)^2}=-a$

⑤ $-\sqrt{(-a)^2}=-a$

14 $a<b<0$일 때, $\sqrt{(a-b)^2}$을 근호를 사용하지 않고 나타내어라.

15 다음 중 옳지 <u>않은</u> 것을 모두 골라라.

(ㄱ) $4>\sqrt{15}$	(ㄴ) $\sqrt{8}>3$
(ㄷ) $\sqrt{27}<5$	(ㄹ) $7<\sqrt{51}$
(ㅁ) $\sqrt{2}<\dfrac{3}{2}$	(ㅂ) $\sqrt{35}<6$

16 다음 중 가장 큰 수는?

① $\sqrt{0.01}$ ② $\sqrt{0.02}$

③ $\sqrt{0.04}$ ④ $\sqrt{0.1}$

⑤ $\sqrt{(-0.1)^2}$

17 $\sqrt{x}<2$를 만족하는 자연수 x를 모두 구하여라.

18 $\sqrt{5}<x<\sqrt{13}$을 만족하는 자연수 x의 개수를 구하여라.

01 x가 양수 a의 제곱근일 때, 다음 중 옳은 것을 모두 고르면? (정답 2개)

① $a^2 = x$ ② $x^2 = a$
③ $a = \pm\sqrt{x}$ ④ $x = \pm\sqrt{a}$
⑤ $a = \sqrt{x}$

02 다음 중 그 값이 나머지 넷과 <u>다른</u> 것은?

① $\sqrt{(-5)^2}$ ② $(-\sqrt{5})^2$
③ $-\sqrt{(-5)^2}$ ④ $\sqrt{5^2}$
⑤ $(\sqrt{5})^2$

03 $a > 0$일 때, 다음 중 옳은 것을 모두 고르면? (정답 2개)

① $\sqrt{a^2} = a$ ② $(-\sqrt{a})^2 = -a$
③ $-\sqrt{(-a)^2} = a$ ④ $\sqrt{(-a)^2} = -a$
⑤ $(\sqrt{a})^2 = a$

04 다음 중 옳지 <u>않은</u> 것은?

① 49의 음의 제곱근은 -7이다.
② 제곱근 36은 ± 6이다.
③ 16의 제곱근은 $\pm\sqrt{16}$이다.
④ $(-8)^2$의 제곱근은 ± 8이다.
⑤ $\sqrt{81}$의 음의 제곱근은 -3이다.

05 $15^2 = 225$일 때, 다음 중 옳은 것은?

① $(-15)^2 = -225$이다.
② 225의 제곱근은 15이다.
③ 225의 제곱근은 $\pm\sqrt{15}$이다.
④ 225의 음의 제곱근은 -15이다.
⑤ 제곱근 225는 $\pm\sqrt{15}$이다.

서술형

06 $(-5)^2$의 양의 제곱근을 A, $\sqrt{49}$의 음의 제곱근을 B라 할 때, $A - B^2$의 값을 구하여라. (단, 풀이 과정을 자세히 써라.)

07 $x=-1+\sqrt{5}$, $y=\sqrt{7}$일 때, $x+y^2$의 값을 구하여라.

11 $a>0$일 때, $\sqrt{(-2a)^2}-(\sqrt{a})^2$을 간단히 하여라.

08 $\left(-\dfrac{2}{5}\right)^2$의 양의 제곱근을 A, 7.1의 음의 제곱근을 B라 할 때, $B\div A$의 값은?

① $-\dfrac{20}{3}$ ② $-\dfrac{20}{9}$

③ $-\dfrac{16}{15}$ ④ $-\dfrac{16}{45}$

⑤ $-\dfrac{3}{20}$

12 $a<0$일 때, $\sqrt{4a^2}+\sqrt{25a^2}-\sqrt{(-3)^2a^2}$을 간단히 하여라.

13 $a>0$, $b<0$일 때,
$\sqrt{(-a)^2}-\sqrt{16a^2}+\sqrt{(-4b)^2}-\sqrt{9b^2}$을 간단히 하면?

① $-3a-b$ ② $-3a+b$

③ $-a-b$ ④ $5a-b$

⑤ $5a+b$

09 $\sqrt{169}+\sqrt{(-3)^2}-(-\sqrt{5})^2$을 계산하여라.

09 $\sqrt{225}-\sqrt{(-6)^2}+\sqrt{(-3)^4\times(-2)^2}-\sqrt{(-5)^4}$을 계산하면?

① -4 ② -2

③ 0 ④ 2

⑤ 4

14 $0<x<2$일 때,
$\sqrt{(x-2)^2}+\sqrt{(2-x)^2}$을 간단히 하면?

① 0 ② 4

③ $2x-4$ ④ $2x$

⑤ $-2x+4$

서술형

15 $a-b<0$, $ab<0$일 때, $\sqrt{(-3a)^2}-\sqrt{49b^2}+\sqrt{(2a-5b)^2}$을 간단히 하여라. (단, 풀이 과정을 자세히 써라.)

16 $x<2$일 때, $\sqrt{(x-2)^2}+\sqrt{(x-3)^2}=9$를 만족하는 x의 값을 구하여라.

17 $\sqrt{540x}$가 자연수가 되도록 하는 가장 작은 자연수 x의 값은?

① 2　　　　② 3
③ 6　　　　④ 10
⑤ 15

18 다음 중 $\sqrt{2^2 \times 3^5 \times x}$가 자연수가 되도록 하는 자연수 x의 값이 될 수 없는 것은?

① 3　　　　② 6
③ 12　　　　④ 27
⑤ 75

19 $\sqrt{\dfrac{45}{2}x}$가 자연수가 되도록 하는 가장 작은 자연수 x의 값은?

① 8　　　　② 10
③ 12　　　　④ 18
⑤ 20

20 $\sqrt{\dfrac{270}{x}}$가 자연수가 되도록 하는 가장 작은 자연수 x의 값을 구하여라.

21 자연수 a, b에 대하여 $\sqrt{\dfrac{72}{a}}=b$일 때, b의 최댓값은?

① 2　　　　② 3
③ 4　　　　④ 5
⑤ 6

서술형

22 서로 다른 두 개의 주사위를 던져서 나온 눈의 수를 각각 a, b라 할 때, $\sqrt{18ab}$가 자연수일 확률을 구하여라.
（단, 풀이 과정을 자세히 써라.）

23 다음 중 $\sqrt{18+x}$가 자연수가 되도록 하는 자연수 x의 값이 <u>아닌</u> 것은?

① 7   ② 18

③ 31   ④ 45

⑤ 63

24 $\sqrt{48-x}$가 정수가 되도록 하는 자연수 x의 개수는?

① 3   ② 4

③ 5   ④ 6

⑤ 7

[서술형]

25 $\sqrt{42-x}$와 $\sqrt{24x}$가 모두 자연수가 되도록 하는 자연수 x의 값을 구하여라.

(단, 풀이 과정을 자세히 써라.)

26 다음 중 옳지 <u>않은</u> 것은?

① $\sqrt{24}<5$ ② $-\sqrt{3}<-\sqrt{2}$

③ $\dfrac{1}{2}<\sqrt{\dfrac{1}{3}}$ ④ $0.2>\sqrt{0.2}$

⑤ $-\sqrt{48}>-7$

27 두 부등식 $3<\sqrt{x}<4$, $5<\sqrt{3x}<6$을 동시에 만족하는 모든 자연수 x의 값의 합은?

① 17   ② 21

③ 23   ④ 30

⑤ 33

28 $6<\sqrt{3n}<8$을 만족하는 자연수 n의 값 중에서 가장 큰 수를 a, 가장 작은 수를 b라 할 때, $a-b$의 값은?

① 2   ② 4

③ 6   ④ 8

⑤ 10

[서술형]

29 자연수 x에 대하여 $\sqrt{x}$ 이하의 자연수의 개수를 $f(x)$라 할 때, $f(135)-f(72)$의 값을 구하여라. (단, 풀이 과정을 자세히 써라.)

[서술형]

30 서로소인 두 자연수 m, n이

$$\sqrt{\dfrac{1.0\dot{2}\times n}{m}}=0.\dot{2}$$를 만족할 때, $m+n$의 값을 구하여라. (단, 풀이 과정을 자세히 써라.)

유형**01**

144의 두 제곱근을 a, b라 할 때, $\sqrt{3a-b+1}$의 제곱근을 구하여라.

(단, $a>b$)

> 해결**포인트** 양수 a에 대하여
> ① a의 양의 제곱근은 $\sqrt{a}$, 음의 제곱근은 $-\sqrt{a}$
> ② a의 제곱근은 $\pm\sqrt{a}$

확인문제

1-1 $5.\dot{4}$의 음의 제곱근을 구하여라.

1-2 196의 음의 제곱근을 A, $\left(-\dfrac{1}{7}\right)^2$의 양의 제곱근을 B라 할 때, AB의 값을 구하여라.

유형**02**

$0<a<b<c$일 때, 다음 식을 간단히 하여라.

$$\sqrt{(a-2b)^2}+\sqrt{(b-2c)^2}-\sqrt{(c-a)^2}$$

> 해결**포인트** ① 양수 a에 대하여 a의 제곱근을 제곱하면 a가 된다. 즉, $(\sqrt{a})^2=(-\sqrt{a})^2=a$
> ② $\sqrt{a^2}=|a|=\begin{cases} a\,(a\geq0) \\ -a\,(a<0) \end{cases}$

확인문제

2-1 다음 수를 작은 것부터 차례대로 나열할 때, 네 번째에 오는 수를 구하여라.

$$\sqrt{3^2},\ -(-\sqrt{4^2}),\ -\sqrt{5^2},$$
$$\sqrt{(-6)^2},\ (-\sqrt{7})^2,\ -(-\sqrt{8})^2$$

2-2 $a>0$, $ab<0$일 때, 다음 식을 간단히 하여라.

$$(\sqrt{a})^2+\sqrt{4b^2}-\sqrt{(b-2a)^2}+\sqrt{b^2}$$

유형 03

$\sqrt{240xy}$가 최소의 자연수가 되도록 하는 자연수 x, y에 대하여 $x-y$의 값을 구하여라. (단, $x>y>1$)

해결포인트 $\sqrt{N}$이 자연수가 되려면 N이 자연수의 제곱이 되어야 하므로 N을 소인수분해하면 지수가 모두 짝수가 되어야 한다.

즉, A가 자연수일 때, $\sqrt{Ax}$, $\sqrt{\dfrac{A}{x}}$를 자연수가 되도록 하는 x의 값을 구하려면 A를 소인수분해한 후 소인수의 지수가 모두 짝수가 되도록 x의 값을 정하면 된다.

확인문제

3-1 $\sqrt{\dfrac{96}{x}}$이 자연수가 되도록 하는 가장 작은 자연수 x의 값을 구하여라.

3-2 자연수 a, b, c에 대하여 $\sqrt{20a}+\sqrt{54b}=c$일 때, $a+b+c$의 값을 구하여라.
(단, $0<a<10$, $0<b<10$)

유형 04

$\dfrac{3}{2}<\sqrt{x-3}\le3$을 만족하는 자연수 x의 개수를 구하여라.

해결포인트 세 양수 a, b, c에 대하여
$\sqrt{a}<\sqrt{b}<\sqrt{c}$이면 $(\sqrt{a})^2<(\sqrt{b})^2<(\sqrt{c})^2$이므로 $a<b<c$임을 이용한다.

확인문제

4-1 $\sqrt{2}<\sqrt{x}<3$을 만족하는 자연수 x의 값을 모두 구하여라.

4-2 $6\le\sqrt{x}<\dfrac{13}{2}$을 만족하는 자연수 x의 최댓값을 a, 최솟값을 b라 할 때, $\sqrt{\dfrac{a}{b}\times c}$가 자연수가 되도록 하는 가장 작은 자연수 c의 값을 구하여라.

1 $3x+4>2(x+3)$일 때, 다음 식을 간단히 하여라.
$$\sqrt{4(2-x)^2}+\sqrt{25(2+x)^2}-\sqrt{9x^2}$$
(단, 풀이 과정을 자세히 써라.)

2 $0<a<1$일 때, 다음 식을 간단히 하여라.
$$\sqrt{\left(a+\frac{1}{a}\right)^2}-\sqrt{\left(a-\frac{1}{a}\right)^2}+\sqrt{(a-1)^2}$$
(단, 풀이 과정을 자세히 써라.)

3 자연수 a, b에 대하여 $\sqrt{\dfrac{108a}{5}}=b$일 때, $a+b$의 최솟값을 구하여라.
(단, 풀이 과정을 자세히 써라.)

4 다음 수를 작은 것부터 차례대로 나열할 때, 네 번째 오는 수를 구하여라.
$$\frac{3}{2}, \ \sqrt{2}, \ -1, \ 0, \ -\sqrt{\frac{1}{2}}, \ 2, \ \sqrt{3}$$
(단, 풀이 과정을 자세히 써라.)

정답 p. 9

무리수와 실수

01 소수 중에서 0.20200200020000…과 같이 순환하지 않는 무한소수로 나타내어지는 수를 □□□라고 한다.

02 유리수와 무리수를 통틀어 □□□라고 한다.

03 다음 중 유리수인 것을 모두 찾아 기호를 써라.

(ㄱ) 2	(ㄴ) $-\sqrt{3}$	(ㄷ) $-\sqrt{17}$
(ㄹ) -1	(ㅁ) -0.06	(ㅂ) $\sqrt{0.36}$

04 다음 중 무리수인 것을 모두 찾아 기호를 써라.

(ㄱ) $\sqrt{1}$	(ㄴ) $\sqrt{10}$	(ㄷ) $\sqrt{13}$
(ㄹ) $\sqrt{15}$	(ㅁ) $\sqrt{0.49}$	(ㅂ) $\sqrt{36}$
(ㅅ) $\sqrt{121}$		

[05~10] 다음 수가 유리수이면 '유'를, 무리수이면 '무'를 ( ) 안에 써넣어라.

05 $\dfrac{1}{2}$ ( ) **06** 2π ( )

07 $0.32\dot{5}$ ( ) **08** $\sqrt{0.04}$ ( )

09 $\sqrt{12}$ ( ) **10** $-\sqrt{5}$ ( )

[11~14] 다음 중 옳은 것은 ○, 옳지 않은 것은 ×를 표시하여라.

11 $-\sqrt{\dfrac{16}{5}}$ 은 유리수이다.

12 제곱수의 제곱근은 모두 유리수이다.

13 무한소수는 모두 무리수이다.

14 무리수는 모두 무한소수로 나타내어진다.

2 제곱근표

15 1.00에서 99.9까지의 수에 대한 양의 제곱근의 값을 반올림하여 소수점 아래 셋째 자리까지 나타낸 것을 □□□라고 한다.

[16~19] 아래 제곱근표를 이용하여 다음 제곱근의 값을 구하여라.

수	2	3	4	5	6	7
3.0	1.738	1.741	1.744	1.746	1.749	1.752
3.1	1.766	1.769	1.772	1.775	1.778	1.780
3.2	1.794	1.797	1.800	1.803	1.806	1.808
3.3	1.822	1.825	1.828	1.830	1.833	1.836

16 $\sqrt{3.03}$ **17** $\sqrt{3.12}$

18 $\sqrt{3.27}$ **19** $\sqrt{3.34}$

3 무리수를 수직선 위에 나타내기

20 한 변의 길이가 1인 정사각형의 대각선의 길이를 구하여라.

[21~24] 아래 그림에서 모눈 한 칸은 한 변의 길이가 1인 정사각형이고, $\overline{OA}=\overline{OP}$, $\overline{OC}=\overline{OQ}$이다. 다음을 구하여라.

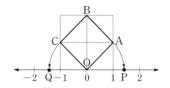

21 정사각형 OABC의 넓이

22 정사각형 OABC의 한 변의 길이

23 점 P에 대응하는 수

24 점 Q에 대응하는 수

[25~28] 아래 그림에서 모눈 한 칸은 한 변의 길이가 1인 정사각형이고, $\overline{AB}=\overline{AP}$, $\overline{AD}=\overline{AQ}$이다. 다음을 구하여라.

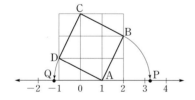

25 정사각형 ABCD의 넓이

26 정사각형 ABCD의 한 변의 길이

27 점 P에 대응하는 수

28 점 Q에 대응하는 수

[29~32] 다음 중 옳은 것은 ○, 옳지 않은 것은 ×를 표시하여라.

29 수직선 위에는 유리수를 나타내는 점뿐만 아니라 무리수를 나타내는 점도 있다. ( )

30 수직선 위의 점 중에는 무리수로 나타낼 수 없는 수에 대응하는 점도 있다. ( )

31 무리수는 무수히 많이 있다. ( )

32 유리수와 무리수에 대응하는 점들 전체로 수직선을 완전히 메울 수 있다. ( )

4 실수의 대소 관계

33 두 실수 a, b의 대소 관계는 $\boxed{}$의 부호로 알 수 있다. 즉, $a-b>0$이면 $a\,\square\,b$, $a-b=0$이면 $a\,\square\,b$, $a-b<0$이면 $a\,\square\,b$이다.

34 다음은 두 수 $3+\sqrt{7}$, $\sqrt{7}+\sqrt{8}$의 대소를 비교하는 과정이다. □ 안에 알맞은 부등호를 써넣어라.

$$(3+\sqrt{7})-(\sqrt{7}+\sqrt{8})=3+\sqrt{7}-\sqrt{7}-\sqrt{8}$$
$$=3-\sqrt{8}\,\square\,0$$
$$\therefore 3+\sqrt{7}\,\square\,\sqrt{7}+\sqrt{8}$$

[35~38] 다음 □ 안에 알맞은 부등호를 써넣어라.

35 $\sqrt{3}+2\,\square\,4$

36 $4-\sqrt{2}\,\square\,2$

37 $\sqrt{10}-\sqrt{8}\,\square\,4-\sqrt{8}$

38 $-\sqrt{3}-\sqrt{10}\,\square\,-\sqrt{10}-3$

01 다음 중 무리수인 것의 개수를 구하여라.

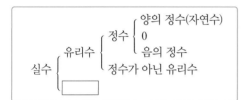

$$\sqrt{0.9}, \ \sqrt{1.44}, \ -\sqrt{1.6}, \ \sqrt{\dfrac{1}{2}},$$

$$\sqrt{\dfrac{5}{36}}, \ -\sqrt{\dfrac{9}{25}}$$

02 다음 □ 안에 알맞은 것을 써넣어라.

실수 {
유리수 {
정수 {
양의 정수(자연수)
0
음의 정수
정수가 아닌 유리수
□

03 다음 중 옳지 <u>않은</u> 것은?

① 순환소수는 모두 유리수이다.
② 순환하지 않는 무한소수는 모두 무리수이다.
③ 무한소수 중에는 유리수인 것도 있다.
④ 근호를 사용하여 나타낸 수 중에는 유리수인 것도 있다.
⑤ 무리수는 $\dfrac{(정수)}{(0이 \ 아닌 \ 정수)}$ 꼴로 나타낼 수 있다.

[04~07] 다음 그림과 같이 수직선 위에 한 변의 길이가 1인 네 개의 정사각형이 있을 때, 주어진 수에 대응하는 점을 구하여라.

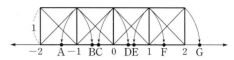

04 $-\sqrt{2}$

05 $1+\sqrt{2}$

06 $\sqrt{2}-2$

07 $2-\sqrt{2}$

08 다음 수직선 위의 점 A, B, C, D에 대응하는 수를 찾아 알맞게 짝지어라.

$$1-\sqrt{2}, \ -\sqrt{6}, \ 3+\sqrt{2}, \ \sqrt{7}$$

09 다음 수직선 위의 점 중에서 $\sqrt{30}$에 대응하는 점은?

① 점 A   ② 점 B
③ 점 C   ④ 점 D
⑤ 점 E

01 다음 중 무리수의 개수를 구하여라.

$$\sqrt{6}, \ -\sqrt{100}, \ -\sqrt{0.4}, \ \sqrt{3}-3, \ \frac{1}{\sqrt{4}}, \ \sqrt{27}$$

02 다음 중 $\dfrac{a}{b}$ ($b \neq 0$, a, b는 정수)의 꼴로 나타낼 수 없는 수를 모두 고르면? (정답 2개)

① $\sqrt{7}$　　　　② $\sqrt{9}$

③ $-\sqrt{16}$　　　④ $\sqrt{\dfrac{2}{5}}$

⑤ $\left(\sqrt{\dfrac{5}{3}}\right)^2$

03 다음 정사각형 중 한 변의 길이가 유리수인 것은?

① 넓이가 8인 정사각형
② 넓이가 16인 정사각형
③ 넓이가 20인 정사각형
④ 넓이가 24인 정사각형
⑤ 넓이가 30인 정사각형

04 다음 실수 중 유리수가 아닌 것의 개수를 구하여라.

$$\sqrt{5}, \ 0.25, \ \sqrt{\dfrac{1}{4}}, \ 2.\dot{5}, \ \sqrt{12}, \ -\sqrt{6}$$

05 다음 중 옳은 것을 모두 고르면? (정답 2개)

① 유한소수는 유리수이다.
② 무한소수는 무리수이다.
③ 순환소수는 무리수이다.
④ 수직선은 유리수에 대응하는 점들로 완전히 메울 수 있다.
⑤ 실수 중에서 유리수가 아닌 수는 모두 무리수이다.

06 다음 중 옳지 <u>않은</u> 것은?

① 무한소수는 무리수이다.
② 유리수가 아닌 실수는 무리수이다.
③ 모든 실수는 수직선 위의 점으로 나타낼 수 있다.
④ 서로 다른 두 유리수 사이에는 무수히 많은 유리수가 있다.
⑤ 서로 다른 두 무리수 사이에는 무수히 많은 무리수가 있다.

07 다음 중 무리수에 대한 설명으로 옳은 것은?

① 분모의 소인수가 2 또는 5인 분수이다.
② 순환하지 않는 무한소수이다.
③ 분자와 분모가 정수인 분수로 나타낼 수 있다.
④ 근호를 사용해야만 나타낼 수 있다.
⑤ 분모의 소인수가 2나 5 이외의 정수인 분수이다.

서술형

10 다음 그림은 수직선 위에 한 변의 길이가 1인 두 정사각형을 그린 것이다. $\overline{AB}=\overline{AP}$, $\overline{CD}=\overline{CQ}$이고, 두 점 P, Q에 대응하는 수를 각각 p, q라 할 때, $p+q$의 값을 구하여라. (단, 풀이 과정을 자세히 써라.)

08 다음 제곱근표에서 $\sqrt{x}=2.149$이고, $\sqrt{4.53}$의 값은 y일 때, $1000(x-y)$의 값은?

수	0	1	2	3	4
4.5	2.121	2.124	2.126	2.128	2.131
4.6	2.145	2.147	2.149	2.152	2.154
4.7	2.168	2.170	2.173	2.175	2.177

① 2472
② 2482
③ 2492
④ 2572
⑤ 2576

서술형

11 오른쪽 그림과 같이 직사각형 ABCD가 반원 O와 두 점 C, D에서 접한다.
$\overline{AO}=\overline{AD}=1$일 때, 반원 O의 둘레의 길이를 구하여라. (단, 풀이 과정을 자세히 써라.)

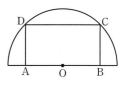

09 다음 제곱근표에서 $\sqrt{55.5}$의 값을 a, $\sqrt{57.2}$의 값을 b라 할 때, $a+b$의 값을 구하여라.

수	2	3	4	5	6
55	7.430	7.436	7.443	7.450	7.457
56	7.497	7.503	7.510	7.517	7.523
57	7.563	7.570	7.576	7.583	7.589

12 오른쪽 그림에서 모눈 한 칸은 한 변의 길이가 1인 정사각형이다.
$\overline{AB}=\overline{AP}$일 때, 점 P에 대응하는 수를 구하여라.

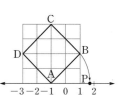

13 다음 그림에서 모눈 한 칸은 한 변의 길이가 1인 정사각형이다. 수직선 위의 네 점 A, B, C, D의 좌표를 바르게 나타낸 것을 모두 고른 것은?

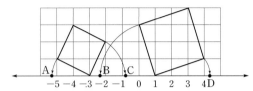

$$A(-\sqrt{5}),\ B(1-\sqrt{10}),$$
$$C(-3+\sqrt{5}),\ D(\sqrt{10})$$

① A, C   ② A, D
③ B, C   ④ B, D
⑤ C, D

서술형

14 다음 그림과 같이 수직선 위의 두 점 A(1), B(2)에 대하여 $\overline{AB}$를 한 변으로 하는 정사각형 ABCD를 그린다. □ABCD의 대각선 AC에 대하여 $\overline{AC}=\overline{AP}$, $\overline{AC}=\overline{AQ}$일 때, 두 점 P, Q의 좌표를 각각 p, q라 하자. p, q의 값을 각각 구하여라.

(단, 풀이 과정을 자세히 써라.)

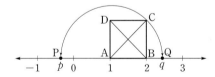

15 다음 그림에서 모눈 한 칸은 한 변의 길이가 1인 정사각형이다. △AOB에 대하여 $\overline{BA}=\overline{BP}$일 때, 점 P에 대응하는 수를 구하여라.

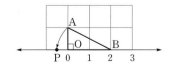

16 다음 중 옳지 <u>않은</u> 것은?

① 서로 다른 두 무리수에 대응하는 점을 이은 선분의 중점에 대응하는 수는 무리수이다.
② 유리수와 무리수에 각각 대응하는 점을 이은 선분의 중점에 대응하는 수는 무리수이다.
③ 어떤 유리수에 가장 가까운 유리수는 생각할 수 없다.
④ $\sqrt{2}$와 $\sqrt{3}$ 사이에는 무수히 많은 무리수가 있다.
⑤ 무리수에 대응하는 점만으로는 수직선을 완전히 메울 수 없다.

17 다음 중 $\sqrt{3}$에 대한 설명으로 옳은 것은?

① 정수로 나타낼 수 있다.
② 분모가 1이 아닌 기약분수로 나타낼 수 있다.
③ 순환소수로 나타낼 수 있다.
④ 순환하지 않는 무한소수이다.
⑤ 2와 3 사이에 있는 무리수이다.

18 다음 중 대소 관계가 옳지 <u>않은</u> 것은?

① $\sqrt{8}-2<1$
② $\sqrt{6}-2>-2+\sqrt{5}$
③ $3-\sqrt{3}<\sqrt{10}-\sqrt{3}$
④ $\sqrt{5}+3<\sqrt{5}+\sqrt{8}$
⑤ $1-\sqrt{\dfrac{1}{3}}>1-\sqrt{\dfrac{1}{2}}$

19 다음 중 □ 안에 알맞은 부등호를 써넣을 때, 나머지 넷과 방향이 <u>다른</u> 하나는?

① $\sqrt{5}-2 \;\square\; \sqrt{3}-2$

② $2 \;\square\; \sqrt{15}-2$

③ $\sqrt{18}+3 \;\square\; \sqrt{20}+3$

④ $5-\sqrt{2} \;\square\; \sqrt{(-3)^2}$

⑤ $4-\sqrt{10} \;\square\; -\sqrt{10}+\sqrt{15}$

20 다음 세 수 a, b, c의 대소 관계를 바르게 나타내어라. (단, 풀이 과정을 자세히 써라.)

$$a=\sqrt{28}+1,\ b=6,\ c=3+\sqrt{6}$$

21 다음 세 수 a, b, c의 대소 관계를 바르게 나타낸 것은?

$$a=1+\sqrt{5},\ b=\sqrt{3}+\sqrt{5},\ c=3+\sqrt{3}$$

① $a<b<c$ ② $a<c<b$

③ $b<c<a$ ④ $c<a<b$

⑤ $c<b<a$

22 네 수 $\sqrt{10}$, $-2-\sqrt{2}$, $-\sqrt{3}$, $1+\sqrt{3}$은 다음 수직선 위의 네 점 A, B, C, D 중 어느 한 점에 대응한다. 점 B에 대응하는 수를 x, 점 D에 대응하는 수를 y라 할 때, x^2+y^2의 값을 구하여라.

```
        A    B              C D
  ←──●────●────┼────┼────┼───●●────┼──→
    -4  -3   -2   -1   0   1   2   3   4
```

23 다음 중 3과 4 사이에 있는 수를 모두 고르면? (정답 2개)

① $\sqrt{5}$ ② $\sqrt{8}$

③ $\sqrt{10}$ ④ $\sqrt{11}$

⑤ $\sqrt{17}$

24 다음 중 $\sqrt{2}$와 $\sqrt{3}$ 사이에 있는 수가 <u>아닌</u> 것은? (단, $\sqrt{2}=1.414$, $\sqrt{3}=1.732$)

① $\sqrt{2}+0.1$ ② $\sqrt{2}+0.2$

③ $\sqrt{3}-0.1$ ④ $\dfrac{\sqrt{3}-\sqrt{2}}{2}$

⑤ $\dfrac{\sqrt{2}+\sqrt{3}}{2}$

25 $\sqrt{8}=2.828$, $\sqrt{12}=3.464$일 때, 다음 중 옳지 <u>않은</u> 것은?

① $\sqrt{12}-0.5$는 $\sqrt{8}$과 $\sqrt{12}$ 사이에 있는 무리수이다.

② $\sqrt{8}+1$은 $\sqrt{8}$과 $\sqrt{12}$ 사이에 있는 무리수이다.

③ $\dfrac{\sqrt{8}+\sqrt{12}}{2}$는 $\sqrt{8}$과 $\sqrt{12}$ 사이에 있는 무리수이다.

④ $\sqrt{8}$과 $\sqrt{12}$ 사이에는 무수히 많은 무리수가 있다.

⑤ $\sqrt{8}$과 $\sqrt{12}$ 사이에는 1개의 정수가 있다.

유형 01

다음 그림에서 모눈 한 칸은 한 변의 길이가 1인 정사각형이다. $\overline{AB}=\overline{AP}$, $\overline{AD}=\overline{AQ}$ 이고 두 점 P, Q의 좌표를 각각 a, b라 할 때, $a+b$의 값을 구하여라.

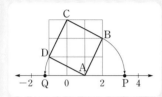

> **해결포인트** 넓이가 a인 정사각형의 한 변의 길이가 $\sqrt{a}$ 임을 이용하면 $\sqrt{a}$, $-\sqrt{a}$를 수직선 위에 나타낼 수 있다.

확인문제

1-1 두 정사각형의 한 변의 길이가 각각 4, 5 일 때, 두 정사각형의 넓이의 합과 넓이가 같은 정사각형의 한 변의 길이를 구하여라.

1-2 오른쪽 그림은 수 직선 위에 한 변의 길이가 1인 정사각 형 ABCD를 그린 것이다. $\overline{AC}=\overline{AP}$, $\overline{BD}=\overline{BQ}$이고 점 P 의 좌표가 $\sqrt{2}-1$일 때, 점 Q의 좌표를 구하여라.

유형 02

대소 관계가 옳은 것을 보기에서 모두 골라 기호를 써라.

> **■ 보기 ■**
> (ㄱ) $-2+\sqrt{12}<-2+\sqrt{10}$
> (ㄴ) $\sqrt{7}-5<\sqrt{7}-\sqrt{24}$
> (ㄷ) $3+\sqrt{2}>3+\sqrt{3}$
> (ㄹ) $-\sqrt{35}-2<-\sqrt{35}-\sqrt{3}$

> **해결포인트** 두 실수 a, b의 대소 관계는 $a-b$의 부호를 조사하여 비교한다.
> ① $a-b>0$이면 $a>b$ ② $a-b=0$이면 $a=b$
> ③ $a-b<0$이면 $a<b$

확인문제

2-1 다음은 두 실수 2와 $\sqrt{8}-1$의 대소를 비교 하는 과정이다. □ 안에 알맞은 수 또는 부 등호를 써넣어라.

> $2-(\sqrt{8}-1)=2-\sqrt{8}+1$
> $\qquad\qquad\quad=3-\sqrt{8}=\sqrt{\square}-\sqrt{8}\ \square\ 0$
> $\therefore 2\ \square\ \sqrt{8}-1$

2-2 다음 수를 크기가 작은 것부터 차례대로 나열할 때, 왼쪽에서 두 번째 오는 수를 a, 오른쪽에서 두 번째 오는 수를 b라 하자. a, b의 값을 각각 구하여라.

> $\sqrt{3}-1$, $3-\sqrt{3}$, $\sqrt{3}+1$, $\sqrt{3}$, $-\sqrt{3}$

Step 5

서술형 만점대비

1 n이 두 자리의 자연수일 때, $\sqrt{n}$이 무리수가 되도록 하는 n의 개수를 구하여라.
(단, 풀이 과정을 자세히 써라.)

2 다음 그림에서 직사각형 ABCD는 반원 O와 두 점 A, D에서 접하고 있다. $\overline{AB}=1$일 때, 두 점 E, F의 좌표를 각각 구하여라. (단, 풀이 과정을 자세히 써라.)

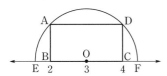

3 다음 그림에서 모눈 한 칸은 한 변의 길이가 1인 정사각형이다. $\overline{AB}=\overline{AP}$일 때, 점 P에 대응하는 수를 구하여라.
(단, 풀이 과정을 자세히 써라.)

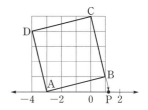

4 $a=3$, $b=\sqrt{15}-1$일 때, $\sqrt{(a+b)^2}+\sqrt{(a-b)^2}$의 값을 구하여라.
(단, 풀이 과정을 자세히 써라.)

PART 03 근호를 포함한 식의 계산

1 제곱근의 곱셈

[01~08] 다음을 간단히 하여라.

01 $\sqrt{3}\times\sqrt{6}$

02 $\sqrt{5}\times\sqrt{8}$

03 $-\sqrt{2}\times\sqrt{7}$

04 $-\sqrt{3}\times(-\sqrt{7})$

05 $\sqrt{\dfrac{3}{5}}\times\sqrt{\dfrac{2}{3}}$

06 $\sqrt{\dfrac{6}{7}}\times\sqrt{\dfrac{7}{12}}$

07 $\sqrt{3}\sqrt{2}\sqrt{5}$

08 $\sqrt{5}\sqrt{6}\sqrt{7}$

[09~11] 다음 □ 안에 알맞은 수를 써넣어라.

09 $2\sqrt{5}=\sqrt{\square\times 5}=\sqrt{\boxed{}}$

10 $3\sqrt{6}=\sqrt{\square\times 6}=\sqrt{\boxed{}}$

11 $-5\sqrt{2}=-\sqrt{\square\times 2}=-\sqrt{\boxed{}}$

[12~15] 다음 수를 $\sqrt{a}$ 또는 $-\sqrt{a}$의 꼴로 나타내어라.

12 $3\sqrt{2}$

13 $-5\sqrt{3}$

14 $6\sqrt{\dfrac{5}{18}}$

15 $\dfrac{\sqrt{27}}{3}$

[16~21] 다음 수를 $a\sqrt{b}$ 또는 $\dfrac{\sqrt{b}}{a}$의 꼴로 나타내어라. (단, b는 가장 작은 자연수이다.)

16 $\sqrt{24}$

17 $-\sqrt{54}$

18 $\sqrt{108}$

19 $-\sqrt{1000}$

20 $\sqrt{\dfrac{6}{8}}$

21 $\sqrt{0.05}$

[22~25] 다음 등식을 만족하는 a의 값을 구하여라.

22 $\sqrt{300}=a\sqrt{3}$

23 $\sqrt{3000}=10\sqrt{a}$

24 $\sqrt{500}=10\sqrt{a}$

25 $\sqrt{5000}=a\sqrt{2}$

2 제곱근의 나눗셈

[26~33] 다음을 간단히 하여라.

26 $\dfrac{\sqrt{21}}{\sqrt{3}}$

27 $\dfrac{\sqrt{12}}{\sqrt{4}}$

28 $-\dfrac{\sqrt{80}}{\sqrt{5}}$

29 $\sqrt{35}\div\sqrt{7}$

30 $-\sqrt{15}\div\sqrt{3}$

31 $\sqrt{213}\div(-\sqrt{3})$

32 $-\sqrt{48}\div(-\sqrt{6})$

33 $-\dfrac{\sqrt{6}}{\sqrt{5}}\div\dfrac{\sqrt{6}}{\sqrt{15}}$

3 분모의 유리화 (1)

34 분수의 분모가 근호를 포함한 무리수일 때, 분모, 분자에 0이 아닌 같은 수를 곱하여 분모를 유리수로 고치는 것을 분모의 □□□라 한다.

35 다음은 $\dfrac{\sqrt{2}}{\sqrt{5}}$ 의 분모를 유리화하는 과정이다. □ 안에 알맞은 수를 써넣어라.

$$\dfrac{\sqrt{2}}{\sqrt{5}}=\dfrac{\sqrt{2}\times\square}{\sqrt{5}\times\square}=\dfrac{\sqrt{\square}}{(\sqrt{5})^2}=\dfrac{\sqrt{\square}}{5}$$

[36~41] 다음 수의 분모를 유리화하여라.

36 $\dfrac{1}{\sqrt{3}}$

37 $\dfrac{\sqrt{3}}{\sqrt{2}}$

38 $-\dfrac{\sqrt{5}}{\sqrt{3}}$

39 $\dfrac{5}{2\sqrt{3}}$

40 $\dfrac{3\sqrt{2}}{\sqrt{12}}$

41 $-\dfrac{3\sqrt{2}}{\sqrt{6}}$

42 넓이가 $32\,cm^2$인 정사각형의 둘레의 길이를 구하여라.

4 제곱근의 덧셈과 뺄셈

[43~49] 다음을 간단히 하여라.

43 $3\sqrt{2}+5\sqrt{2}$

44 $2\sqrt{3}-3\sqrt{3}$

45 $-4\sqrt{2}+3\sqrt{2}-\sqrt{2}$

46 $-2\sqrt{5}+8\sqrt{5}-3\sqrt{5}$

47 $2\sqrt{5}+3\sqrt{3}-\sqrt{5}+2\sqrt{3}$

48 $\sqrt{5}+4\sqrt{7}-3\sqrt{7}+2\sqrt{5}$

49 $\dfrac{2\sqrt{2}}{3}-\dfrac{\sqrt{7}}{5}-\dfrac{\sqrt{2}}{6}-\dfrac{3\sqrt{7}}{2}$

[50~57] 다음을 간단히 하여라.

50 $\sqrt{45}+\sqrt{5}$

51 $\sqrt{12}-3\sqrt{3}$

52 $\sqrt{50}-\sqrt{32}$

53 $\sqrt{20}+\sqrt{45}$

54 $2\sqrt{27}-3\sqrt{48}$

55 $\sqrt{48}-\sqrt{27}-3\sqrt{12}$

56 $\sqrt{50}+3\sqrt{8}-3\sqrt{32}$

57 $-\sqrt{20}+\sqrt{45}+\sqrt{8}-2\sqrt{32}$

[58~63] 다음을 간단히 하여라.

58 $5\sqrt{2}-\dfrac{9}{\sqrt{2}}$

59 $\sqrt{8}-\dfrac{4}{\sqrt{2}}$

60 $\dfrac{3}{\sqrt{2}}-\dfrac{5}{\sqrt{8}}$

61 $\dfrac{5}{\sqrt{27}}-\dfrac{4}{\sqrt{3}}$

62 $\sqrt{\dfrac{3}{4}}-\sqrt{0.03}+\sqrt{\dfrac{27}{16}}$

63 $\dfrac{3\sqrt{2}}{\sqrt{6}}-\sqrt{3}+\dfrac{3}{\sqrt{3}}+\sqrt{27}$

5 근호를 포함한 복잡한 식의 계산

64 다음 □ 안에 알맞은 수를 써넣어라.

$$(-\sqrt{2})\times(-\sqrt{3})\div\sqrt{8}=\square\times\dfrac{1}{2\sqrt{\square}}=\dfrac{\sqrt{3}}{\square}$$

[65~76] 다음을 간단히 하여라.

65 $\sqrt{24}\div2\sqrt{2}\times\sqrt{6}$

66 $\sqrt{\dfrac{2}{3}}\times\sqrt{\dfrac{9}{10}}\div\left(-\sqrt{\dfrac{3}{5}}\right)$

67 $\sqrt{5}(3\sqrt{5}-\sqrt{20})$

68 $\sqrt{5}(\sqrt{5}+\sqrt{10})-3\sqrt{2}$

69 $-2\sqrt{5}-\sqrt{5}(3+\sqrt{20})+\sqrt{80}$

70 $(2\sqrt{3}+\sqrt{2})\sqrt{2}-2\sqrt{6}$

71 $\sqrt{3}(\sqrt{6}+1)-\sqrt{2}(3+\sqrt{3})$

72 $\dfrac{1}{2}(\sqrt{27}-\sqrt{3})+\sqrt{12}$

73 $\dfrac{1}{\sqrt{3}}(\sqrt{3}-3)+\dfrac{1}{\sqrt{5}}(\sqrt{5}-5)$

74 $\dfrac{4}{\sqrt{2}}+\dfrac{3}{\sqrt{5}}+\sqrt{5}\left(-\dfrac{3}{5}+\dfrac{2}{\sqrt{5}}\right)$

75 $\sqrt{\dfrac{2}{3}}(4\sqrt{6}-2\sqrt{24}+5\sqrt{3})$

76 $\dfrac{3}{\sqrt{2}}+\dfrac{5}{\sqrt{6}}-\sqrt{2}(2+\sqrt{3})$

6 분모의 유리화 (2)

[77~80] 다음 수의 분모를 유리화하여라.

77 $\dfrac{2+3\sqrt{2}}{\sqrt{6}}$

78 $\dfrac{\sqrt{3}-\sqrt{2}}{\sqrt{2}}$

79 $\dfrac{\sqrt{3}\times\sqrt{5}}{\sqrt{6}}$

80 $\dfrac{3\sqrt{5}-\sqrt{6}}{\sqrt{24}}$

[81~88] 다음 수의 분모를 유리화하여라.

81 $\dfrac{1}{5+\sqrt{2}}$

82 $\dfrac{1}{4-\sqrt{2}}$

83 $\dfrac{\sqrt{3}}{\sqrt{3}+2}$

84 $\dfrac{\sqrt{3}}{3-\sqrt{6}}$

85 $\dfrac{\sqrt{2}}{\sqrt{3}-\sqrt{2}}$

86 $\dfrac{2+\sqrt{3}}{2-\sqrt{3}}$

87 $\dfrac{\sqrt{3}-\sqrt{2}}{\sqrt{3}+\sqrt{2}}$

88 $\dfrac{1+\sqrt{3}}{\sqrt{8}+\sqrt{7}}$

[89~97] 다음을 간단히 하여라.

89 $\dfrac{1}{\sqrt{5}-\sqrt{3}}+\dfrac{1}{\sqrt{5}+\sqrt{3}}$

90 $\dfrac{1}{3-2\sqrt{2}}+\dfrac{1}{3+2\sqrt{2}}$

91 $\dfrac{\sqrt{2}}{\sqrt{2}+1}+\dfrac{\sqrt{2}}{\sqrt{2}-1}$

92 $\dfrac{\sqrt{3}}{2-\sqrt{3}}+\dfrac{\sqrt{3}}{2+\sqrt{3}}$

93 $\dfrac{2\sqrt{3}}{\sqrt{6}+\sqrt{3}}-\dfrac{5\sqrt{3}}{\sqrt{6}-\sqrt{3}}$

94 $\dfrac{\sqrt{3}}{2-\sqrt{2}}-\dfrac{\sqrt{2}}{\sqrt{3}-1}$

95 $\dfrac{\sqrt{3}+\sqrt{2}}{\sqrt{3}-\sqrt{2}}-\dfrac{\sqrt{3}-\sqrt{2}}{\sqrt{3}+\sqrt{2}}$

96 $\dfrac{\sqrt{7}+\sqrt{5}}{\sqrt{7}-\sqrt{5}}-\dfrac{\sqrt{7}-\sqrt{5}}{\sqrt{7}+\sqrt{5}}$

97 $\dfrac{3+2\sqrt{2}}{3-2\sqrt{2}}-\dfrac{3-2\sqrt{2}}{3+2\sqrt{2}}$

7 무리수의 정수 부분과 소수 부분

98 다음은 $\sqrt{5}$의 정수 부분과 소수 부분을 구하는 과정이다. □ 안에 알맞은 수를 써넣으시오.

> $\sqrt{4}<\sqrt{5}<\sqrt{9}$에서 □$<\sqrt{5}<3$이므로
> $\sqrt{5}$의 정수 부분은 □이다.
> 무리수의 소수 부분은 그 수에서 정수 부분을 뺀 것과 같으므로 $\sqrt{5}$의 소수 부분은
> $\boxed{}$이다.

01 $\sqrt{3}=a$, $\sqrt{7}=b$라 할 때, $\sqrt{84}$를 a, b를 사용하여 바르게 나타낸 것은?

① $2ab$ ② $4ab$

③ $2ab^2$ ④ $4ab^2$

⑤ $4a^2b^2$

02 $\sqrt{0.08}=k\sqrt{2}$를 만족하는 k의 값은?

① $\dfrac{1}{10}$ ② $\dfrac{1}{8}$

③ $\dfrac{1}{5}$ ④ $\dfrac{1}{4}$

⑤ $\dfrac{1}{2}$

03 $\sqrt{0.0006}$을 $\dfrac{\sqrt{b}}{a}$의 꼴로 나타낼 때, $a-b$의 값을 구하여라.

(단, b는 가장 작은 자연수이다.)

04 $\sqrt{108}=a\sqrt{3}$, $\sqrt{648}=b\sqrt{2}$일 때, $\sqrt{ab}$의 값은?

① $3\sqrt{2}$ ② $6\sqrt{2}$

③ $3\sqrt{3}$ ④ $6\sqrt{3}$

⑤ $6\sqrt{6}$

05 다음 ☐ 안에 알맞은 수를 써넣어라.

$$\sqrt{0.75}=\sqrt{\dfrac{\square}{100}}=\sqrt{\dfrac{\square^2\times 3}{10^2}}=\dfrac{\sqrt{3}}{\square}$$

06 다음 중 분모를 유리화한 것이 옳지 <u>않은</u> 것은?

① $\dfrac{7}{\sqrt{3}}=\dfrac{7\sqrt{3}}{3}$ ② $\dfrac{4}{\sqrt{5}}=\dfrac{4\sqrt{5}}{5}$

③ $\dfrac{\sqrt{3}}{\sqrt{7}}=\dfrac{\sqrt{21}}{7}$ ④ $\dfrac{\sqrt{3}}{2\sqrt{5}}=\dfrac{\sqrt{15}}{5}$

⑤ $\dfrac{4}{\sqrt{12}}=\dfrac{2\sqrt{3}}{3}$

07 다음을 간단히 하여라.

$$\sqrt{\frac{5}{2}} \div \sqrt{\frac{10}{3}} \times \sqrt{\frac{14}{3}}$$

08 $a=\sqrt{2}-5\sqrt{3}$, $b=-3\sqrt{2}+\sqrt{3}$일 때, $2a-3b$의 값은?

① $11\sqrt{2}-11\sqrt{3}$　② $11\sqrt{2}-13\sqrt{3}$
③ $11\sqrt{2}+11\sqrt{3}$　④ $11\sqrt{2}+13\sqrt{3}$
⑤ $-11\sqrt{2}+13\sqrt{3}$

09 $a=\sqrt{2}$, $b=\sqrt{5}$일 때, $\dfrac{a}{b}+\dfrac{b}{a}$의 값을 구하여라.

10 $\sqrt{98}=a\sqrt{2}$, $\sqrt{3}+\dfrac{1}{\sqrt{3}}=b\sqrt{3}$일 때, $a+3b$의 값을 구하여라.

11 $\dfrac{2\sqrt{6}}{\sqrt{3}}+\sqrt{128}-\dfrac{(-2\sqrt{2})^2}{8}\times\sqrt{\dfrac{1}{2}}$을 간단히 하면?

① $\dfrac{11\sqrt{2}}{2}$　　　② $\dfrac{13\sqrt{2}}{2}$

③ $\dfrac{15\sqrt{2}}{2}$　　　④ $\dfrac{17\sqrt{2}}{2}$

⑤ $\dfrac{19\sqrt{2}}{2}$

12 $2\sqrt{5}(1+\sqrt{5})+\dfrac{10}{\sqrt{5}}-\sqrt{20}$을 간단히 하면?

① $\sqrt{5}-5$　　　② $2\sqrt{5}-5$
③ $2\sqrt{5}-10$　　④ $2\sqrt{5}+5$
⑤ $2\sqrt{5}+10$

13 $(2\sqrt{3}-\sqrt{2})(\sqrt{3}+\sqrt{2})$를 계산하면 $a+b\sqrt{6}$이다. a, b가 유리수일 때, $a+b$의 값을 구하여라.

14 $\dfrac{6}{3-\sqrt{3}}$ 의 분모를 유리화하면?

① $3-\sqrt{3}$ ② $6-\sqrt{3}$

③ $\sqrt{3}$ ④ $3+\sqrt{3}$

⑤ $6+\sqrt{3}$

15 $2(\sqrt{6}-\sqrt{8})-\sqrt{2}(2+2\sqrt{3})=a\sqrt{b}$ 이고, b가 가장 작은 자연수일 때, a, b의 값을 각각 구하여라.

16 $a=2\sqrt{3}+\sqrt{2}$, $b=2\sqrt{3}-\sqrt{2}$ 일 때, $\dfrac{1}{ab}$의 값은?

① $\dfrac{1}{8}$ ② $\dfrac{1}{9}$

③ $\dfrac{1}{10}$ ④ $\dfrac{1}{11}$

⑤ $\dfrac{1}{12}$

17 $(\sqrt{5}+\sqrt{2})^2+(\sqrt{5}-\sqrt{2})^2$을 계산하여라.

18 다음은 $\sqrt{2}$의 소수 부분을 a, $2-\sqrt{2}$의 소수 부분을 b라 할 때, $a+b$의 값을 구하는 과정을 나타낸 것이다. □ 안에 알맞은 수를 써넣어라.

> $1<\sqrt{2}<2$이므로 $\sqrt{2}$의 정수 부분은 1이다.
> 따라서 $\sqrt{2}$의 소수 부분 a는
> $a=$ ☐
> $0<2-\sqrt{2}<1$이므로 $2-\sqrt{2}$의 정수 부분은 0이다.
> 따라서 $2-\sqrt{2}$의 소수 부분 b는
> $b=$ ☐
> $\therefore a+b=$ ☐

19 $4-\sqrt{2}$의 정수 부분을 a, 소수 부분을 b라 할 때, $a-b$의 값을 구하여라.

20 다음은 세 수 $a=2\sqrt{3}+1$, $b=5-\sqrt{3}$, $c=\sqrt{15}+1$의 대소를 비교하는 과정의 일부이다. □ 안에 알맞은 부등호를 써넣어라.

> $a-b=(2\sqrt{3}+1)-(5-\sqrt{3})=3\sqrt{3}-4$ ☐ 0
> $a-c=(2\sqrt{3}+1)-(\sqrt{15}+1)$
> $=2\sqrt{3}-\sqrt{15}$ ☐ 0

01 다음 중 옳지 <u>않은</u> 것은?

① $\sqrt{75} \times \sqrt{5} = 5\sqrt{15}$

② $\sqrt{2} \times \sqrt{72} = 12$

③ $2\sqrt{2} \times \sqrt{50} = 20$

④ $\sqrt{18} \times 2\sqrt{9} \times 2\sqrt{6} = 72\sqrt{3}$

⑤ $\sqrt{3} \times \sqrt{45} \times \sqrt{75} = 45\sqrt{3}$

02 $\sqrt{2} \times \sqrt{3} \times \sqrt{a} \times \sqrt{12} \times \sqrt{2a} = 36$일 때, 양의 유리수 a의 값을 구하여라.

03 $a > 0$, $b > 0$일 때, 다음 중 옳은 것은?

① $\sqrt{ab^2} = ab$

② $-\sqrt{a^2b^3} = ab\sqrt{b}$

③ $-\sqrt{a^3b^2} = ab$

④ $\sqrt{a^4b} = a^2\sqrt{b}$

⑤ $\sqrt{a^3b} = a^2\sqrt{b}$

04 $\sqrt{128} = a\sqrt{2}$, $\sqrt{150} = b\sqrt{6}$일 때, 유리수 a, b에 대하여 $\sqrt{ab}$의 값을 구하여라.

05 다음 중 옳지 <u>않은</u> 것은?

① $3\sqrt{3} = \sqrt{27}$　　② $4\sqrt{5} = \sqrt{80}$

③ $2\sqrt{10} = \sqrt{40}$　　④ $-3\sqrt{5} = \sqrt{45}$

⑤ $-5\sqrt{3} = -\sqrt{75}$

06 다음 수를 크기가 작은 것부터 차례대로 나열할 때, 두 번째에 오는 수를 구하여라.

$$3\sqrt{3}, \quad 5, \quad 2\sqrt{6}, \quad \sqrt{30}$$

07 $a > 0$, $b > 0$, $ab = 25$일 때, $a\sqrt{\dfrac{8b}{a}} + b\sqrt{\dfrac{2a}{b}}$의 값을 구하여라.

08 다음 중 옳지 <u>않은</u> 것을 모두 고르면?

(정답 2개)

① $\sqrt{8} \div \sqrt{2} = 2$ ② $5\sqrt{48} \div \sqrt{3} = 20$

③ $7\sqrt{2} \div \sqrt{2} = 7$ ④ $\sqrt{54} \div \sqrt{3} = 9$

⑤ $\sqrt{72} \div \sqrt{4} = 9\sqrt{2}$

09 $\sqrt{0.005} = a\sqrt{2}$를 만족하는 유리수 a의 값은?

① $\dfrac{1}{50}$ ② $\dfrac{1}{25}$

③ $\dfrac{1}{20}$ ④ $\dfrac{1}{10}$

⑤ $\dfrac{1}{5}$

서술형

10 $\sqrt{0.0128} = a\sqrt{2}$, $\sqrt{\dfrac{112}{25}} = b\sqrt{7}$일 때, 유리수 a, b에 대하여 $\dfrac{b}{a}$의 값을 구하여라.

(단, 풀이 과정을 자세히 써라.)

11 $\dfrac{\sqrt{10}}{2\sqrt{2}} = \sqrt{a}$, $\dfrac{2\sqrt{3}}{5} = \sqrt{b}$일 때, ab의 값을 구하여라.

12 $\sqrt{5.12} = 2.263$, $\sqrt{51.2} = 7.155$일 때, 다음 중 옳지 <u>않은</u> 것은?

① $\sqrt{512} = 22.63$

② $\sqrt{5120} = 71.55$

③ $\sqrt{0.512} = 0.7155$

④ $\sqrt{0.0512} = 0.2263$

⑤ $\sqrt{0.00512} = 0.007155$

13 다음 중 주어진 제곱근표를 이용하여 그 값을 구할 수 <u>없는</u> 것은?

수	0	1	2	3	4
2.5	1.581	1.584	1.587	1.591	1.594
2.6	1.612	1.616	1.619	1.622	1.625
2.7	1.643	1.646	1.649	1.652	1.655

① $\sqrt{254}$ ② $\sqrt{270}$

③ $\sqrt{26300}$ ④ $\sqrt{0.0271}$

⑤ $\sqrt{0.00252}$

14 $\sqrt{2}=a$, $\sqrt{7}=b$일 때, $\sqrt{252}$를 a, b를 이용하여 바르게 나타낸 것은?

① $3a^2b$ ② $6a^2b$

③ $3a^2b$ ④ $3ab^2$

⑤ $6ab^2$

15 $\sqrt{0.8}+\dfrac{2}{\sqrt{20}}=k\sqrt{5}$일 때, 유리수 k의 값은?

① $\dfrac{1}{5}$ ② $\dfrac{2}{5}$

③ $\dfrac{3}{5}$ ④ $\dfrac{4}{5}$

⑤ 1

서술형

16 $\dfrac{7}{\sqrt{48}}=a\sqrt{3}$, $\dfrac{5}{2\sqrt{6}}=b\sqrt{6}$일 때, 유리수 a, b에 대하여 $a+b$의 값을 구하여라.

(단, 풀이 과정을 자세히 써라.)

17 $\dfrac{\sqrt{10}}{\sqrt{3}}\times\dfrac{3\sqrt{6}}{\sqrt{15}}\div\sqrt{\dfrac{5}{12}}$ 를 간단히 하면?

① $\dfrac{6\sqrt{3}}{5}$ ② $\dfrac{12\sqrt{3}}{5}$

③ $\dfrac{6\sqrt{5}}{5}$ ④ $\dfrac{8\sqrt{3}}{5}$

⑤ $\dfrac{12\sqrt{5}}{5}$

18 다음 그림의 삼각형과 직사각형의 넓이가 서로 같을 때, 직사각형의 가로의 길이 x의 값을 구하여라.

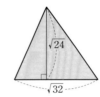

19 부피가 $12\sqrt{5}\,\text{cm}^3$인 직육면체의 가로의 길이, 세로의 길이가 각각 $\sqrt{6}\,\text{cm}$, $\sqrt{15}\,\text{cm}$일 때, 이 직육면체의 높이를 구하여라.

20 $2\sqrt{2}(7+\sqrt{5})-\sqrt{5}(2\sqrt{10}+3\sqrt{2})$를 간단히 하여라.

21 $\sqrt{6} \times \sqrt{40} \div \sqrt{96} \times \sqrt{150} = 5\sqrt{a}$ 를 만족하는 유리수 a의 값을 구하여라.

22 $\sqrt{6}\left(\dfrac{6}{\sqrt{32}} - \dfrac{3}{\sqrt{2}}\right) - \sqrt{2}\left(\dfrac{2}{\sqrt{6}} - \dfrac{10}{\sqrt{12}}\right)$ 을 간단히 하면 $a\sqrt{3} + b\sqrt{6}$이 될 때, 유리수 a, b의 합 $a+b$의 값은?

① -1 　② $-\dfrac{1}{2}$

③ $-\dfrac{1}{3}$ 　④ $-\dfrac{1}{4}$

⑤ $-\dfrac{1}{6}$

23 $a=\sqrt{3}$, $b=\sqrt{5}$일 때, $\dfrac{a}{b} + \dfrac{b}{a}$의 값은?

① $\dfrac{4\sqrt{15}}{15}$ 　② $\dfrac{\sqrt{15}}{3}$

③ $\dfrac{2\sqrt{15}}{5}$ 　④ $\dfrac{7\sqrt{15}}{15}$

⑤ $\dfrac{8\sqrt{15}}{15}$

24 $\sqrt{3}(1+\sqrt{6}) + \dfrac{4}{\sqrt{2}} - \dfrac{12}{\sqrt{3}} = a\sqrt{2} + b\sqrt{3}$을 만족하는 유리수 a, b의 합 $a+b$의 값을 구하여라.

25 $x = \dfrac{\sqrt{8} + \sqrt{6}}{2}$, $y = \dfrac{\sqrt{8} - \sqrt{6}}{2}$ 일 때, $(x+y)(x-y)$의 값을 구하여라.

26 $(3\sqrt{2} - \sqrt{5})^2 - (2\sqrt{3} - \sqrt{2})(2\sqrt{3} + \sqrt{2})$를 계산하면?

① $13 - 12\sqrt{10}$ 　② $13 - 6\sqrt{10}$

③ $13 - 4\sqrt{10}$ 　④ $13 + 6\sqrt{10}$

⑤ $13 + 12\sqrt{10}$

서술형
27 $(3 + 2\sqrt{3})(a - 4\sqrt{3})$을 계산한 결과가 유리수일 때, 유리수 a의 값을 구하여라.

(단, 풀이 과정을 자세히 써라.)

28 $(a-3\sqrt{3})(4+b\sqrt{3})$을 계산한 결과가 유리수일 때, 두 유리수 a, b 사이의 관계식은?

① $4a-9b=12$ ② $4a-9b=0$

③ $ab=12$ ④ $ab=36$

⑤ $b^2=a^2+12$

29 $x=1-\sqrt{2}$, $y=1+\sqrt{2}$일 때, $\dfrac{1}{x}+\dfrac{1}{y}$의 값을 구하여라.

30 $x=\dfrac{\sqrt{2}-\sqrt{3}}{\sqrt{2}+\sqrt{3}}$, $y=\dfrac{\sqrt{2}+\sqrt{3}}{\sqrt{2}-\sqrt{3}}$ 일 때,

x^2+y^2-xy의 값을 구하여라.

(단, 풀이 과정을 자세히 써라.)

31 $\sqrt{7}=2.646$, $\sqrt{70}=8.367$일 때, 다음 중 옳은 것은?

① $\sqrt{700}=264.6$ ② $\sqrt{7000}=83.67$

③ $\sqrt{0.7}=0.2646$ ④ $\sqrt{0.07}=0.8367$

⑤ $\sqrt{0.007}=0.02646$

32 $2.3^2=5.29$임을 이용하여 다음 중 값을 구할 수 있는 것을 모두 고르면? (정답 2개)

① $\sqrt{0.529}$ ② $\sqrt{0.0529}$

③ $\sqrt{52.9}$ ④ $\sqrt{529}$

⑤ $\sqrt{5290}$

33 $5-\sqrt{2}$의 정수 부분을 a, 소수 부분을 b라 할 때, $a-b$의 값은?

① $\sqrt{2}-1$ ② $1-\sqrt{2}$

③ $1+\sqrt{2}$ ④ $2-\sqrt{2}$

⑤ $2+\sqrt{2}$

34 $\dfrac{1}{3+\sqrt{10}}$의 소수 부분을 a, $\dfrac{1}{\sqrt{10}-3}$의 정수 부분을 b라 할 때, $\sqrt{(a-b)^2}$의 값을 구하여라. (단, 풀이 과정을 자세히 써라.)

35 $x=\dfrac{1}{\sqrt{2}-1}$, $y=\dfrac{1}{\sqrt{2}+1}$ 일 때, x^2+y^2의 값은?

① 4 　　　　② 6

③ 8 　　　　④ 10

⑤ 12

36 $x^2+4x+1=0$일 때, $x-\dfrac{1}{x}$의 값을 구하여라.

37 $x=2-\sqrt{5}$, $y=\sqrt{5}$일 때 다음 식의 값을 구하여라.

$$(x-2y)^2-(x-y)(x+y)+4xy+x$$

38 $x=3\sqrt{2}-4$일 때, $\sqrt{x^2+8x+10}$의 값은?

① $\sqrt{2}$ 　　　　② $\sqrt{3}$

③ $2\sqrt{2}$ 　　　　④ $2\sqrt{3}$

⑤ 4

39 다음 그림의 세 정사각형의 넓이가 각각 2, 8, 18일 때, $\overline{AC}+\overline{CE}$의 값을 구하여라.

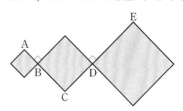

40 다음 그림은 한 변의 길이가 1인 두 정사각형을 수직선 위에 그린 것이다. $\overline{AB}=\overline{AP}$, $\overline{CD}=\overline{CQ}$이고, 두 점 P, Q에 대응하는 수를 각각 a, b라 할 때, $2a-\sqrt{2}b$의 값을 구하여라.

41 다음 중 세 실수 $a=8-\sqrt{5}$, $b=3\sqrt{2}+1$, $c=2\sqrt{5}+1$의 대소 관계를 바르게 나타낸 것은?

① $a<b<c$ 　　　　② $a<c<b$

③ $b<a<c$ 　　　　④ $b<c<a$

⑤ $c<b<a$

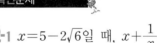

유형 01

$\sqrt{45}+\sqrt{27}-2\sqrt{20}+2\sqrt{12}=a\sqrt{3}+b\sqrt{5}$를 만족하는 유리수 a, b의 합 $a+b$의 값을 구하여라.

> **해결포인트** $a>0$, $b>0$일 때, $\sqrt{a^2b}=a\sqrt{b}$임을 이용하여 근호 안의 수를 가장 작은 자연수로 만든 후 근호 안의 수가 같은 것끼리 덧셈, 뺄셈을 한다.

유형 02

$\dfrac{2}{\sqrt{5}-\sqrt{3}}-\dfrac{4}{\sqrt{5}+\sqrt{3}}=a\sqrt{3}+b\sqrt{5}$일 때, 유리수 a, b에 대하여 a^2+b^2의 값을 구하여라.

> **해결포인트** 분모가 2개의 항으로 이루어진 무리수일 때는 곱셈 공식 $(a+b)(a-b)=a^2-b^2$을 이용하여 분모를 유리화한다.
> ① 분모가 $\sqrt{a}+\sqrt{b}$ ➡ 분자, 분모에 $\sqrt{a}-\sqrt{b}$를 곱한다.
> ② 분모가 $\sqrt{a}-\sqrt{b}$ ➡ 분자, 분모에 $\sqrt{a}+\sqrt{b}$를 곱한다.
> ③ 분모가 $\sqrt{a}+b$ ➡ 분자, 분모에 $\sqrt{a}-b$를 곱한다.
> ④ 분모가 $\sqrt{a}-b$ ➡ 분자, 분모에 $\sqrt{a}+b$를 곱한다.

확인문제

1-1 $\sqrt{2}-\sqrt{18}+8\sqrt{32}=a\sqrt{2}$를 만족하는 유리수 a의 값을 구하여라.

확인문제

2-1 $x=5-2\sqrt{6}$일 때, $x+\dfrac{1}{x}$의 값을 구하여라.

1-2 $3\sqrt{a}-\sqrt{72}+\sqrt{8}=\sqrt{128}$을 만족하는 자연수 a의 값을 구하여라.

2-2 $x=\dfrac{\sqrt{3}+\sqrt{5}}{\sqrt{3}-\sqrt{5}}$일 때, $x^2+\dfrac{1}{x^2}$의 값을 구하여라.

유형 03

$5-\sqrt{10}$의 정수 부분을 a, 소수 부분을 b라 할 때, $\sqrt{(a+1)^2}-\sqrt{(b-1)^2}$의 값을 구하여라.

> **해결포인트** 무리수의 소수 부분은 그 수에서 정수 부분을 뺀 것과 같다.
> ➡ (무리수 $\sqrt{a}$의 소수 부분)$=\sqrt{a}-(\sqrt{a}$의 정수 부분)
> 예를 들어 $\sqrt{4}<\sqrt{5}<\sqrt{9}$, 즉 $2<\sqrt{5}<3$이므로 $\sqrt{5}$의 정수 부분은 2이고, 소수 부분은 $\sqrt{5}-2$이다.

확인문제

3-1 $5-\sqrt{3}$의 정수 부분을 a, 소수 부분을 b라 할 때, a^2+4b의 값을 구하여라.

3-2 $\dfrac{2x+y}{2x-5y}=3$일 때, $\sqrt{\dfrac{8x+2y}{5x-3y}}$의 소수 부분을 구하여라. (단, $xy\neq0$)

유형 04

다음 그림과 같이 정사각형 모양의 꽃밭이 붙어 있다. 각 꽃밭의 넓이는 왼쪽부터 차례대로 $125\,m^2$, $45\,m^2$, $5\,m^2$이다. 이 꽃밭의 둘레에 울타리를 만들려고 할 때, 필요한 울타리의 길이를 구하여라.

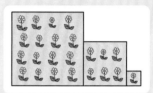

> **해결포인트** 넓이가 $a\,(a>0)$인 정사각형의 한 변의 길이는 $\sqrt{a}$이므로 둘레의 길이는 $4\sqrt{a}$가 된다. 이와 같이 도형의 넓이, 둘레의 길이, 부피 등을 계산할 때 무리수가 포함되어 있으면 제곱근의 성질과 분모의 유리화를 이용한다.

확인문제

4-1 가로의 길이, 세로의 길이가 각각 $\sqrt{32}-\sqrt{12}$, $\sqrt{27}+\sqrt{8}$인 직사각형의 둘레의 길이를 구하여라.

4-2 다음 그림은 수직선 위에 정사각형 A, B, C의 넓이를 2배씩 늘여 차례대로 그린 것이다. 정사각형 C의 넓이가 4일 때, 점 P에 대응하는 수를 구하여라.

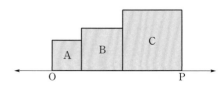

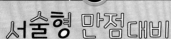

1 $x=\dfrac{\sqrt{3}-\sqrt{2}}{\sqrt{2}}$, $y=\dfrac{\sqrt{3}+\sqrt{2}}{\sqrt{2}}$ 일 때,

$\dfrac{x+y}{\sqrt{3}}-\dfrac{x-y}{\sqrt{2}}$ 의 값을 구하여라.

（단, 풀이 과정을 자세히 써라.）

2 $f(x)=\sqrt{x+2}-\sqrt{x+1}$일 때,
$f(1)+f(2)+f(3)+\cdots+f(30)$의 값을
구하여라. （단, 풀이 과정을 자세히 써라.）

3 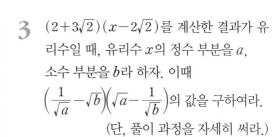 $(2+3\sqrt{2})(x-2\sqrt{2})$를 계산한 결과가 유리수일 때, 유리수 x의 정수 부분을 a, 소수 부분을 b라 하자. 이때

$\left(\dfrac{1}{\sqrt{a}}-\sqrt{b}\right)\left(\sqrt{a}-\dfrac{1}{\sqrt{b}}\right)$의 값을 구하여라.

（단, 풀이 과정을 자세히 써라.）

4 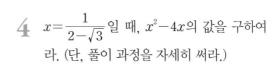 $x=\dfrac{1}{2-\sqrt{3}}$ 일 때, x^2-4x의 값을 구하여라. （단, 풀이 과정을 자세히 써라.）

Step **6**

도전 1등급

정답 p. 23

생각해봅시다!

01 $a<0$이고 $b=\sqrt{(-a)^2}$, $c=-\sqrt{49b^2}$일 때, $a+b-c$를 a에 대한 식으로 나타내어라.

 $\sqrt{a^2}=\begin{cases} a\,(a\geq0) \\ -a\,(a<0) \end{cases}$ 임을 이용한다.

02 $0<a<1$일 때, 보기에서 옳은 것을 모두 골라 기호를 써라.

┤ 보기 ├

(ㄱ) $a<\dfrac{1}{a}$

(ㄴ) $\sqrt{\left(\dfrac{1}{a}-1\right)^2}=1-\dfrac{1}{a}$

(ㄷ) $\sqrt{(a-1)^2}=1-a$

(ㄹ) $\sqrt{\left(a-\dfrac{1}{a}\right)^2+4}=a+\dfrac{1}{a}$

$0<a<1$이면 $\dfrac{1}{a}>1$이므로 $\dfrac{1}{a}-1$, $a-1$의 부호를 먼저 파악한다.

03 자연수 n에 대하여 $2n-1<\sqrt{x}<2n+1$을 만족하는 자연수 x의 개수가 111일 때, n의 값을 구하여라.

부등식의 각 변을 제곱하여 x의 값의 범위를 먼저 구해 본다.

04 다음 그림과 같이 반지름의 길이가 1인 원이 수직선의 원점에 접하고 있다. 이 접점을 A라 할 때, 원을 오른쪽으로 반 바퀴만큼 굴려 점 B가 원과 수직선의 접점이 되게 할 때, 점 B에 대응하는 수를 구하여라. (단, $\overline{\text{AB}}$는 원의 지름이다.)

점 B와 수직선의 원점 사이의 거리는 원의 둘레의 길이의 $\dfrac{1}{2}$과 같음을 이용한다.

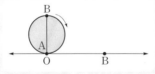

05 n이 300 이하의 자연수일 때, $\sqrt{n}$, $\sqrt{2n}$, $\sqrt{5n}$이 모두 무리수
가 되도록 하는 n의 개수를 구하여라.

$\sqrt{n}$이 유리수가 되려면 n이 어떤
수의 제곱이 되어야 함을 이용한다.

06 오른쪽 그림에서 $\overline{BC}=15\text{cm}$이고
$\overline{BC}\,/\!/\,\overline{DE}$이다. $\triangle ABC$의 넓이가
$\square DBCE$의 넓이의 $\dfrac{3}{2}$배일 때,
$\overline{DE}$의 길이를 구하여라.

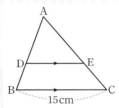

$\overline{BC}\,/\!/\,\overline{DE}$이므로 $\triangle ABC$와 $\triangle ADE$
는 닮음이다. 닮음비가 $m:n$인 두
도형의 넓이의 비는 $m^2:n^2$임을
이용한다.

07 $x=\sqrt{2}-1$일 때, 다음 중 식의 값이 유리수인 것을 모두 골라
기호를 써라.

(ㄱ) $\sqrt{2}x$	(ㄴ) x^2+2x
(ㄷ) $x-\dfrac{1}{x}$	(ㄹ) $x+\dfrac{1}{x}$

x의 값을 식에 각각 대입하여 계
산해 본다.

08 $f(x)=\sqrt{x+1}+\sqrt{x}$일 때, 다음 식의 값을 구하여라.
$$\frac{1}{f(2)}+\frac{1}{f(3)}+\frac{1}{f(4)}+\frac{1}{f(5)}+\cdots+\frac{1}{f(48)}$$

각 항이 $\dfrac{1}{f(x)}$의 꼴이므로
$\dfrac{1}{f(x)}$을 먼저 구해 본다.

09 $\sqrt{x}$ 이하의 자연수의 개수를 $N(x)$라 하면 $2<\sqrt{5}<3$이므로 $N(5)=2$이다. 이때 $N(1)+N(2)+N(3)+\cdots+N(10)$ 의 값을 구하여라.

생각해 봅시다!
$N(x)$의 뜻에 따라 $N(1)$, $N(2)$, $N(3)$, $\cdots$, $N(10)$ 의 값을 각각 구해 본다.

10 오른쪽 그림에서 모눈 한 칸은 한 변의 길이가 1인 정사각형이다. 모눈 위에 그린 육각형의 둘레의 길이를 구하여라.

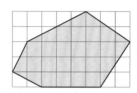

육각형의 각 변을 한 변으로 하는 정사각형을 그려 정사각형의 넓이를 이용하면 각 변의 길이를 구할 수 있다.

11 $\dfrac{\sqrt{9n}}{\sqrt{n-2}}$ 의 정수 부분이 4가 되도록 하는 자연수 n의 개수를 구하여라.

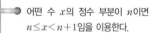

어떤 수 x의 정수 부분이 n이면 $n\le x<n+1$임을 이용한다.

12 다음 그림과 같이 수직선 위에 한 변의 길이가 1인 정사각형 ABCD를 그렸다. 정사각형의 대각선 BD를 점 B를 중심으로 회전시켜 수직선과 만나는 점을 P라 할 때, 어두운 부분의 넓이를 구하여라.

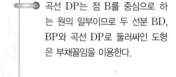

곡선 DP는 점 B를 중심으로 하는 원의 일부이므로 두 선분 BD, BP와 곡선 DP로 둘러싸인 도형은 부채꼴임을 이용한다.

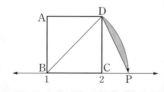

Step **7**

대단원 성취도 평가

나의 점수 _____ 점 / 100점 만점

정답 p. 25

객관식 [각 5점]

01 $(-4)^2$의 양의 제곱근을 a, $\sqrt{121}$의 음의 제곱근을 b라 할 때, $a-b^2$의 값은?

① -117 ② -15 ③ -7

④ 15 ⑤ 125

02 다음 중 옳지 <u>않은</u> 것은?

① $a^2>0$이면 $a>0$이다.   ② $a\geq0$이면 $(-\sqrt{a})^2=a$이다.

③ $a>b$이면 $\sqrt{(b-a)^2}=a-b$이다.   ④ $x^2=(-5)^2$이면 $x=\pm5$이다.

⑤ $x<3$이면 $\sqrt{(x-3)^2}=3-x$이다.

03 다음 중 옳지 <u>않은</u> 것은?

① $\sqrt{2}$와 $\sqrt{3}$ 사이에는 무수히 많은 유리수가 있다.

② 서로 다른 두 유리수 사이에는 무수히 많은 무리수가 있다.

③ 수직선 위의 점에 대응하지 않는 실수는 없다.

④ 0과 1 사이에는 정수가 존재하지 않는다.

⑤ 서로 다른 두 무리수 사이에는 무수히 많은 정수가 있다.

04 다음 중 순환하지 않는 무한소수인 것은?

① $\sqrt{(-5)^2}$ ② $\sqrt{0.04}$ ③ $\sqrt{18}$

④ $\sqrt{6.25}$ ⑤ $-\sqrt{\dfrac{9}{4}}$

05 다음 중 옳은 것을 모두 고르면? (정답 2개)

① $\sqrt{2}+\sqrt{6}=\sqrt{8}$ ② $\sqrt{0.36}-\sqrt{0.25}=0.01$

③ $\sqrt{(-4)^2}\times(-1)^5=-4$ ④ $\sqrt{1^2}+\sqrt{(-1)^2}=0$

⑤ $\sqrt{144}\div\sqrt{(-3)^2}+\sqrt{(-2)^4}=8$

06 $\sqrt{135x}$의 값이 자연수가 되도록 하는 최소의 자연수 x의 값은?

① 3   ② 5   ③ 10

④ 15   ⑤ 20

07 다음 중 $\sqrt{2}$와 $\sqrt{3}$ 사이의 수가 <u>아닌</u> 것은? (단, $\sqrt{2}=1.414$, $\sqrt{3}=1.732$)

① $\sqrt{3}-0.1$ ② $\sqrt{2}+0.1$ ③ $\sqrt{3}-\sqrt{2}$

④ $\sqrt{2}+0.01$ ⑤ $\dfrac{\sqrt{2}+\sqrt{3}}{2}$

08 $3\sqrt{20}-5\sqrt{10}+\sqrt{2\sqrt{5}}+\sqrt{45}=a\sqrt{5}+b\sqrt{10}$일 때, 유리수 a, b의 합 $a+b$의 값은?

① -5 ② -2 ③ 2

④ 5   ⑤ 13

09 다음 중 두 수의 대소 관계가 옳지 <u>않은</u> 것은?

① $1+2\sqrt{3}>2+\sqrt{3}$ ② $3+\sqrt{2}>4$ ③ $-3+\sqrt{5}<\sqrt{6}-3$

④ $\sqrt{10}-3>\sqrt{10}-7$ ⑤ $\sqrt{2}-\sqrt{8}<\sqrt{2}-3$

10 $\sqrt{2}\left(\dfrac{2}{\sqrt{6}}-\dfrac{10}{\sqrt{12}}\right)+\sqrt{3}\left(\dfrac{6}{\sqrt{18}}-3\right)$을 간단히 하면?

① 0

② $\sqrt{6}-\sqrt{3}$

③ $-\dfrac{5\sqrt{3}}{3}-\dfrac{8\sqrt{6}}{3}$

④ $-\dfrac{7\sqrt{3}}{3}-\dfrac{2\sqrt{6}}{3}$

⑤ $\sqrt{2}+2\sqrt{3}$

11 $\sqrt{3.4}=1.844$, $\sqrt{34}=5.831$일 때, 다음 중 옳지 않은 것은?

① $\sqrt{340}=18.44$

② $\sqrt{0.34}=0.1844$

③ $\sqrt{3400}=58.31$

④ $\sqrt{0.0034}=0.05831$

⑤ $\sqrt{0.00034}=0.01844$

12 $\sqrt{3}$의 소수 부분을 a라 할 때, $\sqrt{48}$의 소수 부분을 a에 관한 식으로 나타내면?

① $4a-6$

② $4a-2$

③ $4a$

④ $4a+2$

⑤ $4a+6$

주관식 [각 6점]

13 $6<\sqrt{3n}<8$을 만족하는 자연수 n의 값 중에서 최댓값을 M, 최솟값을 m이라 할 때, $M-m$의 값을 구하여라.

14 오른쪽 그림은 수직선 위에 한 변의 길이가 1인 정사각형 ABCD를 나타낸 것이다. $\overline{AC}=\overline{AP}$, $\overline{BD}=\overline{BQ}$이고 점 P에 대응하는 수가 $-2+\sqrt{2}$일 때, 점 Q에 대응하는 수를 구하여라.

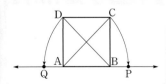

15 $x=5+2\sqrt{6}$일 때, $(x^2-10x)(x^2-10x+4)-5$의 값을 구하여라.

16 $a=\dfrac{p}{4-\sqrt{15}}$, $b=\dfrac{\sqrt{15}}{4+\sqrt{15}}$일 때, $a+b$의 값이 유리수가 되도록 하는 p의 값을 x, 유리수 $a+b$의 값을 y라 할 때, xy의 값을 구하여라. (단, p는 유리수이다.)

17 $\sqrt{a}$의 정수 부분을 $<a>$, $\sqrt{a}$의 소수 부분을 $\ll a\gg$로 나타낼 때, $\dfrac{\sqrt{72}}{<6>+2\ll 3\gg}$의 값을 구하여라.

서술형 주관식

18 다음 그림과 같이 수직선 위에 한 변의 길이가 2인 정사각형을 그렸다. 수직선 위의 두 점 P, Q의 좌표를 각각 p, q라고 할 때, 물음에 답하여라. [총 10점]

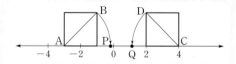

(1) $\overline{AB}$를 한 변으로 하는 정사각형의 넓이를 이용하여 $\overline{AB}$의 길이를 구하여라. [3점]

(2) p, q의 값을 각각 구하여라. [4점]

(3) $2\sqrt{2}p+\dfrac{q}{\sqrt{2}}$의 값을 구하여라. [3점]

Ⅱ

이차방정식

PART 01 인수분해 공식

정답 p. 27

1 인수분해의 뜻

01 하나의 다항식을 두 개 이상의 다항식의 곱으로 나타낼 때, 각각의 식을 처음 다항식의 ☐ 라고 한다.

02 하나의 다항식을 두 개 이상의 인수의 곱으로 나타내는 것을 그 다항식을 ☐ 한다고 한다.

[03~06] 다음 식은 어떤 다항식을 인수분해한 것인지 구하여라.

03 $x(x-2y)$

04 $(x+3)(x-3)$

05 $(x-4)^2$

06 $(2x+1)(5x-2)$

2 공통인수를 묶어 내어 인수분해하기

07 다항식의 각 항에 공통으로 들어 있는 인수를 ☐ 라고 한다.

[08~13] 다음 다항식에서 각 항에 공통으로 들어 있는 인수를 구하여라.

08 $2a^2x-6ab$

09 $6x^2-4x$

10 $-6x^2+9x$

11 $-8a^2b-12b^2$

12 x^2y-xy^2

13 $x^2y^2+xy^2-2xy$

[14~19] 다음 식을 인수분해하여라.

14 $ab+2a^2c$

15 m^3+6m^2

16 $4x^2+6xy$

17 $-3a^2+6ab$

18 $7pq^2-13p^2q$

19 $a^2b+2ab+3ab^2$

3 인수분해 공식 (1) : $a^2+2ab+b^2=(a+b)^2$
$a^2-2ab+b^2=(a-b)^2$

[20~25] 다음 식을 인수분해하여라.

20 $x^2+8x+16$

21 $x^2+10x+25$

22 $4x^2+4x+1$

23 $4x^2+12x+9$

24 $9x^2+24x+16$

25 $25a^2+20ab+4b^2$

[26~31] 다음 식을 인수분해하여라.

26 $a^2-18a+81$

27 $x^2-20x+100$

28 $36x^2-12x+1$

29 $49x^2-28x+4$

30 $4a^2-28ab+49b^2$

31 $64a^2-48ab+9b^2$

32 다항식의 제곱으로 된 식 또는 이 식에 상수를 곱한 식을 [   ]이라고 한다.

[33~42] 다음 식이 완전제곱식이 되도록 □ 안에 알맞은 수를 써넣어라.

33 $x^2+8x+\square$

34 $x^2-10x+\square$

35 $x^2-12x+\square$

36 $x^2+x+\square$

37 $x^2+5x+\square$

38 $x^2-3xy+\square y^2$

39 $4x^2-16x+\square$

40 $4x^2-12xy+\square y^2$

41 $4x^2-3xy+\square y^2$

42 $\dfrac{1}{4}x^2-\dfrac{1}{3}x+\square$

[43~46] 다음 식이 완전제곱식이 되도록 □ 안에 알맞은 수를 써넣어라.

43 $x^2+\square x+81$

44 $25a^2+\square ab+16b^2$

45 $x^2+\square x+\dfrac{1}{36}$

46 $\dfrac{1}{25}x^2+\square x+\dfrac{1}{64}$

4 인수분해 공식 (2) : $a^2-b^2=(a+b)(a-b)$

[47~52] 다음 식을 인수분해하여라.

47 a^2-36

48 $9x^2-25$

49 $4x^2-a^2$

50 $16x^2-49y^2$

51 $\dfrac{x^2}{4}-y^2$

52 $-4a^2+\dfrac{x^2}{9}$

---

5 인수분해 공식(3):
$x^2+(a+b)x+ab=(x+a)(x+b)$

[53~58] 합과 곱이 다음과 같은 두 정수를 구하여라.

53 합 : 3, 곱 : 2

54 합 : 9, 곱 : 20

55 합 : -7, 곱 : 10

56 합 : -12, 곱 : 20

57 합 : 9, 곱 : -10

58 합 : 5, 곱 : -6

[59~60] 다음과 같이 다항식을 인수분해하는 과정에서 □ 안에 알맞은 수 또는 식을 써 넣어라.

59 $x^2-7x+12$

$= (x-\boxed{})(x-4)$

---

60 $x^2+2x-15$

$= (x-\boxed{})(x+5)$

[61~75] 다음 식을 인수분해하여라.

61 x^2+3x+2

62 $x^2+10x+21$

63 x^2-6x+8

64 $x^2-9x+18$

65 x^2+x-12

66 $x^2+7x-18$

67 $x^2-6x-40$

68 $x^2-2x-15$

69 y^2-y-30

70 $x^2+5xy+4y^2$

71 $x^2+12xy+35y^2$

72 $x^2+ay-2a^2$

73 $x^2+2ax-15a^2$

74 $x^2-xy-6y^2$

75 $x^2-xy-132y^2$

6 인수분해 공식 (4) : $acx^2+(ad+bc)x+bd=(ax+b)(cx+d)$

[76~78] 다음과 같이 다항식을 인수분해하는 과정에서 □ 안에 알맞은 수 또는 식을 써넣어라.

76 $2x^2+7x+3$

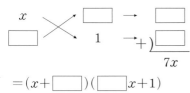

$=(x+\boxed{})(\boxed{}x+1)$

77 $3x^2+x-4$

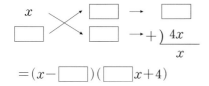

$=(x-\boxed{})(\boxed{}x+4)$

78 $6x^2-7x-3$

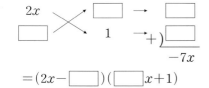

$=(2x-\boxed{})(\boxed{}x+1)$

[79~102] 다음 식을 인수분해하여라.

79 $3x^2+4x+1$

80 $2x^2+9x+4$

81 $5x^2+8x+3$

82 $8x^2+14x+3$

83 $9x^2+18x+8$

84 $14x^2+31x+15$

85 $6x^2+17x+5$

86 $4x^2-7x+3$

87 $5x^2-13x+6$

88 $5x^2-16x+3$

89 $2x^2+5x-3$

90 $10x^2+11x-6$

91 $20x^2-7x-6$

92 $3x^2-10x-8$

93 $2x^2-x-6$

94 $2x^2-5x-12$

95 $4x^2-10x-6$

96 $8x^2-2x-3$

97 $3x^2+7xy+2y^2$

98 $4x^2-13xy+9y^2$

99 $3x^2-10xy+8y^2$

100 $8x^2-10xy-12y^2$

101 $6a^2-4ab-10b^2$

102 $3a^2+2ab-8b^2$

01 $m(a+b)+n(a+b)$를 인수분해하면?

① $(a+b)(m+n)$ ② $(a-b)(m-n)$

③ $(a+m)(b+n)$ ④ $(a-m)(b-n)$

⑤ $-(a+b)(m-n)$

02 다음 중 완전제곱식이 아닌 것은?

① $x^2(x+1)^2$ ② $x^2(x-1)^2$

③ $(2x-3)^2$ ④ $2(x-5)^2$

⑤ $x(x+5)^2$

03 $\dfrac{1}{25}a^2+\dfrac{1}{5}a+\dfrac{1}{4}=(ma+n)^2$일 때, $m+n$의 값을 구하여라.

04 $x^3+6x^2y+9xy^2=x(x+ay)^2$일 때, 상수 a의 값을 구하여라.

05 $x^2-24x+\square$가 완전제곱식일 때, $\square$ 안에 알맞은 수는?

① 36   ② 64

③ 100   ④ 144

⑤ 169

06 $x^2+16x+A=(x+B)^2$일 때, $A+B$의 값은?

① 20   ② 36

③ 48   ④ 64

⑤ 72

07 $y^2+\square y+121$이 완전제곱식일 때, $\square$ 안에 알맞은 수는?

① ±11 ② ±22

③ 11   ④ 22

⑤ -22

08 $4x^2-16$을 인수분해하면?

① $2(x+2)(x-4)$ ② $2(x+4)(x-2)$

③ $2(x+2)(x-2)$ ④ $4(x^2-4)$

⑤ $4(x+2)(x-2)$

09 $4xy^2-xz^2$을 인수분해하면?

① $x(2y+z)(2y-z)$

② $4x(y+z)(y-z)$

③ $-x(2y+z)(2y-z)$

④ $-4x(y+z)(y-z)$

⑤ $x(y+z)(4y-z)$

10 다음 중 x^2+2x-8의 인수인 것은?

① $x-4$ ② $x-1$

③ $x+1$ ④ $x+2$

⑤ $x+4$

11 다음 중 $x^2-5x-24$의 인수인 것을 모두 골라 기호를 써라.

(ㄱ) $x+8$	(ㄴ) $x+3$
(ㄷ) $x-8$	(ㄹ) $x-3$

12 $x^2-\dfrac{9}{16}y^2$을 인수분해하면?

① $\left(x-\dfrac{3}{4}y\right)^2$

② $\left(x+\dfrac{3}{4}y\right)^2$

③ $\left(x-\dfrac{9}{16}y\right)^2$

④ $\left(x+\dfrac{3}{4}y\right)\left(x-\dfrac{3}{4}y\right)$

⑤ $\left(x+\dfrac{9}{16}y\right)\left(x-\dfrac{9}{16}y\right)$

13 $\dfrac{1}{25}x^2-\dfrac{1}{9}y^2=\left(Ax+\dfrac{1}{3}y\right)\left(Bx-\dfrac{1}{3}y\right)$일 때, A, B의 값을 구하여라.

14 $x^2+9x+20$을 인수분해하면?

① $(x-4)(x-5)$ ② $(x-4)(x+5)$

③ $(x+4)(x-5)$ ④ $(x+4)(x+5)$

⑤ $(x+2)(x+10)$

01 다음 식에 대한 설명으로 옳지 <u>않은</u> 것은?

$$x^3+4xy \underset{(ㄴ)}{\overset{(ㄱ)}{\rightleftharpoons}} x(x^2+4y)$$

① (ㄱ)의 과정을 인수분해한다고 한다.
② (ㄴ)의 과정을 전개한다고 한다.
③ (ㄴ)의 과정에서 분배법칙이 이용된다.
④ x^3과 $4xy$의 공통인수는 x이다.
⑤ x, x^2, x^2+4y는 모두 x^3+4xy의 인수이다.

02 다음 중 x^2y-16y^3의 인수가 아닌 것은?

① y ② $x+4y$
③ $x-4y$ ④ x^2-16y^2
⑤ $xy+4y$

03 다음 중 $-4ax^2+8ax-4a$의 인수가 아닌 것은?

① a ② $ax-1$
③ $x-1$ ④ $a(x-1)$
⑤ $(x-1)^2$

04 다음 중 옳은 것은?

① $3x^2+6x=3x(x-2)$
② $2ab-8a=2a(b+4)$
③ $-2x^2+4x=-2x(x+2)$
④ $-2a^2-10a=-2a(a-5)$
⑤ $-3xy-12x=-3x(y+4)$

05 $a(b-5)-b+5$를 인수분해하면?

① $(a+1)(b+5)$ ② $(a+1)(b-5)$
③ $(a-1)(b+5)$ ④ $(a-1)(b-5)$
⑤ $(a-5)(b+1)$

06 다음 중 완전제곱식으로 인수분해되지 <u>않는</u> 식은?

① x^2-2x+1 ② $4x^2-4x+1$
③ $x^2-8xy+16y^2$ ④ $2x^2+4xy+2y^2$
⑤ $x^2+\dfrac{1}{2}x+1$

07 다음 중 $16x^2+24xy+9y^2$의 인수인 것은?

① $2x+3y$ ② $2x+9y$

③ $4x+3y$ ④ $4x+9y$

⑤ $8x+9y$

08 $3x^2-10x+A$가 완전제곱식이 되도록 하는 상수 A의 값을 구하여라.

09 $(x+4)(x-10)-k$가 완전제곱식이 되도록 하는 상수 k의 값은?

① -49 ② -9

③ 9 ④ 49

⑤ 76

서술형

10 다음 두 식이 모두 완전제곱식이 되도록 하는 양수 a, b의 합 $a+b$의 값을 구하여라.
(단, 풀이 과정을 자세히 써라.)

$$x^2-ax+\frac{1}{25},\ 5x^2-4x+b$$

11 $-3<x<3$일 때,
$\sqrt{x^2-6x+9}-\sqrt{x^2+6x+9}$를 간단히 하면?

① -6 ② 0

③ 6 ④ $-2x$

⑤ $2x$

서술형

12 $0<5x<1$일 때,
$$\sqrt{5x^2-2x+\frac{1}{5}}-\sqrt{5x^2+2x+\frac{1}{5}}$$ 을 간단히 하여라. (단, 풀이 과정을 자세히 써라.)

13 다음 중 x^8-y^8의 인수인 것을 모두 고르면? (정답 2개)

① x ② x^2

③ x^2-y^2 ④ x^3+y^3

⑤ x^4+y^4

14 다음 중 옳은 것은?

① $-a^2-16=(-a-4)(-a+4)$

② $ax^2-9a=a(x+3)(x-3)$

③ $-48x^2+75y^2=-3(4x+5)(4x-5)$

④ $x^2+\dfrac{1}{x^2}=\left(x+\dfrac{1}{x}\right)^2$

⑤ $x^4-1=(x^2-1)^2$

15 다음 중 $(5x-4)^2-(3x-5)^2$의 인수인 것을 모두 고르면? (정답 2개)

① $5x-4$　　② $3x-5$

③ $2x+1$　　④ $8x-9$

⑤ $(5x-4)(3x-5)$

16 $x^2+px+20=(x+a)(x+b)$일 때, 다음 중 상수 p의 값이 될 수 없는 것은?

(단, a, b는 정수이다.)

① -21　　② -9

③ 8　　④ 12

⑤ 21

17 $(x+a)(x-2)-4=(x-3)(x+b)$일 때, 상수 a, b에 대하여 $a+b$의 값을 구하여라.

18 $x^2+ax+21$이 $(x+b)(x+c)$로 인수분해될 때, 상수 a의 최댓값을 구하여라.

(단, b, c는 정수이다.)

19 다항식 $12x^2+ax+b$를 인수분해하면 $(3x+4)(cx+5)$이다. 이때, 세 정수 a, b, c의 합 $a+b+c$의 값은?

① 40　　② 45

③ 50　　④ 55

⑤ 60

서술형

20 $(6x+1)(x-3)+6(x-1)-1$은 두 일차식의 곱으로 인수분해된다. 이때, 두 일차식의 합을 구하여라.

(단, 풀이 과정을 자세히 써라.)

21 두 다항식 $2x^2-5xy-3y^2$, $5x^2-17xy+ay^2$ 의 공통인수가 $x+by$일 때, 상수 a, b의 곱 ab의 값은?

① -18 ② -12
③ 6 ④ 12
⑤ 18

22 $x^2-ax-14$가 $x-7$을 인수로 가질 때, 상 수 a의 값을 구하여라.

23 $x-2$가 두 다항식 $x^2+ax+30$, $5x^2-7x+b$의 공통인수일 때, 상수 a, b의 합 $a+b$의 값을 구하여라.

(단, 풀이 과정을 자세히 써라.)

서술형

24 이차식 x^2+ax+b를 인수분해하는데 성미는 일차항의 계수를 잘못 보아 $(x-3)(x-4)$ 로 인수분해하였고, 일권이는 상수항을 잘못 보아 $(x-9)(x+1)$로 인수분해하였다. a, b의 값을 구하고 이차식 x^2+ax+b를 바르 게 인수분해하여라.

(단, 풀이 과정을 자세히 써라.)

25 어떤 이차식을 인수분해하는데 중호는 x의 계수를 잘못 보아 $(5x+3)(3x-4)$로 인수 분해하였고, 효주는 상수항을 잘못 보아 $(15x-4)(x+1)$로 인수분해하였다. 처음 이차식을 바르게 인수분해하여라.

26 다음 그림의 모든 사각형의 넓이의 합과 넓 이가 같은 직사각형의 가로의 길이와 세로의 길이의 합은?

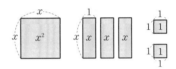

① $2x$ ② $2x+1$
③ $2x+2$ ④ $2x+3$
⑤ $2x+4$

27 다음 그림에서 두 도형 A, B의 넓이가 같 을 때, 직사각형 B의 가로의 길이를 구하 여라.

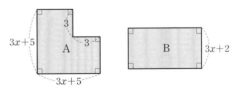

정답 p. 32

유형 01

$(2x-5)(2x+7)+a$가 완전제곱식이 되도록 하는 상수 a의 값을 구하여라.

해결**포인트** $x^2+ax+b\,(b>0)$가 완전제곱식이 되려면
① 상수항이 x의 계수의 $\dfrac{1}{2}$의 제곱이어야 한다.
➡ $b=\left(\dfrac{1}{2}a\right)^2$
② x의 계수가 상수항의 제곱근의 2배이어야 한다.
➡ $a=\pm2\sqrt{b}$

확인문제

1-1 $25x^2+2(a-2)xy+4y^2$이 완전제곱식이 되도록 하는 상수 a의 값을 구하여라.

1-2 $0<2x<1$일 때, 다음 식을 간단히 하여라.

$$\sqrt{\dfrac{9}{4x^2}}+\sqrt{4x^2+\dfrac{1}{4x^2}-2}+\sqrt{4x^2+\dfrac{1}{4x^2}+2}$$

유형 02

다음 세 이차식의 공통인수가 일차식일 때, 상수 a의 값을 구하여라.

$$3x^2+5x-2,\ x^2-3x-10,\ 5x^2+9x+a$$

해결**포인트** 두 개 이상의 다항식의 공통인수를 구하려면 먼저 각 다항식을 인수분해한 후 공통으로 들어 있는 인수를 찾는다.

확인문제

2-1 두 다항식 $12x^2+5x-2,\ \ 6x^2+x-2$의 공통인수를 구하여라.

2-2 두 다항식 $x^2+ax+33$과 $3x^2-10x+b$의 공통인수가 $x-3$일 때, 상수 $a,\ b$에 대하여 $b-a$의 값을 구하여라.

1 $x^2 - \dfrac{5}{16}x + \dfrac{1}{64} = (x-a)(x-b)$ 이고,

$a > b$ 일 때, $a-b$의 값을 구하여라.

(단, 풀이 과정을 자세히 써라.)

3 $0 < a < 1$일 때,

$$3\sqrt{(-a)^2} + \sqrt{\left(a+\dfrac{1}{a}\right)^2 - 4} - \sqrt{\left(a-\dfrac{1}{a}\right)^2 + 4}$$

를 간단히 하여라.

(단, 풀이 과정을 자세히 써라.)

2 두 다항식 $x^2 + ax - 10$, $5x^2 - ax + b$의 공통인수가 $x-2$일 때, 상수 a, b의 합 $a+b$의 값을 구하여라.

(단, 풀이 과정을 자세히 써라.)

4 $n^2 + 10n - 56$의 값이 소수가 되도록 하는 자연수 n의 값을 구하여라.

(단, 풀이 과정을 자세히 써라.)

인수분해 공식의 활용

Step 1 교과서 이해

 정답 p. 34

1 공통인수를 묶어 내어 인수분해하기

[01~08] 다음 식을 공통인수로 묶어 내어 인수분해하여라.

01 $ax^2-4ax+4a$

02 $2ax^2-12ax+18a$

03 a^3-4a

04 xy^2-x

05 $4a^3-16ab^2$

06 $ax^2-ax-6a$

07 $-9x^2y+6xy+3y$

08 $-x^2y+13xy^2+48y^3$

2 치환을 이용하여 인수분해하기

[09~28] 치환을 이용하여 다음 식을 인수분해하여라.

09 $(x+y)^2-9$

10 $(2x-1)^2-1$

11 $(x-3)^2-9x^2$

12 $(x+2)^2-8(x+2)+16$

13 $(a-b)^2-20(a-b)+100$

14 $4(2x+3)^2-4(2x+3)+1$

15 $(a-1)x^2-2(a-1)x+a-1$

16 $(x-3)^2+5(x-3)+6$

17 $(x-4)^2-4(x-4)+3$

18 $(x+5)^2-7(x+5)+10$

19 $(x-2)^2-2(x-2)-8$

20 $(x-y)^2+4(x-y)-5$

21 $(x-2)x^2-3(x-2)x-10(x-2)$

22 $(x+1)a^2+3(x+1)a-10(x+1)$

23 $3(x+3)^2-5(x+3)-2$

24 $2(x-2)^2+(x-2)-6$

25 $6(x+2)^2-19(x+2)+15$

26 $2(3x+1)^2+7(3x+1)-4$

27 $3a^2-11a(3b+1)+6(3b+1)^2$

28 $2(x+y)^2-5(x+y)(x-2y)-3(x-2y)^2$

3 복잡한 식의 인수분해

[29~32] 다음 □ 안에 공통으로 들어갈 식을 구하여라.

29 $x^2+xy+x+y=x(\boxed{})+(\boxed{})$
$=(\boxed{})(x+1)$

30 $xy-x-y+1=x(\boxed{})-(\boxed{})$
$=(\boxed{})(x-1)$

31 $a^2-4a+ab-4b=a(\boxed{})+b(\boxed{})$
$=(\boxed{})(a+b)$

32 $x^3-x^2+9x-9=x^2(\boxed{})+9(\boxed{})$
$=(\boxed{})(x^2+9)$

[33~34] 다음 □ 안에 공통으로 들어갈 식을 구하여라.

33 $x^2+2xy+y^2-4=(x^2+2xy+y^2)-4$
$=(\boxed{})^2-2^2$
$=(\boxed{}+2)(\boxed{}-2)$

34 $a^2+10a+25-b^2=(a^2+10a+25)-b^2$
$=(\boxed{})^2-b^2$
$=(\boxed{}+b)(\boxed{}-b)$

[35~50] 다음 식을 인수분해하여라.

35 $x-1+x(1-x)$

36 $(x-y)(y-z)-(z-y)(z-x)$

37 $(a+4b)^2+a^2-a(a+25b)$

38 x^3+x^2-x-1

39 $1-2x+y-2xy$

40 $x^3+y-x-x^2y$

41 x^2+2x-y^2-2y

42 $4(x-y)^2-1$

43 $(a-5b)(a-5b-3)-10$

44 $(x-y)(x-y-5)-6$

45 $(x+1)(x^2-9)+(x+1)(x+3)$

46 $2(x+1)(x-1)+(x+2)(x-1)$

47 $(x-1)^2+3(x-1)-4$

48 $2(x-2y)^2-5(x-2y)(x+2y)-3(x+2y)^2$

49 $6(x+1)^2-(x-4)^2+(x-4)(x+1)$

50 $2(x-3)^2-2(x-3)(x+3)-12(x+3)^2$

4 인수분해 공식의 활용

[51~58] 인수분해 공식을 이용하여 다음을 계산하여라.

51 86^2-85^2

52 $\sqrt{68^2-32^2}$

53 $21^2-2\times21+1$

54 $17\times75-17\times73$

55 $15\times67-15\times64$

56 $7.5^2\times3.14-2.5^2\times3.14$

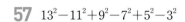

57 $13^2-11^2+9^2-7^2+5^2-3^2$

58 $1^2-2^2+3^2-4^2+\cdots+9^2-10^2$

[59~67] 인수분해 공식을 이용하여 다음 식의 값을 계산하여라.

59 $n=102$일 때, n^2-4n+4

60 $x=99$일 때, x^2+4x+4

61 $x=203$일 때, x^2-6x+9

62 $t=\sqrt{2}-1$일 때, $(t-2)^2+6(t-2)+9$

63 $x=1+\sqrt{3}$, $y=1-\sqrt{3}$일 때, $x^2-2xy+y^2$

64 $a=1.85$, $b=0.15$일 때, a^2-b^2

65 $x+y=3$, $x-y=5$일 때, $x^2-y^2+4x-4y$

66 $x+2y=\sqrt{2}$, $x-2y=3\sqrt{2}$일 때, $10x^2-40y^2$

67 $x+4y=3$일 때, $x^2+8xy+16y^2-9$

[68~69] $\sqrt{2}$의 소수 부분을 x라 할 때, 다음 식의 값을 구하여라.

68 x^2+2x+1

69 $x^2-(\sqrt{2}-1)x-\sqrt{2}$

[70~72] $x=\dfrac{1}{2+\sqrt{3}}$, $y=2+\sqrt{3}$일 때, 다음 식의 값을 구하여라.

70 $x^2-2xy+y^2$

71 $x^2+3xy+y^2$

72 x^2-y^2

73 가로의 길이가 세로의 길이보다 $3\,\mathrm{cm}$ 더 긴 직사각형의 넓이가 $40\,\mathrm{cm}^2$이다. 이 직사각형의 가로의 길이를 구하여라.

74 넓이가 $10a^2+19a+6$인 직사각형의 세로의 길이가 $2a+3$일 때, 가로의 길이를 구하여라.

75 넓이가 $25a^2+40ab+16b^2$인 정사각형의 둘레의 길이를 구하여라.

01 $9-(2x-1)^2$을 인수분해하면?

① $-2(x-1)(x-2)$

② $-2(x+1)(x-2)$

③ $-4(x+1)(x+2)$

④ $-4(x+1)(x-2)$

⑤ $-4(x-1)(x-2)$

02 다음 중 $4(a+b)^2-16$의 인수가 아닌 것은?

① $a+b+2$　　② $a+b-2$

③ $a-b-2$　　④ $4(a+b-2)$

⑤ $4(a+b+2)$

03 다음 중 x^5-x의 인수가 아닌 것은?

① x　　　　② x^2

③ $x-1$　　④ $x+1$

⑤ x^2+1

04 $x^2-2xy+y^2-8x+8y+16$을 인수분해하여라.

05 다음 인수분해 과정에서 □ 안에 들어갈 수로 옳지 않은 것은?

$$(x+3)^2-2(x+3)-8 \impliedby x+3=A로\ 치환$$
$$=A^2-2A-8$$
$$=(A+\boxed{①})(A-4)$$
$$=\{(x+3)+\boxed{②}\}\{(x+3)-\boxed{③}\}$$
$$=(x+\boxed{④})(x-\boxed{⑤})$$

① 2　　　　② 2

③ 4　　　　④ 5

⑤ 6

06 다음 중 $730^2-729^2=730+729$임을 설명하는 데 필요한 인수분해 공식은?

① $a^2+2ab+b^2=(a+b)^2$

② $a^2-2ab+b^2=(a-b)^2$

③ $a^2-b^2=(a+b)(a-b)$

④ $x^2+(a+b)x+ab=(x+a)(x+b)$

⑤ $acx^2+(ad+bc)x+bd=(ax+b)(cx+d)$

01 x^3+x^2-4x-4를 인수분해하면?

① $(x+1)(x^2+4)$

② $(x+1)(x+2)(x-2)$

③ $(x-1)(x+2)(x-2)$

④ $(x+1)(x+2)(x-3)$

⑤ $(x-1)(x+2)(x-3)$

02 다음 중 $m^2+am-mn-an-m-a$의 인수인 것을 모두 고르면? (정답 2개)

① $m+a$　　② $m-a$

③ $m+n-1$　　④ $m-n-1$

⑤ $m-n+1$

03 다음 중 x^4-20x^2+64의 인수가 아닌 것은?

① $x-4$　　② $x-2$

③ $x-1$　　④ $x+2$

⑤ $x+4$

04 $10(x+y)^2-19(x+y)+6$
$=(ax+by-2)(cx+dy-3)$일 때, 상수 a, b, c, d의 합 $a+b+c+d$의 값은?

① 8　　② 10

③ 14　　④ 16

⑤ 20

서술형

05 $2x^2+x-1-(x+1)^2$이 x의 계수가 1인 두 일차식의 곱으로 인수분해될 때, 두 일차식의 합을 구하여라.

(단, 풀이 과정을 자세히 써라.)

06 $(x+y)^2+2z(x+y)-15z^2$을 인수분해하면?

① $(x+y-3z)(x-y-5z)$

② $(x+y-3z)(x-y+5z)$

③ $(x-y+3z)(x+y-5z)$

④ $(x+y-3z)(x+y-5z)$

⑤ $(x+y-3z)(x+y+5z)$

서술형

07 $3(2x-y)^2-5x(y-2x)-2x^2$을 인수분해 하면 $(ax+by)(cx+dy)$가 된다. 이때, 상수 a, b, c, d의 합 $a+b+c+d$의 값을 구하여라. (단, 풀이 과정을 자세히 써라.)

08 $a^2+2ab+b^2-a-b-2$를 인수분해하면?

① $(a-b-1)(a-b-2)$
② $(a+b-1)(a-b-2)$
③ $(a+b-1)(a+b+2)$
④ $(a+b+1)(a+b-2)$
⑤ $(a+b+1)(a+b+2)$

09 $x^2-4xy+3y^2-6x+2y-16$
$=(x+ay+b)(x+cy+d)$일 때, 상수 a, b, c, d에 대하여 $ab+cd$의 값은?

① 16 ② 18
③ 20 ④ 22
⑤ 24

서술형

10 다음 두 식의 공통인수를 구하여라.
(단, 풀이 과정을 자세히 써라.)

$$xy-x+y-1,$$
$$2(x+1)x^2-5(x+1)x-3(x+1)$$

11 $(x-1)(x-2)(x+2)(x+3)-60$을 인 수분해하면?

① $(x+3)(x-4)(x^2+x+4)$
② $(x-3)(x+4)(x^2+x+4)$
③ $(x-3)(x+2)^2(x+4)$
④ $(x-3)(x-2)(x+2)(x+4)$
⑤ $(x-2)(x+2)(x+3)(x+4)$

서술형

12 $(x+1)(x+2)(x+3)(x+4)+k$가 완전 제곱식이 되도록 하는 상수 k의 값을 구하여라. (단, 풀이 과정을 자세히 써라.)

13 다음 중 다항식과 그 인수를 바르게 짝지은 것은?

① $x^2+y^2-zx+yz-2xy$, $x+y$

② $(x^2-1)+(x+2)(x-1)$, $x+3$

③ $x^2y+1-xy-x$, $xy+1$

④ $x^2-y^2-z^2-2yz$, $x+y-z$

⑤ $a^2-ab-a+b$, $a-1$

14 $2xy-x-2y+1=3$을 만족하는 자연수 x, y의 순서쌍 (x, y)를 모두 구하여라.

15 $x^2(y-z)+y^2(z-x)+z^2(x-y)$를 인수분해하면?

① $-(x-y)(y-z)(z-x)$

② $-(x-y)(y+z)(z-x)$

③ $(x-y)(y-z)(z-x)$

④ $(x-y)(y-z)(z+x)$

⑤ $(x+y)(y+z)(z+x)$

16 $x^3-(xy+1)x+y$가 x의 계수가 1인 세 일차식의 곱으로 인수분해될 때, 세 일차식의 합은?

① 2   ② $3x$

③ $x-y$ ④ $2x+2$

⑤ $3x-y$

서술형

17 $x(x+1)(x+2)(x+3)+1=(x^2+ax+b)^2$일 때, 상수 a, b의 합 $a+b$의 값을 구하여라. (단, 풀이 과정을 자세히 써라.)

18 $502^2+52^2+7^2+4-498^2-48^2-3^2$의 값은?

① 4400   ② 4412

③ 4428   ④ 4434

⑤ 4444

19 $(4+3)(4^2+3^2)(4^4+3^4)(4^8+3^8)+3^{16}$의 값은?

① 2^{16} ② 2^{24}

③ 2^{32} ④ 2^{40}

⑤ 2^{48}

22 $x=\dfrac{1}{2+\sqrt{3}}$, $y=\dfrac{1}{2-\sqrt{3}}$ 일 때, x^3y-xy^3 의 값은?

① $-8\sqrt{3}$ ② $-4\sqrt{3}$

③ -4 ④ $4\sqrt{3}$

⑤ $8\sqrt{3}$

서술형

20 $\dfrac{\sqrt{2^{20}+4^{12}}}{\sqrt{4^8+8^4}}$ 의 값을 구하여라.

(단, 풀이 과정을 자세히 써라.)

서술형

23 $x=\dfrac{1}{4+\sqrt{15}}$, $y=\dfrac{1}{4-\sqrt{15}}$ 일 때, x^2-y^2+4y-4의 값을 구하여라.

(단, 풀이 과정을 자세히 써라.)

21 $\dfrac{999\times1001+1}{999^2-1}$ 을 계산하면?

① $\dfrac{500}{501}$ ② $\dfrac{499}{500}$

③ $\dfrac{501}{500}$ ④ $\dfrac{500}{449}$

⑤ $\dfrac{1001}{999}$

24 $x^2+3x-5=0$일 때, $\dfrac{x^4+3x^3+16x}{x+25}$ 의 값은?

① $\dfrac{1}{2}$ ② 1

③ $\dfrac{3}{2}$ ④ 2

⑤ $\dfrac{5}{2}$

25 $x=\dfrac{1}{\sqrt{10}-3}$, $y=\dfrac{1}{\sqrt{10}+3}$일 때,
$2x^2-2y^2+4x+2=a+b\sqrt{10}$이다. 유리수 a, b의 합 $a+b$의 값은?

① 12　　　　　② 14

③ 28　　　　　④ 36

⑤ 42

26 $a+b=2\sqrt{5}$, $ab=4$일 때,
$a^2(a-b)+b^2(b-a)$의 값은?

① $4\sqrt{5}$　　　　② $6\sqrt{5}$

③ $8\sqrt{5}$　　　　④ $10\sqrt{5}$

⑤ $12\sqrt{5}$

27 $a+b+c=6$, $ab+bc+ca=12$, $abc=18$일 때, $(a-1)(b-1)(c-1)$의 값을 구하여라.

28 $a+b=5$, $ab=3$, $x-y=4$, $xy=-1$이고 $m=ax-by$, $n=bx-ay$일 때, $(m-n)^2$의 값을 구하여라.

(단, 풀이 과정을 자세히 써라.)

29 오른쪽 그림의 어두운 부분의 넓이를 x, y에 관한 식으로 나타내어라.

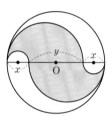

30 오른쪽 그림과 같이 한 변의 길이가 x m인 정사각형 모양의 정원의 가장자리에 폭이 y m인 길을 만들려고 한다.

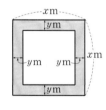

이 길의 넓이를 x, y에 관한 식으로 바르게 나타낸 것은?

① $2y(x-y)\text{m}^2$　　② $4y(x-y)\text{m}^2$

③ $4y(x-y)^2\text{m}^2$　④ $8y(x-y)\text{m}^2$

⑤ $2x(x+y)\text{m}^2$

유형 01

$x^2-2xy-5x+5y+y^2+6$을 인수분해하면 $(x+ay+b)(x+cy+d)$가 된다. 이때, 상수 a, b, c, d에 대하여 $ab+cd$의 값을 구하여라.

> **해결포인트** 항의 개수가 많은 복잡한 식을 인수분해할 때에는
> ① 공통인수를 묶어 내거나 적당히 치환하여 인수분해 공식을 이용할 수 있는지 살펴본다.
> ② 차수가 가장 낮은 문자에 대하여 내림차순으로 정리해 본다. 이때 차수가 모두 같으면 어느 한 문자에 대하여 내림차순으로 정리해 본다.

 확인문제

1-1 $x^2-y^2+3x+y+2$를 인수분해하여라.

1-2 $6x^2+7xy-5y^2-11x+12y-7$을 인수분해하여라.

유형 02

$2\sqrt{5}$의 소수 부분을 a, $3\sqrt{2}$의 정수 부분을 b라고 할 때, 다음 식의 값을 구하여라.

$$\frac{a^3-b^3+a^2b-ab^2}{a-b}$$

> **해결포인트** 인수분해 공식을 이용하여 식을 값을 구할 때에는
> ① 주어진 식을 인수분해한다.
> ② 인수분해한 결과에 맞도록 문자의 값을 적당히 변형하여 대입한다.

확인문제

2-1 $10008\times10012+4=n^2$을 만족하는 자연수 n의 값을 구하여라.

2-2 $\sqrt{x}=a+3$일 때, $\sqrt{x-12a}-\sqrt{x+2a+7}$을 a에 관한 식으로 나타내어라.
(단, $a<3$)

1 $(\sqrt{5}+\sqrt{2}+\sqrt{7})^2-(\sqrt{5}-\sqrt{2}+\sqrt{7})^2$을 계산하여라. (단, 풀이 과정을 자세히 써라.)

3 $xy-3x+2y-11=0$을 만족하는 정수 x, y의 곱 xy의 최댓값을 구하여라.
(단, 풀이 과정을 자세히 써라.)

2 $3^{24}-1$은 20과 30 사이에 있는 두 자연수로 나누어떨어진다. 이 두 자연수를 구하여라. (단, 풀이 과정을 자세히 써라.)

4 크기가 다른 두 개의 정육면체가 있다. 두 정육면체의 밑면의 둘레의 길이의 차는 40 cm이고, 밑면의 넓이의 차는 300 cm^{2}일 때, 작은 정육면체의 부피를 구하여라.
(단, 풀이 과정을 자세히 써라.)

중간고사 대비
내신 만점 테스트

정답 p. 42

1회

_____ 반   이름 _____

01 다음 중 순환하지 않는 무한소수의 개수는? [4점]

$$\pi,\ \sqrt{0.4},\ 3.1,\ 4,\ \frac{2}{3},\ \sqrt{\frac{4}{15}},\ 3+\sqrt{2}$$

① 2   ② 3
③ 4   ④ 5
⑤ 6

02 다음 중 옳은 것은? [3점]

① 0의 제곱근은 없다.
② 4의 제곱근은 2이다.
③ -16의 음의 제곱근은 -4이다.
④ 제곱근 25는 5이다.
⑤ 음수가 아닌 모든 실수의 제곱근은 2개이다.

03 다음 중 옳은 것은? [3점]

① $\sqrt{5^2}=\pm 5$
② $\sqrt{(-3)^2}=-3$
③ $\sqrt{4a^2}=2a$
④ $\sqrt{9}+\sqrt{16}=\sqrt{9+16}$
⑤ $\sqrt{9}\times\sqrt{25}=\sqrt{9\times25}$

04 $\sqrt{15}\times\sqrt{6}\times\sqrt{8}=a\sqrt{5}$를 만족하는 자연수 a의 값은? [4점]

① 11   ② 12
③ 13   ④ 14
⑤ 15

05 $2\sqrt{2}-\sqrt{3}(\sqrt{6}-\sqrt{24})$를 계산하면? [4점]

① $\sqrt{2}$ ② $2\sqrt{2}$

③ $3\sqrt{2}$ ④ $4\sqrt{2}$

⑤ $5\sqrt{2}$

06 $\sqrt{2}\left(\sqrt{18}-\dfrac{3}{\sqrt{2}}\right)+\sqrt{18}$을 간단히 하면? [4점]

① $3-3\sqrt{2}$ ② $-2+\sqrt{2}$

③ $3+3\sqrt{2}$ ④ $2-3\sqrt{2}$

⑤ $-2+3\sqrt{2}$

07 $\dfrac{6}{3\sqrt{2}+2\sqrt{3}}$의 분모를 유리화하면? [4점]

① $\sqrt{2}-\sqrt{3}$ ② $\sqrt{2}+\sqrt{3}$

③ $2\sqrt{2}-\sqrt{3}$ ④ $\sqrt{2}-3\sqrt{3}$

⑤ $3\sqrt{2}-2\sqrt{3}$

08 다음 중 대소 관계가 옳은 것은? [4점]

① $\sqrt{34}>6$

② $\sqrt{5}<2$

③ $-\sqrt{21}>-4$

④ $-\sqrt{12}<-3$

⑤ $\dfrac{\sqrt{2}}{7}>\dfrac{\sqrt{3}}{7}$

09 $\sqrt{8}=2.828$, $\sqrt{80}=8.944$일 때, 다음 중 옳은 것은? [4점]

① $\sqrt{0.08}=0.8944$

② $\sqrt{0.008}=0.2828$

③ $\sqrt{800}=89.44$

④ $\sqrt{8000}=28.28$

⑤ $\sqrt{80000}=282.8$

10 다음 중 옳은 것은? [4점]

① $3x^2-5xy-2y^2=(3x-y)(x+2y)$

② $x(y-1)-y+1=(x+1)(y-1)$

③ $(2x+1)^2-(x-2)^2=(3x-1)(x+3)$

④ $x^2-y^2-2x+2y=(x+y)(x-y-2)$

⑤ $x^3-4x=x(x-2)^2$

11 [ ] 안의 식이 오른쪽 식의 인수인 것은?

[4점]

① $[a+b+c]$, $a^2-b^2-c^2+2bc$

② $[2a-3]$, $4ab-6a-10b+15$

③ $[x-2y+1]$, $1-x^2+4xy-4y^2$

④ $[3x-5y]$, $6xz-3x-5y+10yz$

⑤ $[a-2]$, $ab-2a-b+2$

12 다음 중 완전제곱식이 아닌 것은? [4점]

① $a^2-8a+16$

② $\dfrac{1}{16}x^2+x+4$

③ $-2-4y-2y^2$

④ $3x^2-12xy+12y^2$

⑤ $25a^2+32ab+4b^2$

13 $x^2-10x+a=(x+b)^2$을 만족하는 정수 a, b의 합 $a+b$의 값은? [4점]

① 10   ② 15

③ 20   ④ 25

⑤ 30

14 $x-3$이 $2x^2-ax-15$의 인수일 때, 상수 a의 값은? [4점]

① -11 ② -1

③ 1   ④ 11

⑤ 13

15 $a=1.75$, $b=0.25$일 때, $a^2-2ab-3b^2$의 값은? [4점]

① 0.25   ② 0.75

③ 1   ④ 1.5

⑤ 2

16 다음 그림에서 □ABCD는 넓이가 5인 정사각형이고, $\overline{CB}=\overline{CP}$, $\overline{CD}=\overline{CQ}$이다. 두 점 P, Q에 대응하는 수를 각각 x, y라고 할 때, $x^3-x^2y-xy^2+y^3$의 값은? [4점]

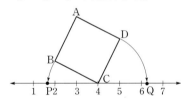

① 80   ② 160

③ $80\sqrt{5}$ ④ $80(\sqrt{5}-1)$

⑤ $160\sqrt{5}$

주관식

17 $3<\sqrt{3}x<9$를 만족하는 자연수 x의 개수를 구하여라. [5점]

18 두 실수 x, y에 대하여 $x>y$, $xy<0$일 때, $(\sqrt{x})^2-\sqrt{(y-x)^2}+\sqrt{y^2}-\sqrt{(xy)^2}$을 간단히 하여라. [5점]

19 $6x^2+ax-20=(2x+5)(3x+b)$를 만족하는 상수 a, b에 대하여 $a-b$의 값을 구하여라. [5점]

20 $6-\sqrt{2}$의 정수 부분을 a, 소수 부분을 b라 할 때, a^2-b^2의 값을 구하여라. [5점]

22 $\dfrac{4}{2+\sqrt{3}}-(3+2\sqrt{3})(2-3\sqrt{3})+\dfrac{(-3\sqrt{2})^2}{2}\times\sqrt{\dfrac{1}{3}}$

을 간단히 하여 $a+b\sqrt{c}$의 꼴로 나타낼 때, 다음을 구하여라. (단, a, b는 유리수이고, c는 가장 작은 자연수이다.) [총 7점]

(1) a, b, c의 값을 구하여라. [4점]

(2) $\dfrac{1}{\sqrt{a-b}}$을 계산하여라. [3점]

21 $2<x<3$일 때, 다음 식을 간단히 하여라.
[5점]

$$\sqrt{4-4x+x^2}-\sqrt{9x^2-54x+81}$$

23 $x^2-y^2+2y-1=30$, $x+y=6$일 때, $x-y$의 값을 구하여라.
(단, 풀이 과정을 자세히 써라.) [6점]

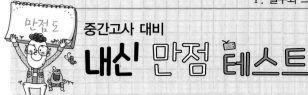

중간고사 대비
내신 만점 테스트

정답 p. 44

2회

_____ 반   이름 _____

01 다음 보기 중 옳은 것을 모두 고르면? [4점]

┃ 보기 ┃

(ㄱ) $\sqrt{49}$의 제곱근은 $\pm\sqrt{7}$이다.

(ㄴ) 무한소수는 모두 무리수이다.

(ㄷ) $a>0$이면 $\sqrt{(-a)^2}=(-\sqrt{a})^2$이다.

(ㄹ) $\sqrt{18}-\sqrt{8}+\sqrt{50}-\sqrt{72}=\sqrt{2}$

① (ㄱ), (ㄴ)   ② (ㄱ), (ㄷ)

③ (ㄱ), (ㄹ)   ④ (ㄴ), (ㄷ)

⑤ (ㄷ), (ㄹ)

02 다음 중 대소 관계가 옳은 것은? [4점]

① $5+\sqrt{2}<\sqrt{3}+4$

② $\sqrt{5}-1>2$

③ $\sqrt{3}+\sqrt{5}<2+\sqrt{3}$

④ $5\sqrt{2}-1<2\sqrt{5}-1$

⑤ $2+\sqrt{5}>3-\sqrt{5}$

03 다음 중 $\sqrt{18x}$의 값이 자연수가 되도록 하는 x의 값이 아닌 것은? [3점]

① 8   ② 32

③ 50   ④ 54

⑤ 98

04 $x=\sqrt{2}$, $y=\sqrt{3}$일 때, $\sqrt{72}$를 x, y로 바르게 나타낸 것은? [3점]

① x^3y^2 ② x^2y^3

③ $3xy^2$ ④ $4xy$

⑤ $9xy$

05 $\dfrac{\sqrt{2}-2\sqrt{3}}{5\sqrt{3}}=a+b\sqrt{6}$일 때, 유리수 a, b에 대하여 $\dfrac{a}{b}$의 값은? [3점]

① -8 ② -7

③ -6 ④ 6

⑤ 7

06 $(\sqrt{3}+\sqrt{2})^5(\sqrt{3}-\sqrt{2})^5(2+\sqrt{5})^3(2-\sqrt{5})^3$의 값은? [4점]

① -15 ② -3

③ -1 ④ 1

⑤ 15

07 $x=\dfrac{1}{\sqrt{2}+1}$, $y=\dfrac{1}{\sqrt{2}-1}$일 때, $\dfrac{y}{x}+\dfrac{x}{y}$의 값은?
[4점]

① -6 ② 2

③ 3 ④ 6

⑤ 10

08 $\sqrt{5}=2.236$, $\sqrt{50}=7.071$일 때, 다음 중 옳지 않은 것은? [4점]

① $\sqrt{0.005}=0.07071$

② $\sqrt{0.5}=0.2236$

③ $\sqrt{500}=22.36$

④ $\sqrt{5000}=70.71$

⑤ $\sqrt{50000}=223.6$

09 다음 중 옳은 것은? [4점]

① $x^2+8x-20=(x+2)(x-10)$

② $27x-12x^3=3x(3-2x)(3+2x)$

③ $(x-3)^2-(x-3)-30=(x-6)(x+5)$

④ $2x^2+5x-3=(2x+1)(x-3)$

⑤ $x(y-1)-y(1-y)=(x-y)(y-1)$

10 다음 중 $(x^2-x)^2-8(x^2-x)+12$의 인수가 아닌 것은? [4점]

① $x+1$ ② $x+2$

③ $x+3$ ④ $x-2$

⑤ $x-3$

11 $(x+y)(x+y-3)-4$를 인수분해하면? [4점]

① $(x+y+1)(x+y-2)$

② $(x+y+1)(x+y-4)$

③ $(x+y-1)(x+y-3)$

④ $(x+y-1)(x+y-4)$

⑤ $(x+y-1)(x+y+4)$

12 $(x-2)(x-4)+k$가 완전제곱식이 되도록 하는 상수 k의 값은? [4점]

① -4 ② 1

③ 5 ④ 10

⑤ 28

13 $(2x+1)^2-(x-2)^2=(3x+a)(x+b)$일 때, 상수 a, b에 대하여 $2a+b$의 값은? [4점]

① 1 ② 2

③ 3 ④ 4

⑤ 5

14 $10x^2-9xy-9y^2=(2x+ay)(bx+cy)$일 때, 상수 a, b, c에 대하여 $a+bc$의 값은? [4점]

① -12 ② -9

③ 9 ④ 12

⑤ 15

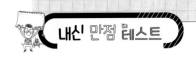

15 x, y가 양수이고 $x^2+y^2=5$, $xy=2$일 때, $x^3+x^2y+xy^2+y^3$의 값은? [4점]

① 7   ② 10

③ 13   ④ 15

⑤ 17

16 $12-\sqrt{12}$의 정수 부분을 a, 소수 부분을 b라 할 때, $\dfrac{a}{b}$의 값은? [4점]

① $8-4\sqrt{3}$ ② $4-2\sqrt{3}$

③ $4+2\sqrt{3}$ ④ $8+4\sqrt{3}$

⑤ $6+\sqrt{3}$

주관식

17 $(3\sqrt{2}+\sqrt{3})(\sqrt{2}-\sqrt{3})=a+b\sqrt{6}$일 때, 유리수 a, b의 합 $a+b$의 값을 구하여라. [5점]

18 x, y, z가 $\sqrt{60x}=\sqrt{18y}=z$를 만족하는 가장 작은 자연수일 때, x, y, z의 값을 각각 구하여라. [5점]

19 $x=2-\sqrt{3}$일 때, $2x^2-8x+8$의 값을 구하여라. [5점]

20 $(4+2)(4^2+2^2)(4^4+2^4)(4^8+2^8)(4^{16}+2^{16})+2^{32}$ 을 간단히 하면 2^n이 된다. 이때 자연수 n의 값을 구하여라. [5점]

21 $x^2+15x+k=(x+a)(x+b)$이고, a, b가 자연수일 때, k의 최댓값을 구하여라. [5점]

서술형 주관식

22 $ab<0$, $a>0$일 때, 다음 식을 간단히 하여라. (단, 풀이 과정을 자세히 써라.) [6점]

$$\sqrt{a^2}-\sqrt{a^2-2ab+b^2}+\sqrt{4b^2-4ab+a^2}$$

23 다음 그림은 세로의 길이가 $ax+b$인 직사각형 ABCD를 두 개의 직사각형으로 나눈 것이다. $x>2$, a는 자연수이고 두 직사각형의 넓이가 각각 x^2+x-6, $3x^2-5x-2$일 때, 다음 물음에 답하여라. [총 8점]

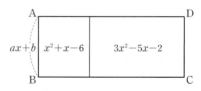

(1) a, b의 값을 각각 구하여라. [4점]
(2) □ABCD의 가로의 길이를 구하여라. [2점]
(3) □ABCD의 둘레의 길이를 구하여라. [2점]

PART 03 이차방정식의 풀이

Step 1
교과서 이해

정답 p. 46

1 이차방정식의 뜻

01 우변의 모든 항을 좌변으로 이항하여 정리하였을 때, (x에 대한 이차식)$=0$의 꼴로 나타내어지는 방정식을 x에 대한 □□□□□이라고 한다.

[02~03] 다음을 (x에 대한 이차식)$=0$의 꼴로 나타내어라.

02 $3x^2-5=x^2+2x+2$

03 $2x^2=(x+5)^2$

[04~08] 다음의 등식이 이차방정식이면 ○, 이차방정식이 아니면 ×를 표시하여라.

04 $(x+5)(x-5)=0$ ( )

05 $x^2+5x-3=x^3$ ( )

06 $2x^2=(2x+1)(2x-1)$ ( )

07 $5x(x+1)=x^2+2$ ( )

08 $x(2x-1)=2x^2+6$ ( )

[09~11] 이차방정식 $ax^2+bx+c=0$이 다음과 같을 때, a, b, c의 값을 각각 구하여라.

09 $3x^2-2x-5=0$

10 $x^2-4x=0$

11 $3x^2-2=0$

[12~14] a, b, c의 값이 다음과 같을 때, 이차방정식 $ax^2+bx+c=0$을 만들어라.

12 $a=5$, $b=6$, $c=-1$

13 $a=1$, $b=0$, $c=-9$

14 $a=1$, $b=0$, $c=0$

2 이차방정식의 해

15 이차방정식 $ax^2+bx+c=0$이 참이 되도록 하는 x의 값을 이 이차방정식의 □□ 또는 □□이라고 한다.

[16~20] 다음 [ ] 안의 수가 주어진 이차방정식의 해이면 ○, 해가 아니면 ×를 표시하여라.

16 $x^2+5x+6=0$ [3]　　(　)

17 $2x^2-5x-2=0$ [-2]　　(　)

18 $x^2-3x-28=0$ [7]　　(　)

19 $x^2-10x+24=0$ [4]　　(　)

20 $2x^2-3x+1=0$ $\left[\dfrac{1}{2}\right]$　　(　)

[21~23] x가 $-2\leq x\leq 2$인 정수일 때, 다음 이차방정식을 풀어라.

21 $(x+2)(x-3)=0$

22 $x^2-x=0$

23 $x^2-3x+2=0$

24 이차방정식 $x^2+ax+3=0$의 한 근이 $x=3$일 때, 상수 a의 값을 구하여라.

25 이차방정식 $x^2+2x+a=0$의 한 근이 $x=-3$일 때, 상수 a의 값을 구하여라.

3　인수분해를 이용한 이차방정식의 풀이

26 다음 중 $ab=0$인 것을 모두 골라라.

> ㈀ $a=1$, $b=-3$　　㈁ $a=-1$, $b=0$
> ㈂ $a=0$, $b=2$　　㈃ $a=0$, $b=0$

[27~32] 다음 이차방정식을 풀어라.

27 $(x-3)(x-8)=0$

28 $x(x-8)=0$

29 $(x+3)(x+9)=0$

30 $(2x+3)(x+1)=0$

31 $(x-4)(2x-5)=0$

32 $(3x-1)(2x+3)=0$

[33~44] 인수분해를 이용하여 다음 이차방정식을 풀어라.

33 $x^2-3x=0$

34 $x^2-49=0$

35 $x^2+4x+3=0$

36 $x^2-5x+6=0$

37 $x^2-x-12=0$

38 $x^2-6x-7=0$

39 $2x^2-7x+3=0$

40 $9x^2-12x-5=0$

41 $x(x+3)=5x+24$

42 $2x(x-6)=(x-3)^2-17$

43 $(x+3)^2-4(x+3)-5=0$

44 $2(x-5)(x+1)=(x+3)(x-5)$

4 이차방정식의 중근

45 이차방정식의 두 해가 중복될 때, 이 해를 주어진 이차방정식의 ☐이라고 한다.

[46~51] 다음 이차방정식을 풀어라.

46 $(2x+9)^2=0$

47 $x^2+2x+1=0$

48 $4x^2-4x+1=0$

49 $x^2=12(x-3)$

50 $2x^2+8x=x^2-8x-64$

51 $x(x+15)=5(x-5)$

52 이차방정식 $x^2+6x+k+3=0$이 중근을 가질 때, 상수 k의 값을 구하여라.

53 이차방정식 $x^2-2x-a=-4x-8$이 중근을 가질 때, 상수 a의 값과 중근을 구하여라.

5 제곱근을 이용한 이차방정식의 풀이

[54~61] 다음 이차방정식을 제곱근을 이용하여 풀어라.

54 $x^2=36$

55 $x^2-8=0$

56 $3x^2=9$

57 $5x^2-60=0$

58 $9-16x^2=0$

59 $4x^2-19=0$

60 $9x^2-11=0$

61 $6x^2-5=2$

6 완전제곱식을 이용한 이차방정식의 풀이

[62~65] 다음은 주어진 이차방정식을 $(x+a)^2=b$의 꼴로 나타내는 과정이다. $\square$ 안에 알맞은 수를 써넣어라.

62 $x^2-2x-2=0$에서 $x^2-2x=2$
$x^2-2x+\square=2+\square$
$(x-\square)^2=\square$

63 $x^2+10x-6=0$에서 $x^2+10x=6$
$x^2+10x+\square=6+\square$
$(x+\square)^2=\square$

64 $x^2+3x-2=0$에서 $x^2+3x=2$
$x^2+3x+\square=2+\square$
$(x+\square)^2=\square$

65 $x^2-5x-1=0$에서 $x^2-5x=1$
$x^2-5x+\square=1+\square$
$(x-\square)^2=\square$

[66~69] 다음 이차방정식을 $(x+a)^2=b$의 꼴로 나타내어라.

66 $x^2-6x+3=0$

67 $2x^2+4x-11=0$

68 $x^2-3x+1=0$

69 $x^2-7x-3=0$

70 다음은 완전제곱식을 이용하여 이차방정식 $x^2-4x+2=0$의 해를 구하는 과정이다. $\square$ 안에 알맞은 수를 써넣어라.

> $x^2-4x+2=0$에서 $x^2-4x=-2$
> $x^2-4x+\square=-2+\square$
> $(x-\square)^2=\square$
> $x-\square=\square$ $\qquad \therefore x=\square$

[71~80] 다음 이차방정식을 완전제곱식을 이용하여 풀어라.

71 $x^2+6x-2=0$

72 $x^2+8x-10=0$

73 $x^2-6x+7=0$

74 $x^2+x-1=0$

75 $x^2+7x-3=0$

76 $x^2-5x+3=0$

77 $x^2=3x+2$

78 $3x^2+6x-1=0$

79 $2x^2+4x-1=0$

80 $4x^2-16x+9=0$

01 다음 중 이차방정식이 <u>아닌</u> 것을 모두 고르면? (정답 2개)

① $(2x-1)^2=1$

② $(x+3)^2=5-3x+x^2$

③ $x(x-2)=x^2+3$

④ $5x^2+3x+2=3x^2-5x+2$

⑤ $3x^2-1=(2x-1)(x+4)$

02 이차방정식 $(2x+1)^2=x(x-2)$를 $3x^2+ax+b=0$의 꼴로 나타낼 때, 상수 a, b에 대하여 $a-b$의 값을 구하여라.

03 $ax^2+bx+c=0$이 x에 대한 이차방정식이 될 조건은?

① $a=0$ ② $a=0$, $b=0$

③ $a\neq0$ ④ $a\neq0$, $b\neq0$

⑤ $a\neq0$, $b\neq0$, $c\neq0$

04 다음 중 [ ] 안의 수가 주어진 이차방정식의 해가 <u>아닌</u> 것을 모두 고르면? (정답 2개)

① $x(x-3)=0$ $[3]$

② $x^2-2x-3=0$ $[-2]$

③ $x^2-2x+1=0$ $[-1]$

④ $x^2-6x-7=0$ $[7]$

⑤ $2x^2-5x-3=0$ $[3]$

05 다음 중 해가 $x=-2$인 이차방정식은?

① $x^2+3x-10=0$

② $2x^2+x-1=0$

③ $3x^2=15$

④ $x(2x+1)=-x$

⑤ $(3x+4)^2=x^2$

06 x가 $-2\leq x\leq2$인 정수일 때, 이차방정식 $x^2-3x+2=0$의 해를 구하여라.

07 이차방정식 $x^2-10x+a=0$의 한 근이 $x=6$일 때, 상수 a의 값은?

① 6   ② 12
③ 18   ④ 24
⑤ 30

08 다음 중 해가 $x=-2$ 또는 $x=3$인 이차방정식은?

① $(x-2)(x+3)=0$
② $(x+2)(x-3)=0$
③ $(x+2)(x+3)=0$
④ $(2x-1)(3x+1)=0$
⑤ $(2x+1)(3x-1)=0$

09 다음 중 중근을 갖지 않는 이차방정식은?

① $x^2-8x+16=0$
② $2(x-3)^2=0$
③ $x^2=25$
④ $2x^2+2=4x$
⑤ $6-x^2=4x+10$

10 다음 두 이차방정식의 공통인 근을 구하여라.

$$x^2-5x-24=0, \ 3x^2+8x-3=0$$

11 이차방정식 $3(x+2)^2=15$를 제곱근을 이용하여 풀었더니 $x=a\pm\sqrt{b}$이었다. 이때 유리수 a, b의 값은?

① $a=-2, \ b=3$ ② $a=2, \ b=3$
③ $a=-2, \ b=5$ ④ $a=2, \ b=5$
⑤ $a=3, \ b=5$

12 다음은 완전제곱식을 이용하여 이차방정식 $2x^2-2x-5=0$의 해를 구하는 과정이다. □ 안에 들어갈 수로 옳지 않은 것은?

$2x^2-2x-5=0$의 양변을 ① 로 나누면
$x^2-x-\dfrac{5}{2}=0, \ x^2-x=\dfrac{5}{2}$
x^2-x+ ② $=\dfrac{5}{2}+$ ②
$(x-$ ③ $)^2=$ ④ $\therefore x=$ ⑤

① 2   ② 1
③ $\dfrac{1}{2}$ ④ $\dfrac{11}{4}$
⑤ $\dfrac{1\pm\sqrt{11}}{2}$

01 다음 중 이차방정식인 것은?

① $4x^2-2x=(2x+1)(2x-1)$

② $x^2-2x=x^2-1$

③ $2x^2=(x-1)(2x+3)$

④ $5x^2-3x+1=4x^2+5$

⑤ $(x+1)(x-1)=(x+1)(x+5)$

02 이차방정식 $2(x+1)^2+(4x+1)-5=0$을 $x^2+ax+b=0$의 꼴로 나타낼 때, 상수 a, b에 대하여 $a-b$의 값을 구하여라.

03 다음 중 $(ax+1)(x-1)=(2x+1)(2x-1)$이 x에 대한 이차방정식이 되기 위한 조건인 것은?

① $a=1$ ② $a=4$

③ $a\neq0$ ④ $a\neq2$

⑤ $a\neq4$

04 다음 중 [ ] 안의 수가 주어진 이차방정식의 해인 것은?

① $x^2-16=0$ [8]

② $x^2-x-12=0$ [3]

③ $x^2+5x=0$ [5]

④ $x^2+4x=12$ [-2]

⑤ $x^2-6x=7$ [-1]

05 x에 대한 이차방정식 $x^2+2ax-3a^2=0$의 한 근이 $x=2$일 때, 양수 a의 값과 다른 한 근을 차례로 적은 것은?

① 1, -6 ② 2, -6

③ 3, -6 ④ 1, 6

⑤ 2, 6

서술형
06 이차방정식 $x^2-mx-n=0$의 두 근이 $x=-3$, $x=2$일 때, 상수 m, n의 합 $m+n$의 값을 구하여라.

(단, 풀이 과정을 자세히 써라.)

07 이차방정식 $x^2-3x-1=0$의 한 근을 $x=a$ 라 할 때, $a^2+a-\dfrac{1}{a}+\dfrac{1}{a^2}$의 값은?

① 3   ② 7

③ 9   ④ 14

⑤ 18

08 이차방정식 $3x^2-5x-1=0$의 한 근을 $x=a$, 이차방정식 $x^2+2x-4=0$의 한 근을 $x=b$라 할 때, $3a^2-2b^2-5a-4b+8$의 값을 구하여라.

09 다음 이차방정식 중 해가 $x=-1$ 또는 $x=2$인 것은?

① $x(x-2)=0$

② $(x+1)(x-2)=0$

③ $2x(x-1)=0$

④ $(x-1)(x+2)=0$

⑤ $-x(x+2)=0$

10 $(x-6)(x+3)=0$, $(x+6)(x+3)\neq0$을 모두 만족하는 x의 값을 구하여라.

11 이차방정식 $2(x-2)(x+1)=x^2+x-6$의 해는?

① $x=-1$ 또는 $x=-2$

② $x=1$ 또는 $x=2$

③ $x=-1$ 또는 $x=2$

④ $x=1$ 또는 $x=-2$

⑤ $x=2$ 또는 $x=3$

12 이차방정식 $2x^2-11x+5=0$의 두 근이 $x=p$ 또는 $x=q$일 때, $p-q$의 값은?

(단, $p>q$)

① $\dfrac{1}{2}$ ② $\dfrac{3}{2}$

③ $\dfrac{5}{2}$ ④ $\dfrac{7}{2}$

⑤ $\dfrac{9}{2}$

13 이차방정식 $3x^2+ax-3=0$의 한 근이 $x=3$이고, 다른 한 근을 $x=b$라 할 때, 상수 a, b의 합 $a+b$의 값을 구하여라.

14 x에 대한 이차방정식

$ax^2-2(a-1)x+a^2-5a=0$의 두 근이 $x=-2$ 또는 $x=b$일 때, 상수 a, b의 곱 ab의 값을 구하여라. (단, $a<0$)

15 이차방정식 $x^2+10=7x$의 두 근 중 작은 근이 이차방정식 $x^2-ax+a=0$의 근일 때, 상수 a의 값은?

① 0   ② 2
③ 4   ④ 6
⑤ 8

서술형

16 이차방정식 $3x^2-4x-4=0$의 두 근이 $x=p$, $x=q$일 때, 이차방정식 $x^2+kx+m=0$의 두 근은 $x=\dfrac{1}{p}$, $x=\dfrac{1}{q}$이다. 이때 상수 k, m의 합 $k+m$의 값을 구하여라.

(단, 풀이 과정을 자세히 써라.)

서술형

17 이차방정식 $x^2+ax+b=0$의 두 근이 $x=\dfrac{1}{2}$ 또는 $x=\dfrac{1}{3}$일 때, 이차방정식 $bx^2+ax+1=0$ 의 근을 구하여라.

(단, 풀이 과정을 자세히 써라.)

18 다음 이차방정식 중 중근을 갖는 것은?

① $x^2-25=0$
② $4x^2=4$
③ $-6+x^2=6(2x-7)$
④ $x(x+1)=1$
⑤ $x-4=(x+2)^2$

19 이차방정식 $4x^2+4x-k=0$이 중근을 가질 때, 이차방정식 $(k-1)x^2+3x-1=0$의 근을 구하여라. (단, k는 상수이다.)

20 두 이차방정식 $x^2+3x+a=0$과 $x^2-2x+b=0$의 공통인 근이 $x=1$일 때, 상수 a, b의 곱 ab의 값은?

① -6　　　　② -4

③ -2　　　　④ 4

⑤ 6

21 이차방정식 $x^2-10x+1=0$의 해가 $x=a\pm\sqrt{b}$일 때, 유리수 a, b의 합 $a+b$의 값을 구하여라.

22 x에 대한 이차방정식 $(x-a)^2=b$가 해를 가질 조건은?

① $a\geq0$　　　　② $a>0$

③ $a<0$　　　　④ $b\geq0$

⑤ $b<0$

23 다음 이차방정식 중 해가 <u>없는</u> 것은?

① $x^2-3x-28=0$

② $x^2-4x+3=0$

③ $x^2-5=0$

④ $x^2+1=0$

⑤ $x^2-2x+1=0$

24 다음은 완전제곱식을 이용하여 이차방정식 $x^2+5x-3=0$의 해를 구하는 과정이다. 이 때 유리수 a, b, c에 대하여 $a-b+c$의 값은?

> $x^2+5x-3=0$에서 $x^2+5x+a=3+a$
> $(x+b)^2=c$　　∴ $x=-b\pm\sqrt{c}$

① 11　　　　② 13

③ 15　　　　④ 17

⑤ 19

서술형

25 이차방정식 $x^2-(a-2)x+6b=0$의 서로 다른 두 근이 $x=a$ 또는 $x=b$일 때, 상수 a, b의 값을 구하여라.

(단, 풀이 과정을 자세히 써라.)

정답 p. 52

Step 4 유형클리닉

유형 01

이차방정식 $x^2-x-2=0$의 두 근의 합이 이차방정식 $x^2+3x-k=0$의 근일 때, 상수 k의 값을 구하여라.

> **해결포인트** 미지수를 포함한 이차방정식의 한 근이 주어질 때, 주어진 근을 이차방정식에 대입하여 미지수의 값을 구한다. 즉, $x=m$이 $ax^2+bx+c=0$의 근이면 $am^2+bm+c=0$이다.

유형 02

이차방정식 $x^2+2mx+4m+5=0$이 중근을 가질 때, 상수 m의 값을 구하여라.

> **해결포인트** ① 중근을 갖는 이차방정식은 (완전제곱식)$=0$의 꼴이다. 즉, $a(x-b)^2=0$의 꼴이고, 이때 중근은 $x=b$이다.
> ② 이차방정식 $x^2+ax+b=0$이 중근을 가지려면 $b=\left(\dfrac{a}{2}\right)^2$ 이어야 한다.

확인문제

1-1 이차방정식 $(x+3)^2=ax+9$의 한 근이 $x=-2$일 때, 상수 a의 값을 구하여라.

1-2 이차방정식 $x^2+ax-3=0$의 한 근이 $x=3$이고, 다른 한 근이 이차방정식 $3x^2-8x+b=0$의 근일 때, 상수 a, b의 곱 ab의 값을 구하여라.

확인문제

2-1 이차방정식 $2x-8=x^2+4x+a$가 중근을 가질 때, 상수 a의 값을 구하여라.

2-2 이차방정식 $x^2-2(x+a)+7=0$이 중근 $x=b$를 가질 때, 상수 a, b에 대하여 $a-b$의 값을 구하여라.

1 두 이차방정식 $x^2+3x+a=0$, $x^2-bx-3=0$의 공통인 근이 $x=-1$일 때, 상수 a, b에 대하여 $a-b$의 값을 구하여라. (단, 풀이 과정을 자세히 써라.)

3 이차방정식 $2x^2-ax-2a=0$의 한 근이 $x=a$일 때, 양수 a의 값과 다른 한 근을 구하여라. (단, 풀이 과정을 자세히 써라.)

2 이차방정식 $x(x-1)=12$의 두 근 중 작은 근이 이차방정식 $x^2+2ax+3=0$의 근일 때, 상수 a의 값을 구하여라.
(단, 풀이 과정을 자세히 써라.)

4 이차방정식 $x^2+3x-1=0$을 $(x-a)^2=b$의 꼴로 나타낼 때, 상수 a, b에 대하여 $4(a+b)$의 값을 구하여라.
(단, 풀이 과정을 자세히 써라.)

PART 04 근의 공식과 이차방정식의 활용

교과서 이해

정답 p. 53

1 이차방정식의 근의 공식

01 다음은 이차방정식 $ax^2+bx+c=0$의 근을 구하는 과정이다. □ 안에 알맞은 것을 써넣어라.

> $ax^2+bx+c=0$의 양변을 a로 나누고 상수항을 우변으로 이항하면
>
> $x^2+\dfrac{b}{a}x=-\dfrac{c}{a}$
>
> 좌변을 완전제곱식으로 만들면
>
> $x^2+\dfrac{b}{a}x+(\square)^2=-\dfrac{c}{a}+(\square)^2$
>
> $(x+\square)^2=\dfrac{\square}{4a^2}$, $x+\square=\pm\sqrt{\dfrac{\square}{2a}}$
>
> $\therefore x=\dfrac{\square\pm\sqrt{\square}}{2a}$

[02~07] 다음 이차방정식을 근의 공식을 이용하여 풀어라.

02 $2x^2+7x+1=0$

03 $3x^2+x-1=0$

04 $5x^2+3x-2=0$

05 $2x^2-7x+1=0$

06 $5x^2-3x-2=0$

07 $3x^2-5x-2=0$

[08~19] 다음 이차방정식을 풀어라.

08 $2x(x-1)=x+9$

09 $2(x-1)^2=x^2+3$

10 $(x-4)(x-3)=13$

11 $2(x+5)(x-5)=(x-6)^2$

12 $2x^2-7.2x+3.6=0$

13 $0.1x^2+0.8=1.2x$

14 $0.4x^2=x+0.3$

15 $\dfrac{5}{12}x^2-\dfrac{5}{6}x=\dfrac{1}{2}x$

16 $\dfrac{1}{2}x^2+\dfrac{1}{6}=\dfrac{3}{4}x$

17 $\dfrac{x(x-1)}{5}=\dfrac{(x-3)(x+1)}{3}$

18 $\dfrac{(x+1)(x-3)}{4}=\dfrac{x(x+2)}{3}$

19 $4x-\dfrac{x^2+1}{4}=3(x-1)$

[24~27] 다음 이차방정식의 근의 개수를 구하여라.

24 $6x^2-3x+2=0$

25 $3x^2-5x-2=0$

26 $3x^2+12x+12=0$

27 $2x^2-3x+2=0$

2 이차방정식의 근의 개수

20 이차방정식 $ax^2+bx+c=0$의 근의 개수는 ☐의 부호에 의해 결정된다. 즉

(1) $b^2-4ac>0$이면 서로 다른 두 근을 갖는다. ➡ 근이 ☐개

(2) $b^2-4ac=0$이면 중근을 갖는다.
➡ 근이 ☐개

(3) $b^2-4ac<0$이면 근이 없다.
➡ 근이 ☐개

3 이차방정식의 근과 계수의 관계

28 이차방정식 $ax^2+bx+c=0$의 두 근을 α, β라 하면 두 근의 합은 $\alpha+\beta=$☐이고, 두 근의 곱은 $\alpha\beta=$☐이다.

[29~32] 근과 계수의 관계를 이용하여 다음 이차방정식의 두 근의 합과 곱을 구하여라.

29 $x^2-6x-8=0$

30 $2x^2+5x-1=0$

31 $3x^2-6x+2=0$

32 $5x^2-2x-3=0$

[21~23] 다음은 이차방정식의 근의 개수를 구하는 과정이다. 빈칸에 알맞은 수를 써넣어라.

$ax^2+bx+c=0$	b^2-4ac의 값	근의 개수
21 $3x^2+4x-2=0$		
22 $4x^2+8x+4=0$		
23 $x^2+4x+6=0$		

33 이차방정식 $x^2-2x-5=0$의 두 근을 α, β라 할 때, $\alpha^2+\beta^2$의 값을 구하여라.

34 이차방정식 $2x^2-5x-2=0$의 두 근을 α, β라 할 때, $\dfrac{\beta}{\alpha}+\dfrac{\alpha}{\beta}$의 값을 구하여라.

4 계수가 유리수인 이차방정식의 근

35 a, b, c가 유리수일 때, 이차방정식 $ax^2+bx+c=0$의 한 근이 $p+q\sqrt{m}$이면 다른 한 근은 ⬚이다.
(단, p, q는 유리수이고, $\sqrt{m}$은 무리수이다.)

[36~41] 다음 수가 이차방정식 $ax^2+bx+c=0$의 한 근일 때, 다른 한 근을 구하여라. (단, a, b, c는 유리수이다.)

36 $2+\sqrt{3}$

37 $4-\sqrt{5}$

38 $-1+2\sqrt{2}$

39 $3-3\sqrt{5}$

40 $-2+\sqrt{32}$

41 $3-\sqrt{27}$

5 두 근을 알 때 이차방정식 구하기

[42~47] 다음 두 수를 근으로 하고, x^2의 계수가 1인 이차방정식을 구하여라.

42 3, 5

43 -2, 6

44 -5(중근)

45 -4, -10

46 $\dfrac{3}{2}$, $-\dfrac{3}{2}$

47 $\dfrac{3}{5}$, 0

[48~51] 다음 조건을 만족하는 x에 대한 이차방정식을 $ax^2+bx+c=0$의 꼴로 나타내어라.

48 두 근이 $-\dfrac{1}{2}$, $\dfrac{1}{3}$이고 x^2의 계수가 6인 이차방정식

49 중근 $\dfrac{1}{4}$을 갖고 x^2의 계수가 16인 이차방정식

50 두 근의 합이 -2, 두 근의 곱이 -4이고 x^2의 계수가 1인 이차방정식

51 두 근의 합이 $-\dfrac{7}{3}$, 두 근의 곱이 1이고 x^2의 계수가 3인 이차방정식

6 이차방정식의 활용

52 지면에서 초속 60 m의 속력으로 똑바로 쏘아 올린 물체의 x초 후의 높이가 $(60x-5x^2)$m일 때, 이 물체가 처음으로 높이 175 m에 도달하는 데 걸리는 시간을 구하려고 한다. ☐ 안에 알맞은 수를 써넣어라.

> x초 후의 물체의 높이를 175 m라 하면
> $60x-5x^2=$☐, x^2-☐$x+$☐$=0$
> $(x-$☐$)(x-$☐$)=0$
> $\therefore x=$☐ 또는 $x=$☐
> 처음으로 높이 175 m에 도달하는 데 걸리는 시간을 구해야 하므로 $x=$☐

[53~55] 연속하는 두 홀수의 곱이 63일 때, 다음을 구하여라.

53 연속하는 두 홀수 중 작은 수를 $2x-1$(x는 자연수)이라 할 때, 다른 한 수를 x에 대한 식으로 나타내어라.

54 x의 값을 구하여라.

55 연속하는 두 홀수를 구하여라.

56 연속하는 두 짝수의 제곱의 합이 340일 때, 이 두 짝수를 구하여라.

[57~58] 지면으로부터 높이가 40 m인 곳에서 초속 35 m의 속력으로 똑바로 위로 던진 공의 t초 후의 높이는 $(35t-5t^2+40)$m이다. 다음을 구하여라.

57 이 공이 지면으로부터 높이가 100 m인 곳에 도달하는 데 걸린 시간을 구하여라.

58 이 공이 지면에 떨어질 때까지 걸린 시간을 구하여라.

59 넓이가 40 cm²이고, 밑변의 길이가 높이보다 2 cm 짧은 삼각형이 있다. 이 삼각형의 밑변의 길이와 높이를 구하여라.

60 크기가 다른 두 개의 정사각형의 넓이의 합은 468 cm²이다. 큰 정사각형의 한 변의 길이는 작은 정사각형의 한 변의 길이보다 6 cm가 길다고 할 때, 두 정사각형의 한 변의 길이를 각각 구하여라.

61 어떤 정사각형의 가로의 길이를 1만큼 늘이고, 세로의 길이는 2만큼 줄였더니 넓이가 40이 되었다. 처음 정사각형의 한 변의 길이를 구하여라.

[01~02] 다음 이차방정식을 근의 공식을 이용하여 풀어라.

01 $4x^2+7x+2=0$

02 $3x^2-4x-2=0$

03 이차방정식 $3x^2-6x+2=0$의 근이 $x=\dfrac{a\pm\sqrt{b}}{3}$ 일 때, 두 유리수 a, b의 값은?

① $a=-6$, $b=3$ ② $a=-3$, $b=3$

③ $a=2$, $b=3$ ④ $a=3$, $b=3$

⑤ $a=6$, $b=3$

04 이차방정식 $\dfrac{x(x-3)}{2}-0.3(x-2)^2=-\dfrac{1}{5}$ 을 풀어라.

05 이차방정식 $3x^2-10x+5=0$을 풀면?

① $x=\dfrac{10\pm\sqrt{30}}{6}$ ② $x=\dfrac{-10\pm\sqrt{30}}{6}$

③ $x=\dfrac{5\pm\sqrt{10}}{3}$ ④ $x=\dfrac{-5\pm\sqrt{10}}{3}$

⑤ $x=-1$ 또는 $x=\dfrac{5}{3}$

06 다음 이차방정식 중에서 근이 없는 것은?

① $2x^2-x-2=0$ ② $4x^2-4x+1=0$

③ $x^2+5x+3=0$ ④ $x^2-x+2=0$

⑤ $3x^2+x-1=0$

[07~09] 이차방정식 $4x^2-2x+k=0$에 대하여 다음 조건을 만족하는 상수 k의 값 또는 범위를 구하여라.

07 서로 다른 두 근을 가질 조건

08 중근을 가질 조건

09 근을 갖지 않을 조건

[10~12] 이차방정식 $x^2-2x-1=0$의 두 근을 α, β라 할 때, 다음을 구하여라.

10 $\alpha^2+\beta^2$

11 $\dfrac{1}{\alpha}+\dfrac{1}{\beta}$

12 $\dfrac{\beta}{\alpha}+\dfrac{\alpha}{\beta}$

13 이차방정식 $3x^2-5x-1=0$의 두 근의 합을 a, 두 근의 곱을 b라고 할 때, $9(a+b)$의 값은?

① 3   ② 6
③ 9   ④ 12
⑤ 15

14 이차방정식 $x^2-3x-2=0$의 두 근을 α, β라 할 때, $(\alpha-\beta)^2$의 값을 구하여라.

15 두 근이 $3+\sqrt{3}$, $3-\sqrt{3}$이고 x^2의 계수가 1인 이차방정식을 구하여라.

16 이차방정식 $3x^2+ax+b=0$의 두 근이 $\dfrac{-1+\sqrt{5}}{2}$, $\dfrac{-1-\sqrt{5}}{2}$일 때, 상수 a, b에 대하여 $a+b$의 값은?

① -2 ② -1
③ 0   ④ 1
⑤ 2

17 n각형의 대각선의 개수는 $\dfrac{n(n-3)}{2}$이다. 대각선의 개수가 35개인 다각형은 몇 각형인지 구하여라.

01 이차방정식 $x^2-x-3=\dfrac{1}{2}x^2$의 근이

$x=a\pm\sqrt{b}$일 때, 유리수 a, b의 합 $a+b$의

값은?

① 4　　　　　　② 5

③ 6　　　　　　④ 7

⑤ 8

02 이차방정식 $x^2=2x+7$과 부등식 $4x+1>x-3$

을 동시에 만족하는 x의 값을 a라 할 때,

$a-1$의 값은?

① $\sqrt{6}$　　　　　② $2\sqrt{2}$

③ $\sqrt{10}$　　　　　④ $2\sqrt{3}$

⑤ $\sqrt{14}$

03 이차방정식 $\dfrac{2(2x+1)}{3}-x=(1+x)(1-x)$

의 근이 $x=\dfrac{a\pm\sqrt{b}}{6}$일 때, 유리수 a, b의 합

$a+b$의 값은?

① 8　　　　　　② 10

③ 12　　　　　④ 14

⑤ 16

04 이차방정식 $\dfrac{(x+1)^2}{3}-\dfrac{7}{6}(x+1)+\dfrac{1}{2}=0$

의 두 근을 α, β라 할 때, $2\alpha-\beta$의 값을 구

하여라. (단, $\alpha<\beta$)

05 이차방정식 $\dfrac{(x-2)^2}{3}-4(x-2)+12=0$

의 해는?

① $x=2$ 또는 $x=6$

② $x=-4$ 또는 $x=8$

③ $x=4$ 또는 $x=-8$

④ $x=-4$

⑤ $x=8$

06 다음 이차방정식 중 서로 다른 두 근을 갖는

것을 모두 고른 것은?

| (ㄱ) $6x^2-x-5=0$ | (ㄴ) $4x^2-2x+3=0$ |
| (ㄷ) $\dfrac{1}{2}x^2+2x+2=0$ | (ㄹ) $x^2+\dfrac{1}{6}x-\dfrac{1}{3}=0$ |

① (ㄱ), (ㄴ)　　　　② (ㄱ), (ㄷ)

③ (ㄱ), (ㄹ)　　　　④ (ㄴ), (ㄷ)

⑤ (ㄴ), (ㄹ)

서술형

07 이차방정식 $x^2-6x+(2k-3)=0$이 근을 갖지 않을 때, 자연수 k의 최솟값을 구하여라. (단, 풀이 과정을 자세히 써라.)

10 이차방정식 $4x^2+ax+9=0$의 근은 음수이고 오직 한 개뿐이다. 이때 상수 a의 값을 구하여라.

08 이차방정식 $x^2-2mx+2m+3=0$이 중근을 갖도록 하는 모든 상수 m의 값의 합은?

① -2 ② -1
③ 0 ④ 1
⑤ 2

서술형

11 이차방정식 $x^2-2x+p=0$의 두 근의 합과 곱이 이차방정식 $x^2-qx-12=0$의 두 근일 때, 상수 p, q의 합 $p+q$의 값을 구하여라. (단, 풀이 과정을 자세히 써라.)

12 이차방정식 $x^2+4x-2=0$의 두 근을 α, β라 할 때, 다음 중 옳은 것은?

① $\dfrac{1}{\alpha+\beta}=\dfrac{1}{4}$ ② $\dfrac{1}{\alpha}+\dfrac{1}{\beta}=2$
③ $\dfrac{\beta}{\alpha}+\dfrac{\alpha}{\beta}=10$ ④ $\alpha^2+\beta^2=16$
⑤ $(\alpha-\beta)^2=20$

09 이차방정식 $x^2-6x-2=0$의 두 근을 α, β라 할 때, 다음 중 옳지 <u>않은</u> 것은? (단, $\alpha>\beta$)

① $\alpha+\beta=6$ ② $\alpha\beta=-2$
③ $\alpha-\beta=2\sqrt{11}$ ④ $\beta>0$
⑤ $\alpha>\beta+6$

13 이차방정식 $x^2-3x+1=0$의 두 근을 α, β 라 하면 이차방정식 $x^2+px+q=0$의 두 근은 $\alpha-2$, $\beta-2$이다. 이때 상수 p, q의 곱 pq의 값은?

① -2　　　　② -1

③ 0　　　　　④ 1

⑤ 2

16 이차방정식 $2x^2+px+q=0$의 두 근이 $\dfrac{3}{2}$, 2 일 때, p, q를 두 근으로 하고 x^2의 계수가 1 인 이차방정식은?

① $x^2-x-42=0$　② $x^2+x-42=0$

③ $x^2+x+42=0$　④ $x^2-2x-42=0$

⑤ $x^2+2x-42=0$

서술형

14 이차방정식 $x^2+2kx+3k=0$의 한 근이 다 른 근의 3배일 때, 양수 k의 값을 구하여라. (단, 풀이 과정을 자세히 써라.)

서술형

17 이차방정식 $3x^2+ax+b=0$의 두 근은 각각 이차방정식 $x^2-6x+8=0$의 두 근의 2배이 다. 이때 상수 a, b의 합 $a+b$의 값을 구하여 라. (단, 풀이 과정을 자세히 써라.)

15 이차방정식 $x^2-8x+k-1=0$의 한 근이 $4-\sqrt{5}$일 때, 유리수 k의 값은?

① 9　　　　　② 10

③ 11　　　　④ 12

⑤ 13

18 이차항의 계수가 1인 어떤 이차방정식을 푸 는데 갑은 일차항의 계수를 잘못 보아 두 근 -4, 3을 얻었고, 을은 상수항을 잘못 보아 두 근 -2, 3을 얻었다. 이 이차방정식의 옳 은 근을 구하여라.

19 자연수 1부터 n까지의 합은 $\dfrac{n(n+1)}{2}$ 이다. 합이 253이 되려면 1부터 얼마까지 더해야 하는가?

① 19   ② 20

③ 21   ④ 22

⑤ 23

20 연속하는 세 자연수가 있다. 가운데 수의 제곱이 다른 두 수의 제곱의 차와 같을 때, 가장 큰 수를 구하여라.

21 지면으로부터 높이가 120 m인 지점에서 쏘아 올린 물로켓의 t초 후의 지면으로부터의 높이는 $(-5t^2+50t+120)$m이다. 이때 물로켓이 지면에 떨어지는 것은 물로켓을 쏘아 올린 지 몇 초 후인가?

① 6초   ② 8초

③ 10초   ④ 12초

⑤ 14초

22 가로의 길이가 세로의 길이보다 3 cm 더 긴 직사각형 모양의 종이가 있다. 이 종이의 네 귀퉁이에 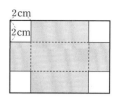 서 한 변의 길이가 2 cm인 정사각형을 잘라 내어 뚜껑이 없는 직육면체 모양의 상자를 만들었더니 부피가 36 cm^{3}가 되었다. 이때 처음 직사각형의 가로의 길이는?

① 8 cm   ② 9 cm

③ 10 cm   ④ 11 cm

⑤ 12 cm

23 오른쪽 그림과 같이 세 개의 반원으로 이루어진 도형이 있다. 가장 큰 반원의 지름의 길이가 10 cm이고, 어두운 부분의 넓이가 6π cm^{2}일 때, 가장 작은 반원의 반지름의 길이를 구하여라.

24 오른쪽 그림과 같이 가로의 길이가 15 m, 세로의 길이가 12 m 인 직사각형 모양의 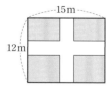 땅에 폭이 일정한 도로를 만들려고 한다. 도로를 제외한 나머지 부분의 넓이가 130 m^2 이 되도록 하려면 도로의 폭을 몇 m로 해야 하는지 구하여라.

유형 01

이차방정식 $(a-1)x^2+ax-2=0$이 중근을 가질 때, 상수 a의 값을 구하여라. (단, $a \neq 1$)

해결포인트 이차방정식 $ax^2+bx+c=0$의 근의 개수는 b^2-4ac의 부호로 판단한다.

① $b^2-4ac>0$이면 서로 다른 두 근을 갖는다.

② $b^2-4ac=0$이면 중근을 갖는다.

③ $b^2-4ac<0$이면 근을 갖지 않는다.

확인문제

1-1 이차방정식 $x^2+4x+k-5=0$이 서로 다른 두 근을 가질 때, 상수 k의 값의 범위를 구하여라.

1-2 이차방정식 $ax^2-4x+2=0$이 중근을 가질 때, 이차방정식 $x^2-ax-7=0$은 서로 다른 두 근 p, q를 갖는다. 이때 $\dfrac{1}{p}+\dfrac{1}{q}$의 값을 구하여라.

유형 02

오른쪽 그림에서 $\triangle ABC$는 $\angle C=36°$, $\overline{AC}=\overline{BC}=4\,cm$인 이등변삼각형이다. $\angle BAD=\angle CAD$ 일 때, $\overline{AB}$의 길이를 구하여라.

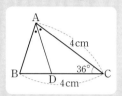

해결포인트 도형에 관한 문제는 주어진 조건과 관련된 도형의 공식을 적절하게 이용하여 해결한다.

확인문제

2-1 둘레의 길이가 $18\,cm$이고 넓이가 $20\,cm^2$인 직사각형의 가로의 길이를 구하여라.

2-2 오른쪽 그림과 같이 중심이 같은 두 원 A, B가 있다. 원 B의 반지름의 길이가 원 A의 반지름의 길이보다 2 cm 더 길고, 어두운 부분의 넓이는 원 A의 넓이의 8배이다. 이때 원 A의 반지름의 길이를 구하여라.

1 이차방정식 $\frac{1}{5}x^2-\frac{3}{5}x+1-k=0$의 두 근을 α, β라 할 때, $\frac{\beta}{\alpha}+\frac{\alpha}{\beta}=7$이다. 이때 상수 k의 값을 구하여라.

(단, 풀이 과정을 자세히 써라.)

3 이차방정식 $x^2-2x-1=0$의 두 근을 α, β라 할 때, $\alpha+2$, $\beta+2$를 두 근으로 하고 x^2의 계수가 1인 이차방정식을 구하여라. (단, 풀이 과정을 자세히 써라.)

2 이차방정식 $x^2+px+q=0$의 두 근은 연속하는 두 자연수이고, 두 근의 제곱의 차가 9일 때, 상수 p, q의 합 $p+q$의 값을 구하여라. (단, 풀이 과정을 자세히 써라.)

4 가로의 길이가 세로의 길이보다 4 cm 더 긴 직사각형이 있다. 이 직사각형의 넓이가 20 cm²일 때, 이 직사각형의 둘레의 길이를 구하여라.

(단, 풀이 과정을 자세히 써라.)

Step **6**

도전 1등급☆

정답 p. 61

01 서로 다른 두 개의 주사위 A, B를 던져 나온 눈의 수를 각각 a, b라 할 때, x에 대한 이차식 x^2+ax+b가 완전제곱식이 될 확률은?

① $\dfrac{1}{36}$ ② $\dfrac{1}{18}$ ③ $\dfrac{1}{12}$

④ $\dfrac{1}{9}$ ⑤ $\dfrac{1}{6}$

생각해봅시다!

● x^2+ax+b가 완전제곱식이 되려면 $b=\left(\dfrac{a}{2}\right)^2$이어야 함을 이용한다.

02 인수분해 공식을 이용하여

$$\left(1-\dfrac{1}{2^2}\right)\times\left(1-\dfrac{1}{3^2}\right)\times\left(1-\dfrac{1}{4^2}\right)\times\cdots\times\left(1-\dfrac{1}{99^2}\right)$$

을 계산하여라.

● 인수분해 공식 $a^2-b^2=(a+b)(a-b)$를 이용한다.

03 오른쪽 그림과 같이 원 모양의 연못 둘레에 폭이 $2x$ m인 도로가 있다. 이 도로의 한가운데를 지나는 원의 둘레의 길이가 24π m이고, 도로의 넓이가 96π m²일 때, x의 값을 구하여라.

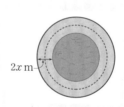

$2x$ m

● 반지름의 길이가 r인 원의 둘레의 길이는 $2\pi r$, 넓이는 πr^2임을 이용한다.

04 $x^2+x-4=0$일 때, $\dfrac{x^3+x^2-4}{x-1}$의 값을 구하여라.

● $x^2+x-4=0$에서 $x^2-4=-x$이므로 분자에 대입해 본다.

05 이차방정식 $x^2 - \sqrt{5}x - 1 = 0$의 한 근을 a라 할 때, $a^2 + \dfrac{1}{a^2}$의 값을 구하여라.

a가 이차방정식 $x^2 - \sqrt{5}x - 1 = 0$의 근이므로 $a^2 - \sqrt{5}a - 1 = 0$임을 이용한다.

06 일차함수 $y = ax + 2a - 1$의 그래프가 점 $(a-1, \ 2a+1)$을 지나고 제4사분면을 지나지 않을 때, 상수 a의 값을 구하여라.

일차함수 $y = ax + 2a - 1$의 그래프가 점 $(a-1, \ 2a+1)$을 지나므로 x대신 $a-1$, y대신 $2a+1$을 대입해 본다.

07 이차방정식 $x^2 + ax + b = 0$의 두 근을 α, β라 할 때, 이차방정식 $2x^2 - 5x + a = 0$의 두 근은 $\dfrac{\beta}{\alpha}$, $\dfrac{\alpha}{\beta}$이다. 이때 상수 a, b에 대하여 $a - b$의 값을 구하여라.

이차방정식의 근과 계수의 관계를 이용한다.

08 이차방정식 $x^2 - 4x - 2 = 0$의 두 근을 a, b라 하고, 이차방정식 $x^2 - 5x + 3 = 0$의 두 근을 c, d라 할 때, $\dfrac{1}{ac} + \dfrac{1}{ad} + \dfrac{1}{bc} + \dfrac{1}{bd}$의 값을 구하여라.

주어진 식을 통분하여 a, b의 합과 곱, c, d의 합과 곱의 꼴로 나타낼 수 있도록 정리해 본다.

09 x보다 크지 않은 최대의 정수를 $[x]$라 하자. 예를 들어 $[2.3]=2$, $[3.1]=3$이다. $3\le x<4$일 때, 방정식 $([x]-1)x^2-5x-7=0$의 해를 구하여라.

> $3\le x<4$이므로 $[x]=3$임을 이용한다.

10 오른쪽 그림과 같이 한 변의 길이가 $10\,\text{cm}$인 정사각형 ABCD가 있다. 각 변에서 $\overline{AE}=\overline{BF}=\overline{CG}=\overline{DH}$인 점 E, F, G, H를 잡아 □EFGH를 그렸더니 한 변의 길이가 $8\,\text{cm}$인 정사각형이 되었다. 이때 $\overline{AH}$의 길이를 구하여라. (단, $\overline{AH}<\overline{AE}$)

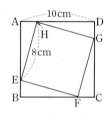

> $\overline{AH}=x\,\text{cm}$로 놓고 □ABCD의 넓이를 x에 대한 식으로 나타내 본다.

11 오른쪽 그림에서 △ABC는 $\angle A=90°$이고, $\overline{AB}=6\,\text{cm}$인 직각이등변삼각형이다. $\overline{AC}\,/\!/\,\overline{DE}$, $\overline{BC}\,/\!/\,\overline{DF}$이고, □DECF의 넓이가 $8\,\text{cm}^2$일 때, $\overline{BD}$의 길이를 구하여라.

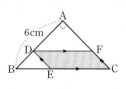

> △ABC∽△DBE∽△ADF임을 이용한다.

12 오른쪽 그림과 같이 모양과 크기가 같은 직사각형 모양의 타일 6개를 넓이가 $960\,\text{cm}^2$인 벽면에 빈틈없이 붙였더니 가로의 길이가 $12\,\text{cm}$인 직사각형 모양의 공간이 남았다. 이때 타일의 짧은 변의 길이를 구하여라.

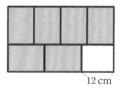

> 타일의 짧은 변의 길이를 $x\,\text{cm}$로 놓고 벽면의 넓이를 x에 대한 식으로 나타내 본다.

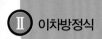

나의 점수 _____점 / 100점 만점

정답 p. 62

객관식 [각 5점]

01 다음 중 [ ] 안의 식이 오른쪽 다항식의 인수인 것은?

① $[x-1]$, $(x+3)^2-4(x+3)+4$　　② $[x-7]$, $(x+10)^2-2(x+10)-3$

③ $[a+b-c]$, $(a+2b)^2-(b-c)^2$　　④ $[2a-b]$, $(a+b)^2-a(a+b)-2a^2$

⑤ $[x+1]$, $(x^2-x+1)(x^2-x+2)-12$

02 $x^2-xy+\square$ 가 완전제곱식이 될 때, $\square$ 안에 알맞은 식은?

① $\pm\dfrac{1}{4}x^2$　　　　　　② $\dfrac{1}{4}x^2$　　　　　　③ $\dfrac{1}{2}x^2$

④ $\pm\dfrac{1}{4}y^2$　　　　　　⑤ $\dfrac{1}{4}y^2$

03 $-2<x<3$일 때, $\sqrt{x^2-6x+9}-\sqrt{x^2+4x+4}$를 간단히 하면?

① -5　　　　　　　② -1　　　　　　　③ 1

④ $2x-1$　　　　　　⑤ $-2x+1$

04 두 다항식 $(x-2y)^2-(x-2y+5)-a$, $(x-2y)(x-2y-2)+b$의 공통인수가 $x-2y-1$일 때, 상수 a, b의 합 $a+b$의 값은?

① -5　　　　　　　② -4　　　　　　　③ -3

④ 4　　　　　　　　⑤ 5

05 $3x^2+ax-21=(x-3)(bx+7)$일 때, 상수 a, b의 곱 ab의 값은?

① -6　　　　　　　② -3　　　　　　　③ -2

④ 3　　　　　　　　⑤ 6

06 다음 중 옳지 <u>않은</u> 것은?

① $x^2-7x+10=(x-2)(x-5)$ ② $10x^2+29x+10=(2x+5)(5x+2)$

③ $5x^2-20=5(x+2)(x-2)$ ④ $\dfrac{1}{4}x^2-\dfrac{25}{9}y^2=\left(\dfrac{1}{2}x+\dfrac{5}{3}y\right)\left(\dfrac{1}{2}x-\dfrac{5}{3}y\right)$

⑤ $-6x^2+5x-1=-(2x+1)(3x-1)$

07 다음 중 x에 대한 이차방정식이 <u>아닌</u> 것은?

① $(x+5)(x-5)=2x^2$ ② $(x+10)^2=x+10$

③ $x^2=0$ ④ $4x^2-5x=(2x+1)(2x-1)$

⑤ $(x+1)(x-1)=(x-1)(2x+1)$

08 다음 이차방정식 중 중근을 갖는 것은?

① $5x^2-5=0$ ② $x+4=(x-2)^2$

③ $3-x^2=6(x+2)$ ④ $(x+1)(x-1)=2x-1$

⑤ $x^2-10x+100=0$

09 이차방정식 $(x+5)^2-3(x+5)-28=0$을 풀면?

① $x=-4$ 또는 $x=7$ ② $x=-7$ 또는 $x=4$

③ $x=-9$ 또는 $x=2$ ④ $x=-2$ 또는 $x=9$

⑤ $x=1$ 또는 $x=12$

10 이차방정식 $x^2-6x+2=0$의 두 근을 a, b라 할 때, $(a+1)(b+1)$의 값은?

① 2   ② 6   ③ 8

④ 9   ⑤ 12

11 이차방정식 $x^2-ax-5=0$의 해가 $x=-1$ 또는 $x=b$일 때, 상수 a, b의 곱 ab의 값은?

① 6   ② 8   ③ 12

④ 15   ⑤ 20

12 이차방정식 $2x^2-3x-1=0$의 해가 $x=\dfrac{a\pm\sqrt{b}}{4}$ 일 때, 유리수 a, b에 대하여 $b-a$의 값은?

① 11   ② 12   ③ 13

④ 14   ⑤ 15

13 연속하는 두 자연수 중 작은 수의 제곱의 3배는 큰 수의 제곱의 2배보다 3만큼 크다고 한다. 이때 두 자연수의 합은?

① 9   ② 10   ③ 11

④ 12   ⑤ 13

주관식 [각 6점]

14 $\dfrac{9998\times9995+9998\times5}{9999^2-1}$ 의 값을 계산하여라.

15 $x=\sqrt{3}+\sqrt{2}$, $y=\sqrt{3}-\sqrt{2}$일 때, $2x^2-2y^2+4x+4y$의 값을 구하여라.

16 이차방정식 $x^2-4x+k=0$의 한 근이 $x=2+\sqrt{6}$일 때, 상수 k의 값을 구하여라.

17 어떤 정사각형의 가로의 길이를 4 cm 줄이고, 세로의 길이를 6 cm 늘여서 만든 직사각형의 넓이가 144 cm²이다. 처음 정사각형의 한 변의 길이를 구하여라.

18 이차방정식 $x^2+ax+b=0$의 두 근의 합과 곱이 이차방정식 $x^2-(b+3)x+2a=0$의 두 근일 때, 상수 a, b의 곱 ab의 값을 구하여라. (단, 풀이 과정을 자세히 써라.) [5점]

19 오른쪽 그림과 같이 정사각형 ABCD의 변 BC의 연장선 위에 $\overline{CE}=12\,cm$가 되도록 점 E의 위치를 정하였다. 사다리꼴 ABED의 넓이가 55 cm²일 때, 정사각형 ABCD의 한 변의 길이를 구하여라.

　　　　　(단, 풀이 과정을 자세히 써라.) [6점]

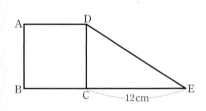

Ⅲ

이차함수

정답 p. 65

1 이차함수의 뜻

01 함수 $y=f(x)$에서 $y=ax^2+bx+c(a,\ b,$ c는 상수, $a\neq0$)와 같이 y가 x에 대한 이차식으로 나타내어질 때, 이 함수를 x에 대한 [＿＿＿＿]라고 한다.

[02~13] 다음 중 이차함수인 것은 ○, 이차함수가 아닌 것은 ×를 표시하여라.

02 $y=2x+2$　　　　　　　（　　）

03 $y=x^2-3$　　　　　　　（　　）

04 $y=4-5x$　　　　　　　（　　）

05 $y=-3x^2-x+5$　　　　（　　）

06 $y=x^2$　　　　　　　　（　　）

07 $y=x^3+x^2-3$　　　　　（　　）

08 $y=x(x+1)(x+3)$　　　（　　）

09 $y=x(x+3)+1$　　　　　（　　）

10 $y=2x^2-(x+1)^2$　　　　（　　）

11 $y=x^2-(2x+x^2)$　　　　（　　）

12 $y=x^3-(x+1)^2$　　　　（　　）

13 $y=\dfrac{1}{x^2}$　　　　　　　（　　）

[14~20] 다음에서 y를 x에 대한 식으로 나타내고 이차함수인지 말하여라.

14 반지름의 길이가 $x\,\mathrm{cm}$인 원의 넓이 $y\,\mathrm{cm}^2$

15 자동차가 시속 $60\,\mathrm{km}$의 속력으로 x시간 동안 달린 거리 $y\,\mathrm{km}$

16 한 모서리의 길이가 $x\,\mathrm{cm}$인 정육면체의 부피 $y\,\mathrm{cm}^3$

17 가로의 길이가 $x\,\mathrm{cm}$, 세로의 길이가 $(x-3)\,\mathrm{cm}$인 직사각형의 넓이 $y\,\mathrm{cm}^2$

18 직각삼각형의 두 예각의 크기가 $x°, y°$

19 둘레의 길이가 $20\,\text{cm}$이고, 세로의 길이가 $x\,\text{cm}$인 직사각형의 넓이 $y\,\text{cm}^2$

20 밑면의 반지름의 길이가 $x\,\text{cm}$, 높이가 $10\,\text{cm}$인 원뿔의 부피 $y\,\text{cm}^3$

[21~23] 이차함수 $y=-\dfrac{2}{3}x^2+5$에 대하여 다음을 구하여라.

21 $x=0$일 때, y의 값

22 $x=3$일 때, y의 값

23 $x=-3$일 때, y의 값

---

2 이차함수 $y=ax^2$의 그래프

24 이차함수 $y=ax^2$의 그래프와 같은 모양의 곡선을 □□□□□이라고 한다. 포물선은 한 직선에 대칭이며, 그 직선을 포물선의 □이라고 한다. 또, 포물선과 축의 교점을 포물선의 □□□□이라고 한다.

[25~28] 다음 중 이차함수 $y=x^2$의 그래프에 대한 설명으로 옳은 것은 ○, 옳지 않은 것은 ×를 표시하여라.

25 원점을 지난다. ( )

26 제1사분면과 제3사분면을 지난다. ( )

27 위로 볼록하다. ( )

28 y축에 대하여 대칭이다. ( )

29 $y=x^2$의 그래프에서 x의 값이 증가하면 y의 값도 증가하는 x의 값의 범위는 □□□□□이고, x의 값이 증가하면 y의 값은 감소하는 x의 값의 범위는 □□□□□이다.

[30~32] 이차함수 $y=-\dfrac{3}{4}x^2$의 그래프에 대하여 다음을 구하여라.

30 꼭짓점의 좌표

31 축의 방정식

32 x축에 대칭인 그래프의 식

[33~35] 보기의 이차함수에 대하여 다음을 구하여라.

┤ 보기 ├
(ㄱ) $y=3x^2$ ㅤㅤ (ㄴ) $y=-4x^2$
(ㄷ) $y=\dfrac{1}{4}x^2$ ㅤㅤ (ㄹ) $y=\dfrac{2}{3}x^2$
(ㅁ) $y=-\dfrac{2}{3}x^2$ ㅤㅤ (ㅂ) $y=-\dfrac{1}{3}x^2$
(ㅅ) $y=4x^2$ ㅤㅤ (ㅇ) $y=-3x^2$

33 그래프가 아래로 볼록한 것을 모두 골라라.

34 그래프의 폭이 가장 좁은 것을 골라라.

35 그래프가 x축에 대칭인 것끼리 짝지어라.

[36~39] 다음 이차함수의 그래프가 주어진 그림과 같을 때, 이차함수의 식에 알맞은 그래프를 짝지어라.

36 $y = -x^2$

37 $y = \dfrac{1}{2}x^2$

38 $y = x^2$

39 $y = 2x^2$

40 이차함수 $y = ax^2$의 그래프가 $y = -\dfrac{1}{2}x^2$의 그래프보다 폭이 좁고, $y = 2x^2$의 그래프보다 폭이 넓다고 할 때, 양수 a의 값의 범위를 구하여라.

3 **이차함수 $y = ax^2 + q$의 그래프**

[41~44] 다음 이차함수의 그래프를 y축의 방향으로 [ ] 안의 수만큼 평행이동한 그래프의 식을 구하여라.

41 $y = x^2$ [4]

42 $y = 3x^2$ [-2]

43 $y = -4x^2$ [-5]

44 $y = -x^2$ [4]

[45~48] 다음 이차함수의 그래프의 꼭짓점의 좌표와 축의 방정식을 구하여라.

45 $y = 2x^2 + 3$

46 $y = -3x^2 - 1$

47 $y = \dfrac{1}{3}x^2 - 3$

48 $y = -3x^2 + 2$

[49~50] 이차함수 $y = ax^2 + q$의 그래프가 다음 그림과 같을 때, a, q의 부호를 구하여라.

49

50

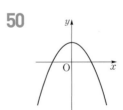

4 이차함수 $y=a(x-p)^2$의 그래프

[51~54] 다음 이차함수의 그래프를 x축의 방향으로 [ ] 안의 수만큼 평행이동한 그래프의 식을 구하여라.

51 $y=-x^2$ [3]

52 $y=3x^2$ [-2]

53 $y=-\dfrac{1}{4}x^2$ [-5]

54 $y=2x^2$ [4]

[55~58] 다음 이차함수의 그래프의 꼭짓점의 좌표와 축의 방정식을 구하여라.

55 $y=(x-1)^2$

56 $y=-2(x+4)^2$

57 $y=\dfrac{1}{3}(x+2)^2$

58 $y=-\dfrac{1}{4}(x-5)^2$

[59~60] 이차함수 $y=a(x-p)^2$의 그래프가 다음 그림과 같을 때, a, p의 부호를 구하여라.

59
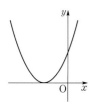

60
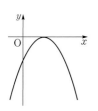

5 이차함수 $y=a(x-p)^2+q$의 그래프

[61~63] 다음 이차함수의 그래프를 x축의 방향으로 m만큼, y축의 방향으로 n만큼 평행이동한 그래프의 식을 구하여라.

61 $y=x^2$ [$m=5$, $n=7$]

62 $y=3x^2$ [$m=-5$, $n=-7$]

63 $y=-2x^2$ [$m=3$, $n=-4$]

[64~67] 다음 이차함수의 그래프의 꼭짓점의 좌표와 축의 방정식을 구하여라.

64 $y=2(x-1)^2+5$

65 $y=3(x+1)^2-4$

66 $y=-(x+4)^2-3$

67 $y=-4(x-2)^2+1$

68 이차함수 $y=a(x-p)^2+q$의 그래프가 오른쪽 그림과 같을 때, a, p, q의 부호를 구하여라.

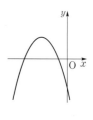

정답 p. 66

01 다음 중 이차함수인 것을 모두 골라 그 기호를 써라.

> (ㄱ) $y = -3x + 2$ (ㄴ) $y = -2$
>
> (ㄷ) $y = 3x^2 - 2x + 6$ (ㄹ) $y = \dfrac{x^2 - 1}{2}$
>
> (ㅁ) $y = \dfrac{1}{x^2} - 1$ (ㅂ) $y = x(x + 1)$

02 다음 중 y가 x에 대한 이차함수가 <u>아닌</u> 것을 모두 고르면? (정답 2개)

① 가로의 길이가 $x\,$cm, 세로의 길이가 $(x - 5)\,$cm인 직사각형의 넓이 $y\,$cm²

② 한 변의 길이가 $x\,$cm인 정사각형의 넓이 $y\,$cm²

③ 한 모서리의 길이가 $x\,$cm인 정육면체의 부피 $y\,$cm³

④ 반지름의 길이가 $x\,$cm인 구의 겉넓이 $y\,$cm²

⑤ 농도가 $x\,$%인 소금물 $100\,$g에 들어 있는 소금의 양 $y\,$g

03 이차함수 $f(x) = -x^2 + 2x$일 때, $f(0) + f(1)$의 값을 구하여라.

04 이차함수 $y = x^2$의 그래프에 대한 설명으로 옳은 것을 모두 고르면? (정답 2개)

① 꼭짓점의 좌표는 $(0, \ 0)$이다.

② 축의 방정식은 $y = 0$이다.

③ 제1, 2사분면을 지난다.

④ 점 $(-2, \ -4)$를 지난다.

⑤ $x < 0$일 때, x의 값이 증가하면 y의 값도 증가한다.

05 다음 보기의 이차함수 중 그 그래프의 폭이 가장 좁은 것부터 순서대로 나열하여라.

> **보기**
>
> (ㄱ) $y = 4x^2$ (ㄴ) $y = -\dfrac{1}{2}x^2$
>
> (ㄷ) $y = \dfrac{1}{4}x^2$ (ㄹ) $y = -2x^2$

06 다음 중 그래프가 이차함수 $y = \dfrac{1}{5}x^2$의 그래프와 x축에 대칭인 것은?

① $y = -5x^2$ ② $y = -x^2$

③ $y = -\dfrac{1}{5}x^2$ ④ $y = x^2$

⑤ $y = 5x^2$

07 이차함수 $y=ax^2$의 그래프가 점 $(4,\ 16)$을 지날 때, 상수 a의 값을 구하여라.

08 점 $(1,\ k)$가 이차함수 $y=3x^2$의 그래프 위의 점일 때, 상수 k의 값을 구하여라.

09 이차함수 $y=-2x^2$의 그래프를 y축의 방향으로 q만큼 평행이동하면 점 $(2,\ -10)$을 지난다. 이때 상수 q의 값을 구하여라.

10 이차함수 $y=3x^2$의 그래프를 x축의 방향으로 p만큼 평행이동하면 점 $(0,\ 12)$를 지난다. 이때 양수 p의 값을 구하여라.

11 이차함수 $y=-2x^2$의 그래프를 x축의 방향으로 3만큼, y축의 방향으로 2만큼 평행이동한 그래프에 대하여 다음 물음에 답하여라.

(1) 평행이동한 그래프가 나타내는 이차함수의 식을 구하여라.

(2) 꼭짓점의 좌표를 구하여라.

(3) 축의 방정식을 구하여라.

12 이차함수 $y=2x^2$의 그래프를 x축의 방향으로 1만큼, y축의 방향으로 q만큼 평행이동하면 점 $(-1,\ 10)$을 지난다. 이때 상수 q의 값을 구하여라.

13 다음 중 이차함수 $y=(x-1)^2+1$의 그래프로 적당한 것은?

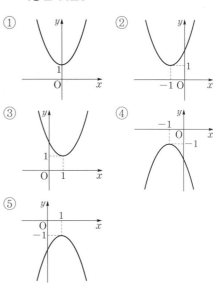

01 다음 중 y가 x에 대한 이차함수인 것을 모두 고르면? (정답 2개)

① $y=x(x+3)$ ② $y=x-5$

③ $y=x^2-2$ ④ $y=x^3+2x^2$

⑤ $y=(x+2)(x-3)-x^2$

02 다음 중 y가 x에 대한 이차함수인 것은?

① 반지름의 길이가 $x\,\mathrm{cm}$인 원의 둘레의 길이 $y\,\mathrm{cm}$

② 한 개 900원인 과자 x개의 값 y원

③ 한 변의 길이가 $x\,\mathrm{cm}$인 정사각형의 넓이 $y\,\mathrm{cm}^2$

④ 시속 $x\,\mathrm{km}$의 속력으로 3시간 동안 달린 거리 $y\,\mathrm{km}$

⑤ 가로의 길이가 $x\,\mathrm{cm}$, 세로의 길이가 $(x+1)\mathrm{cm}$인 직사각형의 둘레의 길이 $y\,\mathrm{cm}$

서술형
03 이차함수 $f(x)=x^2-2x+a$에서 $f(-1)=6$, $f(4)=b$일 때, 상수 a, b의 합 $a+b$의 값을 구하여라. (단, 풀이 과정을 자세히 써라.)

04 다음 이차함수 중 그래프의 폭이 가장 좁은 것은?

① $y=3x^2$ ② $y=-4x^2$

③ $y=-\dfrac{1}{3}x^2$ ④ $y=\dfrac{1}{4}x^2$

⑤ $y=0.5x^2$

05 다음 보기 중 이차함수 $y=2x^2$의 그래프에 대한 설명으로 옳은 것을 모두 고른 것은?

(ㄱ) 꼭짓점의 좌표는 $(2,\ 0)$이다.
(ㄴ) $y=-2x^2$의 그래프와 y축에 대칭이다.
(ㄷ) 축의 방정식은 $x=0$이다.
(ㄹ) 점 $(1,\ 2)$를 지난다.

① (ㄱ), (ㄷ)   ② (ㄱ), (ㄹ)

③ (ㄴ), (ㄷ)   ④ (ㄴ), (ㄹ)

⑤ (ㄷ), (ㄹ)

06 다음 중 이차함수 $y=-3x^2$의 그래프 위의 점인 것은?

① $(-3,\ -9)$ ② $(-2,\ -14)$

③ $(-1,\ -2)$ ④ $(2,\ -8)$

⑤ $(3,\ -27)$

07 오른쪽 그림과 같이 이차함수 $y=ax^2$의 그래프가 $y=\dfrac{1}{2}x^2$의 그래프와 $y=2x^2$의 그래프 사이에 있을 때, 다음 중 실수 a의 값이 될 수 있는 것은?

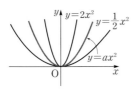

① $\dfrac{1}{4}$ ② $\dfrac{1}{3}$

③ $\dfrac{3}{2}$ ④ $\dfrac{9}{4}$

⑤ $\dfrac{5}{2}$

서술형

08 이차함수 $y=3x^2$의 그래프는 점 $(-2,\ a)$를 지나고, 이차함수 $y=bx^2$의 그래프와 x축에 대칭이다. 이때 상수 a, b의 합 $a+b$의 값을 구하여라.

(단, 풀이 과정을 자세히 써라.)

09 오른쪽 그림과 같이 꼭짓점이 원점이고, y축을 축으로 하며, 점 $(3,\ 4)$를 지나는 이차함수의 식은?

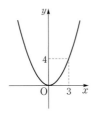

① $y=\dfrac{3}{4}x^2$ ② $y=\dfrac{4}{3}x^2$

③ $y=\dfrac{4}{9}x^2$ ④ $y=\dfrac{9}{4}x^2$

⑤ $y=\dfrac{16}{9}x^2$

10 다음 중 이차함수 $y=-(x-1)^2$의 그래프에 대한 설명으로 옳은 것은?

① 축의 방정식은 $x=-1$이다.
② 꼭짓점의 좌표는 $(1,\ -1)$이다.
③ $y=x^2$의 그래프와 x축에 대칭이다.
④ $y=-x^2$의 그래프를 x축의 방향으로 -1만큼 평행이동한 것이다.
⑤ $x>1$일 때, x의 값이 증가하면 y의 값은 감소한다.

서술형

11 이차함수 $y=-3x^2$의 그래프를 y축의 방향으로 2만큼 평행이동한 그래프의 꼭짓점의 좌표를 $(p,\ q)$, 축의 방정식을 $x=m$이라 할 때, $p+q+m$의 값을 구하여라.

(단, 풀이 과정을 자세히 써라.)

12 다음 중 이차함수 $y=ax^2+q$의 그래프에 대한 설명으로 옳지 않은 것은?

① $a>0$이면 아래로 볼록하다.
② $y=ax^2$의 그래프를 x축의 방향으로 q만큼 평행이동한 것이다.
③ $a<0$일 때, 모든 y의 값은 q보다 작거나 같다.
④ y축에 대하여 대칭이다.
⑤ 축의 방정식은 $x=0$이다.

13 이차함수 $y=\dfrac{1}{2}x^2+c$의 그래프가 점 $(-2, 4)$를 지날 때, 이 이차함수의 그래프의 꼭짓점의 좌표를 구하여라.

14 이차함수 $y=a(x-p)^2$의 그래프가 오른쪽 그림과 같을 때, 상수 a, p의 합 $a+p$의 값은?

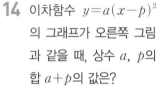

① -4 ② -3
③ -1 ④ 1
⑤ 3

15 다음 중 이차함수 $y=-4(x-1)^2+3$의 그래프가 지나지 않는 사분면은?

① 제1사분면 ② 제2사분면
③ 제3사분면 ④ 제4사분면
⑤ 제1, 3사분면

16 다음 중 이차함수 $y=2(x-1)^2-3$의 그래프에 대한 설명으로 옳지 않은 것은?

① 축의 방정식은 $x=1$이다.
② 꼭짓점의 좌표는 $(1, -3)$이다.
③ y의 값은 항상 -3 이상이다.
④ $y=2x^2$의 그래프와 모양이 같다.
⑤ 점 $(0, 1)$을 지난다.

17 이차함수 $y=4(x+1)^2$의 그래프를 x축의 방향으로 2만큼, y축의 방향으로 -1만큼 평행이동한 그래프에서 x의 값이 증가할 때, y의 값도 증가하는 x의 값의 범위가 될 수 있는 것은?

① $x<-1$ ② $x>-1$
③ $x<1$ ④ $x>1$
⑤ $-1<x<1$

18 이차함수 $y=a(x-p)^2+q$의 그래프가 오른쪽 그림과 같을 때, a, p, q의 부호는?

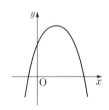

① $a>0$, $p>0$, $q>0$
② $a>0$, $p<0$, $q>0$
③ $a<0$, $p>0$, $q>0$
④ $a<0$, $p>0$, $q<0$
⑤ $a<0$, $p<0$, $q>0$

19 이차함수 $y=-\dfrac{1}{2}(x+p-3)^2-3p+6$의 그래프의 꼭짓점이 제3사분면 위에 있을 때, 실수 p의 값의 범위는?

① $p>2$ ② $p>-2$
③ $p>3$ ④ $-2<p<3$
⑤ $2<p<3$

20 이차함수

$y=a(x-p)^2+q$의 그래프가 오른쪽 그림과 같을 때, 다음 중 이차함수 $y=q(x-a)^2+p$의 그래프의 모양으로 적당한 것은?

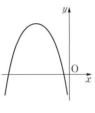

①
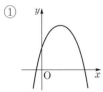
②
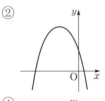

③
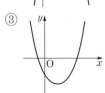
④
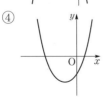

⑤
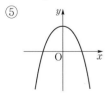

서술형

21 이차함수 $y=-\dfrac{1}{3}x^2$의 그래프와 모양이 같고, 꼭짓점의 좌표가 $(-2,\ 6)$인 포물선을 그래프로 하는 이차함수의 식을 $y=a(x+p)^2+q$라 할 때, 상수 a, p, q의 곱 apq의 값을 구하여라.

(단, 풀이 과정을 자세히 써라.)

22 이차함수 $y=-2x^2$의 그래프를 x축의 방향으로 m만큼, y축의 방향으로 -4만큼 평행이동한 그래프가 점 $(-2,\ -6)$을 지날 때, 상수 m의 값을 구하여라.

서술형

23 이차함수 $y=2(x-3)^2+5$의 그래프를 x축의 방향으로 p만큼, y축의 방향으로 q만큼 평행이동하였더니 이차함수 $y=2(x+2)^2-3$의 그래프가 되었다. 이때 상수 p, q의 합 $p+q$의 값을 구하여라.

(단, 풀이 과정을 자세히 써라.)

유형 01

이차함수 $f(x)=ax^2-3x-2$에서 $f(-2)=-4$, $f(1)=b$일 때, 상수 a, b의 합 $a+b$의 값을 구하여라.

해결**포인트** 이차함수 $f(x)=ax^2+bx+c$에서 $x=k$일 때의 함숫값은 $f(k)=ak^2+bk+c$이다.

유형 02

이차함수 $y=a(x-p)^2$의 그래프가 오른쪽 그림과 같을 때, 일차함수 $y=ax+p$의 그래프가 지나는 사분면을 모두 말하여라.

해결**포인트** 이차함수 $y=a(x-p)^2+q$의 그래프에서 a, p, q의 부호는 다음과 같이 판단한다.
① a의 부호는 그래프의 모양으로 판단한다.
➡ 아래로 볼록하면 $a>0$, 위로 볼록하면 $a<0$
② p, q의 부호는 꼭짓점의 위치로 판단한다.
➡ 꼭짓점이 제1 사분면에 있으면 $p>0$, $q>0$
꼭짓점이 제2 사분면에 있으면 $p<0$, $q>0$
꼭짓점이 제3 사분면에 있으면 $p<0$, $q<0$
꼭짓점이 제4 사분면에 있으면 $p>0$, $q<0$

확인문제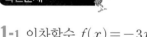

1-1 이차함수 $f(x)=-3x^2+4x-1$에 대하여 $x=2$일 때의 함숫값을 구하여라.

확인문제

2-1 이차함수 $y=a(x-p)^2+q$의 그래프가 제2, 3, 4사분면을 지나고, 제1 사분면은 지나지 않을 때, a, p, q의 부호를 구하여라.

1-2 이차함수 $f(x)=ax^2+bx-3$에서 $f(1)=-2$, $f(2)=-3$일 때, $f(-2)$의 값을 구하여라.

2-2 일차함수 $y=ax+b$의 그래프가 오른쪽 그림과 같을 때, 이차함수 $y=a(x+b)^2$의 그래프가 지나는 사분면을 모두 말하여라.

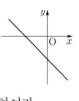

1 이차함수 $y=2(x-1)^2+3$의 그래프를 x축의 방향으로 2만큼, y축의 방향으로 -1만큼 평행이동하면 점 $(1,\ a)$를 지난다. 이때 상수 a의 값을 구하여라.

（단, 풀이 과정을 자세히 써라.）

3 이차함수 $y=2x^2$의 그래프 위의 두 점 $A(p,\ 8)$, $B(1,\ q)$를 지나는 직선의 방정식을 구하여라.

（단, $p>0$이고, 풀이 과정을 자세히 써라.）

2 축의 방정식이 $x=-2$이고, 꼭짓점이 x축 위에 있으며 점 $(1,\ -9)$를 지나는 포물선이 나타내는 이차함수의 식을 구하여라.

（단, 풀이 과정을 자세히 써라.）

4 이차함수 $y=(x-a)^2+b$의 그래프는 점 $(1,\ 5)$를 지나고 꼭짓점은 직선 $y=2x$ 위에 있다. 이때 상수 a, b의 합 $a+b$의 값을 구하여라.

（단, $a>0$이고, 풀이 과정을 자세히 써라.）

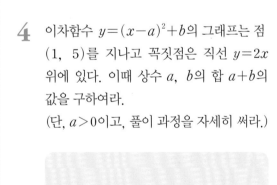

02 이차함수의 그래프 (2)

정답 p. 70

1 이차함수 $y=ax^2+bx+c$의 그래프

01 다음은 이차함수 $y=2x^2+4x-3$을 $y=a(x-p)^2+q$의 꼴로 나타내는 과정이다. □ 안에 알맞은 수를 써넣어라.

$$y=2x^2+4x-3$$
$$=2(x^2+\square x)-3$$
$$=2(x^2+\square x+\square-\square)-3$$
$$=2(x+\square)^2+\square$$

[02~07] 다음 이차함수를 $y=a(x-p)^2+q$의 꼴로 나타내어라.

02 $y=x^2-2x+3$

03 $y=-2x^2+12x$

04 $y=-x^2+3x-2$

05 $y=\dfrac{1}{2}x^2-3x-\dfrac{5}{2}$

06 $y=\dfrac{1}{5}x^2+2x$

07 $y=\dfrac{1}{3}x^2-x$

[08~16] 다음 이차함수의 그래프의 꼭짓점의 좌표와 축의 방정식을 구하여라.

08 $y=x^2+6x+1$

09 $y=-x^2-3x+2$

10 $y=3x^2+5x-2$

11 $y=x^2+10x$

12 $y=2x^2-x+3$

13 $y=\dfrac{1}{2}x^2+2x+1$

14 $y=-\dfrac{1}{2}x^2+3x+4$

15 $y=(x+1)(x-2)$

16 $y=-\left(x-\dfrac{1}{2}\right)\left(x+\dfrac{1}{3}\right)$

2 이차함수의 그래프의 x절편, y절편

17 다음은 이차함수 $y=-2x^2-x+1$의 그래프의 x절편, y절편을 구하는 과정이다. □ 안에 알맞은 수를 써넣어라.

> 이차방정식 $-2x^2-x+1=0$의 해가 $x=$□ 또는 $x=$□이므로 주어진 이차함수의 그래프와 x축과의 교점의 좌표는 $(-1,\ 0)$, ($□,□$)이다. 즉, x절편은 -1, □이다.
> 또, 주어진 이차함수의 식에 $x=0$을 대입하면 $y=$□이므로 주어진 이차함수의 그래프와 y축과의 교점의 좌표는 $(0,\ □)$이다. 즉, y절편은 □이다.

[18~19] 다음 이차함수의 그래프의 x절편, y절편을 구하여라.

18 $y=x^2+4x+4$

19 $y=-x^2+3x-2$

3 이차함수 $y=ax^2+bx+c$의 그래프에서 a, b, c의 부호

[20~21] 이차함수 $y=ax^2+bx+c$의 그래프가 다음 그림과 같을 때, □ 안에 알맞은 부등호를 써넣어라.

20 그래프가 아래로 볼록하므로 a □ 0
축이 y축의 왼쪽에 있으므로
ab □ 0 $\therefore b$ □ 0
y축과의 교점이 원점보다 위쪽에 있으므로
c □ 0

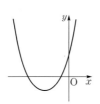

21 그래프가 위로 볼록하므로 a □ 0
축이 y축의 오른쪽에 있으므로
ab □ 0 $\therefore b$ □ 0
y축과의 교점이 원점보다 아래쪽에 있으므로 c □ 0

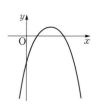

[22~25] 이차함수 $y=ax^2+bx+c$의 그래프가 다음 그림과 같을 때, a, b, c의 부호를 구하여라.

22

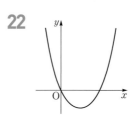

23

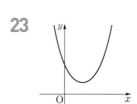

24

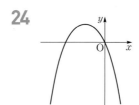

25

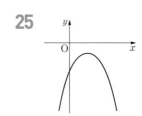

[01~02] 다음 이차함수의 그래프의 꼭짓점의 좌표와 축의 방정식을 구하여라.

01 $y = -x^2 + 3x + 1$

02 $y = \dfrac{1}{3}x^2 - 2x + 5$

03 다음은 이차함수 $y = -\dfrac{1}{3}x^2 + 2x + 2$를 $y = a(x-p)^2 + q$의 꼴로 나타내는 과정이다. (ㄱ)~(ㄹ) 중 처음으로 틀린 곳을 찾아라.

$$y = -\frac{1}{3}x^2 + 2x + 2$$
$$= -\frac{1}{3}(x^2 - 6x) + 2 \quad \text{(ㄱ)}$$
$$= -\frac{1}{3}(x^2 - 6x + 9 - 9) + 2 \quad \text{(ㄴ)}$$
$$= -\frac{1}{3}(x^2 - 6x + 9) - 3 + 2 \quad \text{(ㄷ)}$$
$$= -\frac{1}{3}(x-3)^2 - 1 \quad \text{(ㄹ)}$$

04 $a < 0$, $b > 0$일 때, 이차함수 $y = ax^2 + bx$의 그래프의 꼭짓점은 제 몇 사분면에 있는지 말하여라.

05 다음 중 이차함수 $y = x^2 + 6x + 8$의 그래프에 대한 설명으로 옳지 <u>않은</u> 것은?

① 아래로 볼록한 포물선이다.
② 축의 방정식은 $x = -3$이다.
③ 제4사분면을 지나지 않는다.
④ $x < -3$일 때, x의 값이 증가하면 y의 값도 증가한다.
⑤ $y = x^2$의 그래프를 x축의 방향으로 -3만큼, y축의 방향으로 -1만큼 평행이동한 것이다.

06 이차함수 $y = x^2 + 4x + m$의 그래프의 꼭짓점의 좌표가 $(p, -3)$일 때, 상수 p, m의 값을 구하여라.

01 이차함수 $y=2x^2+8x-3$을 $y=a(x-p)^2+q$ 의 꼴로 나타낼 때, 상수 a, p, q의 합 $a+p+q$의 값은?

① -13 ② -11

③ -9 ④ -7

⑤ -5

02 이차함수 $y=x^2+2ax+4$의 그래프의 꼭짓점의 좌표가 $(1, b)$일 때, 상수 a, b의 합 $a+b$의 값은?

① -2 ② -1

③ 0 ④ 1

⑤ 2

서술형

03 이차함수 $y=x^2-2ax+b$의 그래프가 점 $(5, 3)$을 지나고 꼭짓점의 좌표가 $(2, c)$일 때, 상수 a, b, c의 합 $a+b+c$의 값을 구하여라. (단, 풀이 과정을 자세히 써라.)

04 이차함수 $y=3x^2$의 그래프를 x축의 방향으로 2만큼, y축의 방향으로 -1만큼 평행이동하였더니 $y=ax^2+bx+c$의 그래프가 되었다. 이때 상수 a, b, c의 합 $a+b+c$의 값은?

① -2 ② -1

③ 1 ④ 2

⑤ 3

05 이차함수 $y=x^2+2ax+2a^2-b^2+4b$의 그래프의 꼭짓점의 좌표가 $(2, -1)$일 때, 양수 b의 값을 구하여라.

06 다음 이차함수 중에서 그래프의 꼭짓점이 제2사분면에 있는 것은?

① $y=x^2-4x$ ② $y=2x^2-8x+5$

③ $y=-x^2+4x-6$ ④ $y=-x^2-2x-4$

⑤ $y=-x^2-2x+2$

07 이차함수 $y=x^2-x-2$의 그래프가 x축과 만나는 점의 x좌표를 각각 p, q라 하고, y축과 만나는 점의 y좌표를 r라 할 때, 상수 p, q, r의 합 $p+q+r$의 값은?

① -2 ② -1
③ 0 ④ 1
⑤ 2

08 다음 중 이차함수 $y=\dfrac{1}{2}x^2-2x+1$의 그래프는?

① 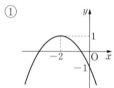   ②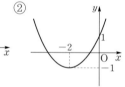

③ 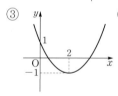   ④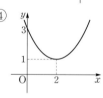

⑤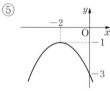

09 다음 중 이차함수 $y=-x^2+4x-2$의 그래프가 지나지 <u>않는</u> 사분면은?

① 제1사분면   ② 제2사분면
③ 제3사분면   ④ 제4사분면
⑤ 없다.

10 이차함수 $y=2x^2-8x+3a-2$의 그래프가 x축과 한 점에서 만날 때, 상수 a의 값을 구하여라.

11 이차함수 $y=x^2-4x-m+2$의 그래프가 x축과 서로 다른 두 점에서 만나도록 하는 실수 m의 값의 범위는?

① $m<-4$ ② $-4<m<-2$
③ $m>-4$ ④ $m>-2$
⑤ $m<0$

12 이차함수 $y=x^2-4x+1$의 그래프를 x축의 방향으로 p만큼, y축의 방향으로 q만큼 평행 이동하면 $y=x^2+2x+2$의 그래프와 일치한다. 이때 상수 p, q의 곱 pq의 값은?

① -12 ② -8

③ -6 ④ 6

⑤ 12

13 이차함수 $y=-2x^2+4x+1$의 그래프에서 x의 값이 증가할 때 y의 값은 감소하는 x의 값의 범위가 될 수 있는 것은?

① $x>-1$ ② $x>0$

③ $x>1$ ④ $x<0$

⑤ $x<1$

14 다음 중 이차함수 $y=-2x^2-12x-18$의 그래프에 대한 설명으로 옳지 <u>않은</u> 것은?

① 축의 방정식은 $x=-3$이다.

② 꼭짓점의 좌표는 $(-3,\ 0)$이다.

③ 제1, 2사분면을 지나지 않는다.

④ $x>-3$일 때 x의 값이 증가하면 y의 값은 감소한다.

⑤ $y=-2x^2$의 그래프를 y축의 방향으로 -3만큼 평행이동한 것이다.

서술형

15 오른쪽 그림은 이차함수 $y=-x^2+x+2$의 그래프이다. x축과 만나는 점을 각각 A, B, y축과 만나는 점을 C라 할 때, △ABC의 넓이를 구하여라.

(단, 풀이 과정을 자세히 써라.)

16 이차함수 $y=ax^2+bx+c$의 그래프가 오른쪽 그림과 같을 때, 다음 중 옳은 것은?

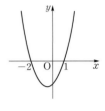

① $ab<0$ ② $ac>0$

③ $\dfrac{b}{c}>0$ ④ $a+b+c>0$

⑤ $a-b+c<0$

17 오른쪽 그림은 이차함수 $y=ax^2+bx+c$의 그래프이다. 이때 직선 $y=\dfrac{a}{c}x+\dfrac{b}{c}$가 지나는 사분면은?

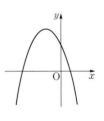

① 제1, 2, 4사분면   ② 제1, 3, 4사분면
③ 제2, 3, 4사분면   ④ 제1, 2사분면
⑤ 제2, 3사분면

유형 **01**

오른쪽 그림과 같이 이차함수 $y=x^2-2x-3$ 의 그래프가 x축과 만나는 두 점을 각각 A, B라 하고 꼭짓점을 C라 할 때, $\triangle$ABC의 넓이를 구하여라.

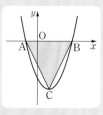

해결포인트 이차함수 $y=ax^2+bx+c$의 그래프 위의 점을 연결한 도형의 넓이를 구하는 경우
① x축과의 교점의 좌표를 구할 때 ➡ $y=0$을 대입
② y과의 교점의 좌표를 구할 때 ➡ $x=0$을 대입하면 $y=c$이므로 y축과의 교점의 좌표는 $(0,\ c)$이다.
③ 꼭짓점의 좌표를 구할 때
  ➡ 이차함수의 식을 $y=a(x-p)^2+q$의 꼴로 변형한다.

유형 **02**

일차함수 $y=ax+b$의 그래프가 오른쪽 그림과 같을 때, 이차함수 $y=ax^2-bx-ab$의 그래프의 개형을 그려라.

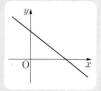

해결포인트 이차함수 $y=ax^2+bx+c$의 그래프에서 a, b, c의 부호를 구하는 경우
① 그래프의 모양이 아래로 볼록하면 $a>0$, 위로 볼록하면 $a<0$
② 축이 y축의 왼쪽에 있으면 a, b는 같은 부호, 축이 y축과 일치하면 $b=0$, 축이 y축의 오른쪽에 있으면 a, b는 다른 부호
③ c는 y절편이므로 y축과의 교점이 원점보다 위쪽이면 $c>0$, 원점과 일치하면 $c=0$, 원점보다 아래쪽이면 $c<0$

확인문제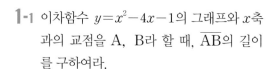

1-1 이차함수 $y=x^2-4x-1$의 그래프와 x축과의 교점을 A, B라 할 때, $\overline{\text{AB}}$의 길이를 구하여라.

확인문제

2-1 이차함수 $y=x^2+bx+c$의 그래프가 오른쪽 그림과 같을 때, b, c의 부호를 구하여라.

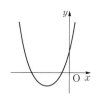

1-2 오른쪽 그림과 같이 이차함수 $y=x^2+2x-3$의 그래프가 x축과 만나는 한 점을 A, y축과 만나는 점을 B, 꼭짓점을 C라 할 때, $\triangle$ABC의 넓이를 구하여라.

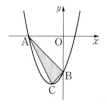

2-2 이차함수 $y=ax^2+bx+c$의 그래프가 제1, 3, 4분면을 지나고, 제2사분면은 지나지 않을 때, a, b, c의 부호를 구하여라.

1 이차함수 $y=2x^2-12x+a$의 그래프가 점 $(2, -3)$을 지날 때, 꼭짓점의 좌표를 구하여라. (단, 풀이 과정을 자세히 써라.)

2 이차함수 $y=\dfrac{1}{2}x^2-x+\dfrac{5}{6}$의 그래프를 x축의 방향으로 $\dfrac{1}{2}$만큼, y축의 방향으로 $-\dfrac{2}{3}$만큼 평행이동한 그래프의 꼭짓점의 좌표를 구하여라.(단, 풀이 과정을 자세히 써라.)

3 이차함수 $y=x^2-ax-2$의 그래프는 x축과 서로 다른 두 점에서 만난다. 두 교점 중 한 점의 좌표가 $(-1, 0)$일 때, 다른 한 점의 좌표를 구하여라.

(단, 풀이 과정을 자세히 써라.)

4 $y=2x^2+4x-2$의 그래프를 x축의 방향으로 -3만큼 평행이동한 그래프는 점 $(a, 4)$를 지난다. 이때 상수 a의 값을 구하여라.

(단, 풀이 과정을 자세히 써라.)

정답 p. 74

---

1 이차함수의 식 구하기 (1) : 꼭짓점의 좌표와 다른 한 점의 좌표를 알 때

01 다음은 꼭짓점의 좌표가 $(-2, 1)$이고, 점 $(-1, 4)$를 지나는 포물선을 그래프로 하는 이차함수의 식을 구하는 과정이다. □ 안에 알맞은 것을 써넣어라.

구하는 이차함수의 식을 $y=a(\boxed{})^2+1$로 놓으면 그래프가 점 $(-1, 4)$를 지나므로
$x=\square$, $y=\square$를 위의 식에 대입하면
$a=\square$
따라서 구하는 이차함수의 식은 $y=\boxed{}$

02 꼭짓점의 좌표가 $(-2, 3)$이고, 점 $(-1, 5)$를 지나는 포물선을 그래프로 하는 이차함수의 식을 $y=a(x-p)^2+q$의 꼴로 나타내어라.

03 이차함수 $y=ax^2+bx+c$의 그래프의 꼭짓점의 좌표가 $(-1, 2)$이고, 점 $(0, 1)$을 지날 때, 상수 a, b, c의 값을 구하여라.

04 오른쪽 그림과 같은 포물선을 그래프로 하는 이차함수의 식을 $y=a(x-p)^2+q$의 꼴로 나타내어라.

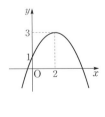

---

2 이차함수의 식 구하기 (2) : 축의 방정식과 그래프 위의 두 점의 좌표를 알 때

05 다음은 축의 방정식이 $x=2$이고 두 점 $(1, -1)$, $(4, 8)$을 지나는 포물선을 그래프로 하는 이차함수의 식을 구하는 과정이다. □ 안에 알맞은 것을 써넣어라.

구하는 이차함수의 식을 $y=a(\boxed{})^2+q$로 놓고 $x=1$, $y=-1$을 대입하면
$\square=a+q$ …… ㉠
$x=4$, $y=8$을 대입하면
$\square=4a+q$ …… ㉡
㉠, ㉡을 연립하여 풀면 $a=\square$, $q=\square$
따라서 구하는 이차함수의 식은 $y=\boxed{}$

06 축의 방정식이 $x=4$이고, 두 점 $(1, 12)$, $(2, 7)$을 지나는 포물선을 그래프로 하는 이차함수의 식을 $y=a(x-p)^2+q$의 꼴로 나타내어라.

07 오른쪽 그림과 같은 포물선을 그래프로 하는 이차함수의 식을 $y=a(x-p)^2+q$의 꼴로 나타내어라.

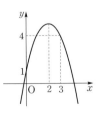

3 이차함수의 식 구하기 (3) : 그래프 위의 서로 다른 세 점의 좌표를 알 때

08 다음은 세 점 $(0, -2)$, $(1, 0)$, $(3, -2)$를 지나는 포물선을 그래프로 하는 이차함수의 식을 구하는 과정이다. □ 안에 알맞은 것을 써넣어라.

> 구하는 이차함수의 식을 $y=ax^2+bx+c$로 놓고 $x=0$, $y=-2$를 대입하면
>
> $c=-2$ ······ ㉠
>
> $x=1$, $y=0$을 대입하면
>
> $a+b+c=□$ ······ ㉡
>
> $x=3$, $y=-2$를 대입하면
>
> $□=-2$ ······ ㉢
>
> ㉠, ㉡, ㉢을 연립하여 풀면
>
> $a=□$, $b=□$, $c=-2$
>
> 따라서 구하는 이차함수의 식은 $y=□$

09 세 점 $(-1, -8)$, $(0, -6)$, $(1, 0)$을 지나는 포물선을 그래프로 하는 이차함수의 식을 $y=ax^2+bx+c$의 꼴로 나타내어라.

10 오른쪽 그림과 같은 포물선을 그래프로 하는 이차함수의 식을 $y=ax^2+bx+c$의 꼴로 나타내어라.

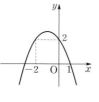

4 이차함수의 식 구하기 (4) : 축과의 두 교점의 좌표와 그래프 위의 다른 한 점의 좌표를 알 때

11 다음은 x축과 두 점 $(-1, 0)$, $(3, 0)$에서 만나고 y축과의 교점의 y좌표가 -3인 포물선을 그래프로 하는 이차함수의 식을 구하는 과정이다. □ 안에 알맞은 것을 써넣어라.

> 구하는 이차함수의 식을 $y=a(x+1)(□)$로 놓고 $x=□$, $y=□$을 대입하면
>
> $a=□$
>
> 따라서 구하는 이차함수의 식은 $y=□$

12 x축과 만나는 두 점의 x좌표가 -2, 3이고, y축과 만나는 점의 y좌표가 6인 포물선을 그래프로 하는 이차함수의 식을 구하여라.

13 세 점 $(-3, 0)$, $(-1, 0)$, $(0, 1)$을 지나는 포물선을 그래프로 하는 이차함수의 식을 $y=ax^2+bx+c$라 할 때, 상수 a, b, c에 대하여 $9abc$의 값을 구하여라.

5 이차함수의 최댓값과 최솟값

14 어떤 함수의 모든 함숫값 중 가장 큰 값을 그 함수의 ☐, 가장 작은 값을 그 함수의 ☐이라 한다.

15 이차함수 $y=a(x-p)^2+q$는 $a>0$이면 $x=p$에서 ☐ q를 가지고, ☐은 없다. 또, $a<0$이면 $x=p$에서 ☐ q를 가지고, ☐은 없다.

[16~25] 다음 이차함수의 최댓값과 최솟값을 구하고, 그때의 x의 값을 구하여라.

16 $y=x^2+2$

17 $y=-2x^2-1$

18 $y=2(x+3)^2$

19 $y=-4(x-6)^2$

20 $y=-2(x-3)^2+20$

21 $y=2(x+3)^2+5$

22 $y=-3(x-5)^2-2$

23 $y=x^2-2x-5$

24 $y=2x^2-8x$

25 $y=-2x^2-8x+5$

26 이차함수 $y=-2x^2+4x+k$의 최댓값이 8일 때, 상수 k의 값을 구하여라.

27 이차함수 $y=2x^2+4x+k-1$의 최솟값이 5일 때, 상수 k의 값을 구하여라.

28 이차함수 $y=-x^2+2kx+5$의 최댓값이 14일 때, 양수 k의 값을 구하여라.

29 이차함수 $y=(x-a)^2+b$가 $x=-1$에서 최솟값 3을 가질 때, 상수 a, b의 값을 구하여라.

6 이차함수의 활용

[30~33] 합이 12인 두 수 중에서 그 곱이 최대가 되는 두 수를 구하려고 한다. 다음을 구하여라.

30 두 수 중 한 수를 x라고 할 때, 다른 한 수를 x에 대한 식으로 나타내어라.

31 두 수의 곱을 y라 할 때, x, y 사이의 관계를 식으로 나타내어라.

32 두 수의 곱의 최댓값을 구하여라.

33 곱이 최대일 때의 두 수를 구하여라.

[34~37] 둘레의 길이가 40 cm인 직사각형의 넓이가 최대가 될 때의 가로의 길이와 세로의 길이를 구하려고 한다. 다음을 구하여라.

34 직사각형의 가로의 길이를 x cm라 할 때, 세로의 길이를 x에 대한 식으로 나타내어라.

35 직사각형의 넓이를 y cm^{2}라 할 때, x, y 사이의 관계를 식으로 나타내어라.

36 직사각형의 넓이의 최댓값을 구하여라.

37 직사각형의 넓이가 최대일 때의 가로의 길이와 세로의 길이를 구하여라.

38 차가 10인 두 수가 있다. 두 수의 곱이 최소가 되는 두 수를 구하여라.

39 둘레의 길이가 40 cm인 부채꼴이 있다. 이 부채꼴의 넓이가 최대가 되도록 하는 반지름의 길이를 구하여라.

40 가로의 길이가 7 cm, 세로의 길이가 3 cm인 직사각형의 가로의 길이를 x cm만큼 줄이고, 세로의 길이는 x cm만큼 늘여서 만든 직사각형의 넓이의 최댓값을 구하여라.

41 지면으로부터 20 m 높이에서 초속 30 m의 속력으로 쏘아 올린 물체의 x초 후의 지면으로부터의 높이를 y m라 하면 x, y 사이에 $y = -5x^2 + 30x + 20$인 관계가 성립한다. 이때 이 물체가 가장 높이 올라갈 때의 지면으로부터의 높이를 구하여라.

01 꼭짓점의 좌표가 $(-1, -2)$이고, 점 $(1, -6)$을 지나는 포물선을 그래프로 하는 이차함수의 식을 $y=ax^2+bx+c$라 할 때, 상수 a, b, c의 곱 abc의 값을 구하여라.

02 꼭짓점의 좌표가 $(2, 4)$이고 점 $(4, 0)$을 지나는 포물선의 y절편을 구하여라.

03 이차함수 $y=x^2+ax+b$의 그래프의 축의 방정식이 $x=2$이고, 점 $(1, 3)$을 지날 때, 상수 a, b의 곱 ab의 값을 구하여라

04 축의 방정식이 $x=-2$이고, 두 점 $(-1, 1)$, $(0, -5)$를 지나는 포물선을 그래프로 하는 이차함수의 식을 $y=ax^2+bx+c$라 할 때, 상수 a, b, c의 합 $a+b+c$의 값을 구하여라.

05 세 점 $(0, 1)$, $(1, 2)$, $(-1, 4)$를 지나는 포물선을 그래프로 하는 이차함수의 식을 구하여라.

06 두 점 $(1, 4)$, $(-1, 12)$를 지나고 y절편이 6인 포물선을 그래프로 하는 이차함수의 식을 $y=ax^2+bx+c$라 할 때, 상수 a, b, c의 곱 abc의 값을 구하여라.

07 x축과 두 점 $(2, 0)$, $(-4, 0)$에서 만나고 점 $(0, -2)$를 지나는 포물선을 그래프로 하는 이차함수의 식을 구하여라.

08 세 점 $(0, 0)$, $(2, 0)$, $(1, -1)$을 지나는 포물선을 그래프로 하는 이차함수의 식을 구하여라.

09 이차함수 $y=-x^2-6x+10$은 $x=a$일 때 최댓값 b를 갖는다. 이때 상수 a, b의 합 $a+b$의 값을 구하여라.

10 이차함수 $y=x^2+2ax+b$가 $x=1$에서 최솟값 3을 가질 때, 상수 a, b의 곱 ab의 값을 구하여라.

11 차가 8인 두 수의 곱이 최소일 때, 두 수를 구하여라.

12 차가 4인 두 수의 제곱의 합이 최소일 때, 두 수를 구하여라.

13 초속 $30\,\mathrm{m}$로 똑바로 위로 던져 올린 물체가 t초 후에 $h\,\mathrm{m}$의 높이에 도달했을 때, t와 h 사이에는 $h=30t-5t^2$인 관계가 성립한다. 던져 올린 물체가 최고의 높이에 도달했을 때의 높이와 그때까지 걸린 시간을 구하여라.

01 이차함수 $y=ax^2+bx+c$의 그래프의 꼭짓점의 좌표가 $(-1, -2)$이고, 원점을 지날 때, 상수 a, b, c의 합 $a+b+c$의 값은?

① 2 ② 4

③ 6 ④ 8

⑤ 10

02 다음 조건을 모두 만족하는 포물선을 그래프로 하는 이차함수의 식을 구하여라.

> (개) 축의 방정식은 $x=-1$이다.
> (내) x축과 한 점에서 만난다.
> (대) 점 $(-2, 12)$를 지난다.

03 이차함수 $y=ax^2+bx+c$의 그래프가 직선 $x=2$를 축으로 하고, 두 점 $(-1, 0)$, $(0, 5)$를 지날 때, 상수 a, b, c의 합 $a+b+c$의 값을 구하여라.

04 이차함수 $y=-3x^2+ax+2$의 그래프의 꼭짓점의 좌표가 $(1, b)$일 때, 상수 a, b의 곱 ab의 값은?

① -30 ② -15

③ 10 ④ 15

⑤ 30

05 이차함수 $y=2x^2+ax-4$의 그래프가 세 점 $(-1, b)$, $(1, 1)$, $(2, c)$를 지날 때, 상수 a, b, c에 대하여 $a-b+c$의 값은?

① 8 ② 12

③ 15 ④ 18

⑤ 20

06 이차함수 $y=ax^2+bx+c$의 그래프가 오른쪽 그림과 같을 때, 상수 a, b, c에 대하여 $9abc$의 값을 구하여라.

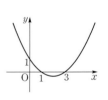

07 세 점 $(2, 2)$, $(6, 2)$, $(0, 8)$을 지나는 포물선의 꼭짓점의 좌표는?

① $(2, 0)$ 　　　② $(4, 0)$
③ $(2, -1)$ 　　　④ $(4, -2)$
⑤ $(3, -1)$

08 이차함수 $y=x^2+ax+b$의 그래프가 두 점 $(-4, 0)$, $(3, 0)$을 지날 때, 상수 a, b의 곱 ab의 값을 구하여라

09 이차함수 $y=x^2+6x+5$의 최솟값을 a, 이차함수 $y=-2x^2+8x$의 최댓값을 b라 할 때, $a+b$의 값은?

① -4 　　　② -2
③ 1 　　　④ 2
⑤ 4

10 다음 이차함수 중 최솟값이 가장 큰 것은?

① $y=\dfrac{1}{2}x^2-3x+8$
② $y=x^2-2x+5$
③ $y=2x^2-2x+4$
④ $y=3x^2-6x+9$
⑤ $y=3x^2-9x+2$

11 이차함수 $y=ax^2+bx+c$의 그래프가 점 $(-2, 0)$을 지나고, $x=-3$일 때 최댓값 1을 갖는다. 이때 상수 a, b, c에 대하여 $a+b-c$의 값은?

① -2 　　　② -1
③ 1 　　　④ 2
⑤ 4

서술형
12 이차함수 $y=ax^2+4ax+a$의 최댓값이 3일 때, 상수 a의 값과 그래프의 꼭짓점의 좌표를 구하여라. (단, 풀이 과정을 자세히 써라.)

13 이차함수 $y=-2x^2+4x+k-3$의 최댓값이 9일 때, 상수 k의 값은?

① 7   ② 8
③ 9   ④ 10
⑤ 11

서술형

14 이차함수 $y=-x^2+4(a-1)x+1$은 $x=2$일 때, 최댓값 b를 갖는다. 이때 상수 a, b의 합 $a+b$의 값을 구하여라.

(단, 풀이 과정을 자세히 써라.)

15 이차함수 $y=ax^2+bx+c$는 $x=2$일 때 최댓값 3을 갖고, 그 그래프가 점 $(0, -1)$을 지난다. 이때 상수 a, b, c의 합 $a+b+c$의 값은?

① 1   ② 2
③ 3   ④ 4
⑤ 5

16 두 점 $(-2, 0)$, $(4, 0)$을 지나는 포물선을 그래프로 하는 이차함수의 최댓값이 27일 때, 다음 중 이 이차함수의 그래프 위의 점인 것은?

① $(-1, 12)$ ② $(0, 18)$
③ $(1, 24)$ ④ $(2, 18)$
⑤ $(3, 15)$

17 이차함수 $y=-x^2+2ax-6a+2$의 최댓값을 M이라 할 때, M의 최솟값은?

① -12 ② -10
③ -9 ④ -7
⑤ -5

18 이차함수 $y=x^2-2kx-k$의 최솟값을 m이라 할 때, m의 값이 최대가 되게 하는 실수 k의 값을 구하여라.

서술형

19 이차함수 $y=x^2-2ax+b$의 그래프가 점 $(3, 5)$를 지나고 꼭짓점이 직선 $y=2x$ 위에 있을 때, 상수 a, b의 합 $a+b$의 값을 구하여라. (단, 풀이 과정을 자세히 써라.)

20 $x=1$에서 최솟값 2를 갖는 이차함수의 그래프를 x축의 방향으로 a만큼, y축의 방향으로 -1만큼 평행이동하였더니 이차함수 $y=2x^2+4x+b$의 그래프와 꼭짓점이 일치하였다. 상수 a, b에 대하여 a^2+b^2의 값은?

① 8   ② 10
③ 13   ④ 18
⑤ 26

21 합이 20인 두 수의 곱의 최댓값은?

① 64   ② 84
③ 96   ④ 100
⑤ 112

22 차가 12인 두 수의 곱이 최소가 될 때, 두 수를 구하여라.

23 두 양수 x, y가 $3x+2y=8$을 만족할 때, $6xy$의 최댓값은?

① 12   ② 14
③ 16   ④ 18
⑤ 20

서술형

24 오른쪽 그림과 같이 길이가 $16\,\mathrm{m}$이고 폭이 일정한 철망을 이용하여 직사각형 모양의 울타리를 만들려고 한다. 울타리 안의 넓이가 최대가 될 때, x의 값을 구하고 그때의 넓이의 최댓값을 구하여라. (단, 풀이 과정을 자세히 써라.)

25 다음 그림과 같이 너비가 20 cm인 철판의 양쪽을 접어 단면이 직사각형인 물받이를 만들려고 한다. 단면의 넓이가 최대가 되도록 하는 물받이의 높이는?

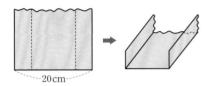

① 2 cm   ② 3 cm
③ 4 cm   ④ 5 cm
⑤ 6 cm

26 오른쪽 그림과 같이 길이가 12 cm인 선분 AB 위에 한 점 P를 잡아 정사각형과 직각이등변삼각형을 만들 때, 정사각형과 직각이등변삼각형의 넓이의 합이 최소가 되도록 하는 선분 AP의 길이를 구하여라.

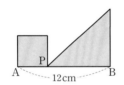

27 밑변의 길이가 12 cm, 높이가 16 cm인 삼각형의 밑변의 길이를 x cm만큼 늘이고, 높이를 x cm만큼 줄여서 만든 삼각형의 넓이의 최댓값을 구하여라.

28 오른쪽 그림과 같이 일차함수 $y = -2x + 6$의 그래프 위의 점 A에서 x축, y축에 내린 수선의 발을 각각 B, C라 할 때, □ACOB의 넓이의 최댓값은? (단, 점 A는 제1사분면 위의 점이고, 점 O는 원점이다.)

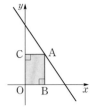

① 3   ② $\dfrac{7}{2}$
③ 4   ④ $\dfrac{9}{2}$
⑤ 5

29 오른쪽 그림과 같이 빗변의 길이가 24 cm인 직각이등변삼각형에 내접하는 직사각형을 그렸다. 이 직사각형의 넓이의 최댓값을 구하여라.

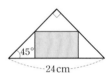

30 지면으로부터 100 m 높이에서 초속 20 m의 속력으로 쏘아 올린 물체의 x초 후의 지면으로부터의 높이를 y m라 하면 x, y 사이에 $y = -5x^2 + 20x + 100$인 관계가 성립한다. 이 물체가 최고 높이에 도달하는 데 걸리는 시간을 a초, 지면으로부터 최고 높이를 b m라 할 때, $a + b$의 값을 구하여라.

유형 01

꼭짓점이 점 A(1, 3)이고, 점 (0, 2)를 지나는 포물선이 x축과 만나는 두 점을 B, C라 할 때, △ABC의 넓이를 구하여라.

> **해결포인트** 이차함수의 식 구하기
> ① 꼭짓점의 좌표 (p, q)를 알 때 ➡ $y=a(x-p)^2+q$
> ② x절편 α, β를 알 때 ➡ $y=a(x-\alpha)(x-\beta)$
> ③ 세 점의 좌표를 알 때 ➡ $y=ax^2+bx+c$

확인문제

1-1 꼭짓점의 좌표가 $(-2, 9)$이고 점 $(0, 1)$을 지나는 포물선을 그래프로 하는 이차함수의 식을 구하여라.

1-2 세 점 $(0, 5)$, $(2, -3)$, $(-1, 6)$을 지나는 포물선과 x축이 만나는 두 점을 A, B라 할 때, 선분 AB의 길이를 구하여라.

유형 02

이차함수의 그래프가 x축과 두 점 $(-1, 0)$, $(5, 0)$에서 만나고, y절편이 10일 때, 이 이차함수의 최댓값을 구하여라.

> **해결포인트** 이차함수 $y=a(x-p)^2+q$는 $a>0$이면 $x=p$일 때 최솟값 q를 가지고, $a<0$이면 $x=p$일 때 최댓값 q를 갖는다. 즉, 이차함수의 최댓값 또는 최솟값을 구하기 위해서는 이차함수의 식을 $y=a(x-p)^2+q$의 꼴로 변형해야 한다.

확인문제

2-1 이차함수 $y=-x^2+2x+3$은 $x=a$일 때 최댓값 b를 갖는다. 이때 상수 a, b의 값을 구하여라.

2-2 이차함수 $y=\dfrac{1}{2}x^2+kx+4k-8$의 그래프의 꼭짓점의 x좌표가 -1일 때, 이 이차함수의 최솟값을 구하여라.

유형 03

원점을 지나는 포물선을 그래프로 하는 이차함수가 $x=2$일 때 최댓값 8을 갖는다. 이 이차함수의 식을 구하여라.

해결**포인트** 이차함수가 $x=p$일 때 최댓값 또는 최솟값 q를 갖는다. ➡ 그래프의 꼭짓점이 $(p,\ q)$이다.
➡ 이차함수의 식을 $y=a(x-p)^2+q$로 놓을 수 있다.

 확인문제

3-1 이차함수 $y=-2x^2+ax$의 최댓값이 8일 때, 양수 a의 값을 구하여라.

3-2 이차함수 $y=-\dfrac{1}{2}x^2+ax-5$는 $x=-4$ 일때 최댓값 b를 갖는다. 이 이차함수의 그래프가 점 $(-1,\ c)$를 지날 때, 상수 a, b, c의 곱 abc의 값을 구하여라.

유형 04

1개당 100원에 판매하면 400개를 판매할 수 있는 상품이 있다. 이 상품의 가격을 1개당 x원 인상하면 $2x$개만큼 적게 판매된다고 한다. 총 판매 금액이 최대가 되도록 하는 이 상품의 1개당 판매 가격을 구하여라.

해결**포인트** 이차함수의 최댓값 또는 최솟값에 대한 활용 문제는 다음 순서로 해결한다.
① 문제의 뜻을 파악하여 변수 x, y를 정한다.
② x, y 사이의 관계를 식으로 나타낸다.
③ 이차함수의 최댓값 또는 최솟값을 구한다.
④ 구한 답이 문제의 조건을 만족하는지 확인한다.

 확인문제

4-1 가로의 길이가 $10\,\text{cm}$, 세로의 길이가 $6\,\text{cm}$인 직사각형이 있다. 가로의 길이를 $x\,\text{cm}$만큼 줄이고, 세로의 길이는 $2x\,\text{cm}$만큼 늘여서 얻은 직사각형의 넓이를 $y\,\text{cm}^2$라 할 때, y의 최댓값을 구하여라.

4-2 지면으로부터 $50\,\text{m}$의 높이에서 초속 $50\,\text{m}$로 똑바로 위로 쏘아 올린 물체의 t초 후의 높이를 $h\,\text{m}$라 하면 $h=-5t^2+50t+50$인 관계가 성립한다. 물체의 높이가 지면으로부터 $130\,\text{m}$가 되는 것은 물체를 쏘아 올린 지 몇 초 후인지 구하여라.

서술형 만점대비

정답 p. 81

1 이차함수 $y=3x^2-6ax+b$의 그래프가 점 $(2,\ 1)$을 지나고 꼭짓점의 좌표가 $(3,\ c)$일 때, 상수 $a,\ b,\ c$의 합 $a+b+c$ 의 값을 구하여라.

(단, 풀이 과정을 자세히 써라.)

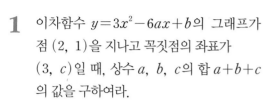

2 이차함수 $y=x^2+\dfrac{4}{3}kx+\dfrac{4}{9}k^2-k$의 최솟 값이 3일 때, 이 이차함수의 그래프의 꼭짓 점의 좌표를 구하여라.

(단, 풀이 과정을 자세히 써라.)

3 이차함수 $y=x^2-2ax+6a-4$의 최솟값을 m이라 할 때, m의 최댓값을 구하여라. (단, 풀이 과정을 자세히 써라.)

4 가로의 길이가 $12\,\mathrm{cm}$, 세로의 길이가 $8\,\mathrm{cm}$인 직사각형이 있다. 이 직사각형의 가로의 길이는 매초 $1\,\mathrm{cm}$씩 줄어들고, 세로의 길이는 매초 $2\,\mathrm{cm}$씩 늘어난다고 한다. x초 후 직사각형의 넓이를 $y\,\mathrm{cm}^2$라 할 때, y의 최댓값을 구하여라.

(단, 풀이 과정을 자세히 써라.)

Step 6
도전 1등급

정답 p. 82

01 두 점 $A(-2, a)$, $B(b, 24)$가 이차함수 $y=\dfrac{3}{2}x^2$의 그래프 위에 있을 때, 두 점 A, B를 지나는 직선의 방정식을 구하여라.

(단, $b>0$)

생각해봅시다!

▶ 두 점 A, B가 주어진 이차함수의 그래프 위의 점임을 이용하여 상수 a, b의 값을 먼저 구해 본다.

02 다음 조건을 모두 만족하는 이차함수의 식을 구하여라.

> (가) x축과 한 점에서 만난다.
> (나) 그래프는 점 $(4, 2)$를 지난다.
> (다) 축의 방정식은 $x=2$이다.

▶ x축과 한 점에서 만나는 이차함수의 식은 $y=a(x-p)^2$의 꼴임을 이용한다.

03 오른쪽 그림과 같이 이차함수 $y=2x^2$, $y=-\dfrac{1}{2}x^2$의 그래프 위에 네 점 A, B, C, D가 있다. □ABCD가 정사각형일 때, 제1사분면 위의 점 D의 좌표를 구하여라.

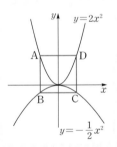

▶ 점 D가 이차함수 $y=2x^2$의 그래프 위의 점이므로 점 D의 좌표를 $(k, 2k^2)$으로 놓을 수 있다.

04 이차함수 $y=x^2-1$의 그래프를 x축의 방향으로 -4만큼, y축의 방향으로 2만큼 평행이동 한 후, 다시 x축에 대하여 대칭이 동한 그래프가 나타내는 이차함수의 식이 $y=a(x-p)^2+q$이 다. 이때 상수 a, p, q의 곱 apq의 값을 구하여라.

▶ 이차함수 $y=ax^2$의 그래프를 x축의 방향으로 m만큼, y축의 방향으로 n만큼 평행이동한 그래프의 식은 $y=a(x-m)^2+n$이다.

05 오른쪽 그림과 같이 이차함수 $y=-x^2+4x+5$의 그래프가 x축과 만나는 두 점을 A, B라 하고, 꼭짓점을 C, y축과 만나는 점을 D라 하자. 이때 $\triangle ABC : \triangle ABD$를 구하여라.

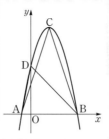

이차함수의 그래프가 x축과 만나는 점의 x좌표는 $y=0$을 대입하여 얻은 이차방정식의 해와 같음을 이용한다.

06 이차함수 $y=x^2+2x+k$의 그래프가 점 $(k,\ 2k^2-3k)$를 지나고 x축과 만나지 않을 때, 실수 k의 값을 구하여라.

이차함수 $y=x^2+2x+k$의 그래프는 아래로 볼록한 포물선이므로 꼭짓점이 x축보다 위쪽에 있으면 x축과 만나지 않음을 이용한다.

07 두 이차함수 $y=x^2-2x-2$, $y=x^2-6x+6$의 그래프가 오른쪽 그림과 같다. 두 점 A, B는 두 그래프와 x축과의 교점이고, 두 점 C, D는 두 그래프의 꼭짓점일 때, □ACDB의 넓이를 구하여라.

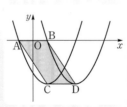

주어진 두 이차함수의 그래프의 위치 관계를 먼저 파악해 본다.

08 점 $(a,\ b)$가 이차함수 $y=x^2-2x+3$의 그래프 위의 점일 때, $a+b$의 최솟값을 구하여라.

$b=a^2-2a+3$이므로 $a+b$를 a에 대한 이차식으로 나타내 본다.

09 이차함수 $y=ax^2+bx+c$의 그래프가 오른쪽 그림과 같을 때, 이 그래프의 꼭짓점을 A, x축과 만나는 두 점을 O, B라고 하자. △OAB의 넓이가 6일 때, 상수 a, b, c의 합 $a+b+c$의 값을 구하여라

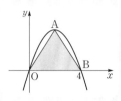

그래프가 x축과 만나는 점이 $(0, 0)$, $(4, 0)$이므로 축의 방정식은 $x=2$임을 이용한다.

10 이차함수 $y=ax^2+bx+c$는 $x=2$일 때, 최솟값 -3을 갖는다. 이 함수의 그래프가 제3사분면을 지나지 않을 때, 실수 a의 값의 범위는?

① $a\geq\dfrac{1}{4}$ ② $a\geq\dfrac{1}{3}$ ③ $a\geq\dfrac{1}{2}$

④ $a\geq\dfrac{2}{3}$ ⑤ $a\geq\dfrac{3}{4}$

$x=2$일 때 최솟값 -3을 가지므로 주어진 이차함수의 식을 $y=a(x-2)^2-3$으로 나타낼 수 있음을 이용한다.

11 이차함수 $y=-\dfrac{1}{3}x^2-2ax+a-1$의 그래프에서 x의 값이 증가할 때 y의 값도 증가하는 x의 범위는 $x<-3$이고, x의 값이 증가할 때 y의 값은 감소하는 x의 범위는 $x>-3$이다. 이때 이 이차함수의 그래프의 꼭짓점의 좌표를 구하여라.

$x=-3$의 좌우에서 y의 값의 증가, 감소 상태가 바뀌므로 축의 방정식이 $x=-3$임을 알 수 있다.

12 오른쪽 그림과 같이 이차함수 $y=x^2+1$ 위의 한 점 P에서 x축에 평행한 직선 을 그어 직선 $y=x-1$과 만나는 점을 Q라 할 때, $\overline{PQ}$의 길이의 최솟값을 구하여라.

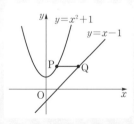

두 점 P, Q의 y좌표는 서로 같으므로 $\overline{PQ}$의 길이는 x좌표의 차와 같음을 이용한다.

정답 p. 83

나의 점수 _____점 / 100점 만점

객관식 [각 5점]

01 다음 중 이차함수인 것을 모두 고르면? (정답 2개)

① $y=1-\dfrac{1}{x^2}$　　　② $y=-1+2x^2$　　　③ $y=(x-1)(x+1)$

④ $y=(x+1)^2-x^2$　　　⑤ $y=x^3-(x-1)^2$

02 다음 이차함수의 그래프 중에서 이차함수 $y=x^2$의 그래프를 평행이동하여 완전히 포갤 수 없는 것은?

① $y=x^2-4x$　　　② $y=-1+2x+x^2$　　　③ $y=(x-2)^2$

④ $y=(x+1)^2-2x^2$　　　⑤ $y=(x+2)^2-4x$

03 다음 중 이차함수 $y=ax^2$의 그래프에 대한 설명으로 옳지 <u>않은</u> 것은?

① 항상 원점을 지난다.

② $y=-ax^2$의 그래프와 x축에 대칭이다.

③ $a<0$이면 y는 최댓값을 갖는다.

④ $a>0$이면 아래로 볼록하다.

⑤ $y=ax^2+q$의 그래프를 x축의 방향으로 q만큼 평행이동한 것이다.

04 이차함수 $y=2x^2$의 그래프를 x축의 방향으로 m만큼, y축의 방향으로 $m-3$만큼 평행이동하면 점 $(4,\ 7)$을 지난다. 이때 정수 m의 값은?

① 1　　　　② 2　　　　③ 3

④ 4　　　　⑤ 5

05 이차함수 $y=-\dfrac{2}{3}x^2-4x-3$의 그래프는 이차함수 $y=-\dfrac{2}{3}x^2$의 그래프를 x축의 방향으로 p만큼, y축의 방향으로 q만큼 평행이동한 것이다. 이때 상수 p, q에 대하여 $q-p$의 값은?

① 3　　　　② 4　　　　③ 5

④ 6　　　　⑤ 7

06 이차함수 $y=-x^2+4x+5$의 그래프를 x축의 방향으로 3만큼, y축의 방향으로 -2만큼 평행이동한 그래프의 꼭짓점의 좌표는?

① $(2,\ 9)$ ② $(3,\ 10)$ ③ $(4,\ 9)$

④ $(5,\ 7)$ ⑤ $(6,\ 7)$

07 이차함수 $y=2x^2-2x-1$의 그래프가 x축과 만나는 두 점의 x좌표를 각각 a, b라 하고, y축과 만나는 점의 y좌표를 c라고 할 때, 상수 a, b, c의 합 $a+b+c$의 값은?

① -2 ② -1 ③ 0

④ 1 ⑤ 2

08 이차함수 $y=-3x^2+12x-1$에서 x의 값이 증가할 때 y의 값은 감소하는 x의 값의 범위가 될 수 있는 것은?

① $x>-2$ ② $x>2$ ③ $x<2$

④ $x>4$ ⑤ $x<4$

09 다음 중 이차함수 $y=-x^2+4x+1$의 그래프에 대한 설명이 옳은 것은?

① 꼭짓점의 좌표는 $(-2,\ 5)$이다.
② 축의 방정식은 $x=-2$이다.
③ y축과 점 $(0,\ 1)$에서 만난다.
④ 제2사분면을 지나지 않는다.
⑤ $y=(x-2)^2$의 그래프를 평행이동하여 포갤 수 있다.

10 이차함수 $y=-\dfrac{1}{2}x^2+ax-5$의 최댓값이 3일 때, 양수 a의 값은?

① $\dfrac{1}{2}$ ② 1 ③ 2

④ 3 ⑤ 4

11 이차함수 $y=ax^2+bx+c$의 그래프가 오른쪽 그림과 같을 때 다음 중 옳은 것을 모두 고르면? (정답 2개)

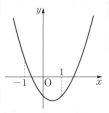

① $ab>0$　　　　② $ac>0$

③ $a+b+c<0$　　④ $a-b+c<0$

⑤ $b^2-4ac>0$

12 이차방정식 $ax^2+bx+c=0$의 두 근이 -3, 2일 때, 이차함수 $y=ax^2+bx+c$의 그래프의 모양으로 적당한 것은? (단, $a>0$)

① 　② 　③

④ 　⑤

13 가로의 길이, 세로의 길이가 각각 15 cm, 11 cm인 직사각형에서 가로의 길이는 x cm만큼 줄이고, 세로의 길이는 x cm만큼 늘여서 만든 새로운 직사각형의 넓이의 최댓값은?

① $121\,cm^2$　　② $136\,cm^2$　　③ $144\,cm^2$

④ $169\,cm^2$　　⑤ $176\,cm^2$

주관식 [각 6점]

14 이차함수 $y=-2x^2+ax+b$의 최댓값이 3이고, 이 함수의 그래프의 축의 방정식이 $x=3$일 때, 상수 a, b의 합 $a+b$의 값을 구하여라.

15 이차함수 $y=a(x-p)^2$의 그래프가 오른쪽 그림과 같다. 이때 상수 a, p의 합 $a+p$의 값을 구하여라.

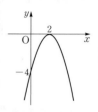

16 일차함수 $y=mx+1$의 그래프가 이차함수 $y=\dfrac{1}{2}x^2-2x+7$의 그래프의 꼭짓점을 지날 때, 상수 m의 값을 구하여라.

17 이차함수 $y=x^2+2mx+6m$의 최솟값을 M이라 할 때, M의 최댓값을 구하여라.

서술형 주관식

18 이차함수 $y=x^2-6x+8$의 그래프의 꼭짓점을 A, 이 그래프와 y축과의 교점을 B, 원점을 O라 할 때, △ABO의 넓이를 구하여라. (단, 풀이 과정을 자세히 써라.) [5점]

19 오른쪽 그림과 같이 직선 $y=5$와 이차함수 $y=x^2-4x$의 그래프의 교점을 A, B라 하고 $y=x^2-4x$의 그래프의 꼭짓점을 C라 할 때, △ABC의 넓이를 구하여라.

(단, 풀이 과정을 자세히 써라.) [6점]

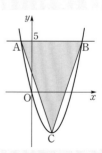

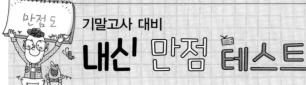

01 다음 이차방정식 중에서 $x=-1$을 근으로 갖는 것을 모두 고르면? (정답 2개) [3점]

① $x^2+4x-5=0$

② $(x+2)(x-3)=4$

③ $(x-2)^2-9=0$

④ $x^2-2x+1=0$

⑤ $x^2+8x+7=0$

02 다음 이차방정식 중 중근을 갖는 것은? [3점]

① $x^2+5x+6=0$

② $x^2+2x+8=0$

③ $x^2+5x+4=0$

④ $x^2-6x+9=0$

⑤ $x^2+10x+100=0$

03 이차방정식 $(2x-1)^2=25$를 풀면? [3점]

① $x=2$ 또는 $x=3$

② $x=2$ 또는 $x=-3$

③ $x=-2$ 또는 $x=3$

④ $x=\dfrac{3\pm\sqrt{5}}{2}$

⑤ $x=\dfrac{-1\pm\sqrt{6}}{2}$

04 이차방정식 $x^2-8x+3=0$을 $(x+a)^2=b$의 꼴로 변형할 때, 상수 a, b의 합 $a+b$의 값은? [4점]

① 8　　　　　② 9

③ 10　　　　④ 11

⑤ 12

05 이차방정식 $x^2-4x-14=0$의 근을 $x=a\pm b\sqrt{c}$라고 할 때, 이차방정식 $ax^2-bx-c=0$의 근은?

(단, a, b, c는 2 이상의 자연수이다.) [4점]

① $x=\dfrac{1}{2}$ 또는 $x=2$

② $x=-\dfrac{1}{2}$ 또는 $x=2$

③ $x=-3$ 또는 $x=2$

④ $x=\dfrac{2\pm\sqrt{5}}{3}$

⑤ $x=\dfrac{-3\pm\sqrt{3}}{2}$

06 가로의 길이와 세로의 길이가 각각 $15\,\mathrm{cm}$, $10\,\mathrm{cm}$인 직사각형이 있다. 가로의 길이와 세로의 길이를 모두 $x\,\mathrm{cm}$만큼 늘였더니 넓이가 처음 직사각형의 넓이의 두 배가 되었다. 이때 x의 값은? [4점]

① 4 　　　　② 5

③ 6 　　　　④ 7

⑤ 8

07 다음 이차함수의 그래프 중 위로 볼록한 모양이면서 폭이 가장 좁은 것은? [4점]

① $y=\dfrac{1}{2}x^2+5$　　② $y=-\dfrac{1}{3}x^2-10$

③ $y=-\dfrac{2}{3}x^2+8$　④ $y=(x-4)^2$

⑤ $y=-(x+2)^2-5$

08 이차함수 $y=2x^2+8x+10$의 그래프에 대한 설명으로 옳지 <u>않은</u> 것을 모두 고르면?

(정답 2개) [4점]

① y절편은 10이다.

② 축의 방정식은 $y=-2$이다.

③ 꼭짓점의 좌표는 $(2, -2)$이다.

④ 아래로 볼록한 모양의 그래프이다.

⑤ 제1, 2사분면을 지난다.

09 일차함수 $y=ax+b$의 그래프가 오른쪽 그림과 같을 때, 다음 중 이차함수 $y=a(x-b)^2$의 그래프의 모양으로 적당한 것은? [4점]

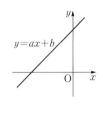

① 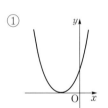　　②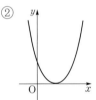

③ 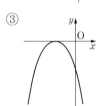　　④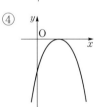

⑤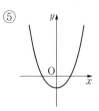

10 이차함수 $y=a(x-p)^2+q$의 그래프의 꼭짓점이 점 $(-1, 5)$이고, 점 $(0, 2)$를 지날 때, 상수 a, p, q의 합 $a+p+q$의 값은? [4점]

① 1 　　　　② 2

③ 3 　　　　④ 4

⑤ 5

11 오른쪽 그림은 이차함수 $y=ax^2+bx+c$의 그래프이다. 다음 중 옳지 <u>않은</u> 것은? [4점]

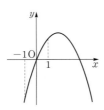

① $a<0$

② $b>0$

③ $c=0$

④ $a-b+c>0$

⑤ $a+b+c>0$

12 이차함수 $y=ax^2+bx+c$는 $x=3$일 때 최댓값 2를 갖는다. 이 함수의 그래프가 제2사분면을 지나지 않을 때, 실수 a의 값의 범위는? [4점]

① $a\leq-\dfrac{2}{9}$ 　　　　② $a\leq-\dfrac{3}{4}$

③ $a\leq-\dfrac{3}{2}$ 　　　　④ $-\dfrac{2}{9}\leq a\leq0$

⑤ $-\dfrac{3}{4}\leq a\leq0$

13 최솟값이 -4인 이차함수의 그래프가 두 점 $(3, 0)$, $(-1, 0)$을 지난다. 이 함수의 그래프와 x축에 대칭인 그래프의 식이 $y=ax^2+bx+c$일 때, 상수 a, b, c의 합 $a+b+c$의 값은? [4점]

① -2 　　　　② 0

③ 2 　　　　④ 4

⑤ 6

14 이차함수 $y=2x^2-8x+a$의 그래프의 꼭짓점이 직선 $y=-3x-5$ 위에 있을 때, 상수 a의 값과 이 이차함수의 최댓값 또는 최솟값을 구하면? [4점]

① $a=-3$, 최솟값 -11

② $a=-3$, 최댓값 -11

③ $a=-1$, 최솟값 -11

④ $a=-1$, 최댓값 11

⑤ $a=1$, 최솟값 11

15 이차함수 $y=-x^2+4x+7$의 그래프와 x축이 만나는 두 점을 A, B라 할 때, 선분 AB의 길이는? [4점]

① $2\sqrt{11}$ ② $3\sqrt{11}$

③ $2\sqrt{13}$ ④ $2+\sqrt{11}$

⑤ $3+\sqrt{11}$

16 다음 그림에서 ㉠, ㉡은 각각 두 이차함수 $y=\dfrac{1}{2}(x+4)^2$, $y=\dfrac{1}{2}(x-4)^2$의 그래프이다. 두 점 A, B는 각각 ㉠, ㉡의 꼭짓점이고, 점 C는 ㉠, ㉡과 y축과의 교점이다. $\overline{AB}/\!/\overline{CD}$일 때, 어두운 부분의 넓이는? [4점]

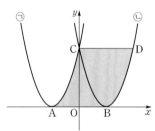

① 48   ② 52

③ 56   ④ 60

⑤ 64

주관식

17 연속하는 세 자연수의 제곱의 합이 302일 때, 이 세 자연수의 합을 구하여라. [5점]

18 가로의 길이와 세로의 길이가 각각 24 cm, 15 cm인 직사각형이 있다. 가로의 길이는 매초 2 cm씩 줄어들고, 세로의 길이는 매초 5 cm씩 늘어날 때, 직사각형의 넓이가 처음 직사각형의 넓이와 같아지는 것은 몇 초 후인지 구하여라. [5점]

19 이차함수 $f(x)=-x^2+ax+b$에 대하여 $f(0)=-3$, $f(3)=-6$일 때, 상수 a, b의 합 $a+b$의 값을 구하여라. [5점]

20 이차함수 $y=(x-4)^2$의 그래프를 x축의 방향으로 m만큼, y축의 방향으로 n만큼 평행이동하였더니 $y=x^2-2x+5$의 그래프가 되었다. 이때 상수 m, n의 합 $m+n$의 값을 구하여라. [5점]

21 다음 조건을 모두 만족하는 이차함수의 식을 $y=ax^2+bx+c$라 할 때, 상수 a, b, c의 합 $a+b+c$의 값을 구하여라. [5점]

(가) 그래프의 모양이 $y=2x^2$의 그래프와 같다.
(나) 축의 방정식은 $x=-1$이다.
(다) 최솟값 -4를 갖는다.

22 서로 다른 두 개의 주사위를 던져 나온 눈의 수를 각각 a, b라 할 때, 이차함수 $y=x^2+ax+b$의 모든 함숫값이 양수일 확률을 구하여라. (단, 풀이 과정을 자세히 써라.) [8점]

23 물로켓을 쏘아 올린 지 x초 후의 높이가 $(80x-5x^2)$m일 때, 이 물로켓이 처음으로 높이가 240 m인 지점에 도달하는 것은 쏘아 올린 지 몇 초 후인지 구하여라. (단, 풀이 과정을 자세히 써라.) [6점]

만점도전 기말고사 대비

내신 만점 테스트

정답 p. 87

4회

_____ 반   이름 _____

01 보기 중에서 이차방정식인 것을 모두 고른 것은? [3점]

┃ 보기 ┃
(ㄱ) $(x-3)^2 = 4 - x^2$
(ㄴ) $(x+2)(x-3) = 0$
(ㄷ) $(x-1)(x+3) = x^2$
(ㄹ) $\dfrac{1}{x^2} - 2 = 0$

① (ㄱ), (ㄴ)　　　② (ㄱ), (ㄷ)

③ (ㄱ), (ㄹ)　　　④ (ㄴ), (ㄷ)

⑤ (ㄴ), (ㄹ)

02 이차방정식 $ax^2 - 2(a-3)x + a - 10 = 0$의 한 근이 $x=3$일 때, 다른 한 근은? [4점]

① $x=-3$　　　② $x=2$

③ $x=5$　　　④ $x=7$

⑤ $x=10$

03 다음 이차방정식 중 $x=-2$가 근이 <u>아닌</u> 것은? [3점]

① $x^2 = 4$

② $x(x+2) = 0$

③ $(x+1)^2 = -x - 1$

④ $2x^2 + 3x - 2 = 0$

⑤ $x^2 + x - 6 = 0$

04 이차방정식 $(x+a)^2 = b$의 한 근이 $x = -1 + \sqrt{3}$일 때, 유리수 a, b에 대하여 $a - b$의 값은? [4점]

① -4　　　② -2

③ -1　　　④ 2

⑤ 4

05 이차방정식 $x^2-4x-1=0$의 두 근 중 큰 근을 a, 작은 근을 b라 할 때, 다음 중 옳은 것을 모두 고르면? (정답 2개) [4점]

① $a-\dfrac{1}{a}=4$ ② $\dfrac{1}{a}+\dfrac{1}{b}=4$

③ $a+b=-4$ ④ $ab=-1$

⑤ $a^2+b^2=14$

06 두 이차방정식 $x^2-x+a=0$, $x^2+bx+c=0$의 공통인 근이 $x=2$이고, 이차방정식 $x^2+bx+c=0$은 근의 개수가 1일 때, 상수 a, b, c의 합 $a+b+c$의 값은? [4점]

① -2 ② -1

③ 0 ④ 1

⑤ 2

07 다음 중 이차방정식과 그 근의 개수를 잘못 짝지은 것은? [4점]

① $-3x^2+6x-1=0$ ➡ 2개

② $4x^2-4x+1=0$ ➡ 1개

③ $x^2+x+4=0$ ➡ 0개

④ $-2x^2+4x+3=0$ ➡ 2개

⑤ $\dfrac{1}{2}x^2-5x+1=0$ ➡ 1개

08 한 개의 주사위를 두 번 던져 처음 나온 눈의 수를 a, 두 번째 나온 눈의 수를 b라 할 때, 이차방정식 $x^2+2ax+b=0$이 중근을 가질 확률은? [4점]

① $\dfrac{1}{36}$ ② $\dfrac{1}{18}$

③ $\dfrac{1}{12}$ ④ $\dfrac{5}{36}$

⑤ $\dfrac{2}{9}$

09 다음 이차함수 중 그 그래프의 폭이 가장 좁은 것은? [4점]

① $y=-3x^2$ ② $y=-\dfrac{3}{4}x^2$

③ $y=\dfrac{3}{2}x^2$ ④ $y=2x^2$

⑤ $y=4x^2$

10 이차함수 $y=\dfrac{1}{2}x^2$의 그래프를 x축의 방향으로 -3만큼, y축의 방향으로 -4만큼 평행이동한 그래프에 대한 설명으로 옳지 <u>않은</u> 것은? [4점]

① 아래로 볼록한 포물선이다.

② 꼭짓점의 좌표는 $(3, -4)$이다.

③ 축의 방정식은 $x=-3$이다.

④ y축과 만나는 점의 좌표는 $\left(0, \dfrac{1}{2}\right)$이다.

⑤ $x>-3$일 때, x의 값이 증가하면 y의 값도 증가한다.

11 세 점 $(0, 1)$, $(2, -3)$, $(-1, 6)$을 지나는 포물선의 꼭짓점의 좌표는? [4점]

① $(1, -2)$ ② $(-2, 13)$

③ $(2, -3)$ ④ $(3, -1)$

⑤ $(4, 1)$

12 다음 중 이차함수 $y=-2x^2-4x-5$의 그래프가 지나지 <u>않는</u> 사분면은? [4점]

① 제1사분면   ② 제1, 2사분면

③ 제2사분면   ④ 제3, 4사분면

⑤ 모든 사분면을 지난다.

13 이차함수 $y=\dfrac{1}{3}x^2$의 그래프를 x축에 대하여 대칭이동한 후 x축의 방향으로 1만큼, y축의 방향으로 -1만큼 평행이동한 그래프의 식은? [4점]

① $y=-\dfrac{1}{3}x^2-1$

② $y=\dfrac{1}{3}(x-1)^2$

③ $y=-\dfrac{1}{3}(x-1)^2-1$

④ $y=\dfrac{1}{3}(x-1)^2-1$

⑤ $y=-\dfrac{1}{3}(x+1)^2+1$

14 이차함수 $y=-\dfrac{1}{2}x^2+4x-4$의 최댓값을 M, 이차함수 $y=x^2-4x$의 최솟값을 m이라 할 때, $M+m$의 값은? [4점]

① -2 ② 0

③ 2 ④ 4

⑤ 6

15 오른쪽 그림에서 두 점 A, B는 이차함수 $y=x^2+2x-3$의 그래프가 x축과 만나는 점이고, 점 C는 y축과 만나는 점이다. 점 C를 지나는 직선 $y=ax+b$가 △ABC의 넓이를 이등분할 때, 상수 a의 값은? [4점]

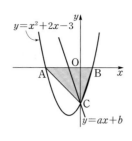

① $-\dfrac{3}{2}$ ② -2

③ $-\dfrac{5}{2}$ ④ -3

⑤ -4

16 오른쪽 그림과 같이 직선 l 위의 점 P에서 x축, y축에 내린 수선의 발을 각각 Q, R라고 한다. □OQPR의 넓이가 최대일 때 점 P의 좌표를 (a, b)라 하자. 점 P가 제1사분면 위의 점일 때, $2ab$의 값은? [4점]

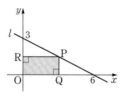

① 6   ② 7

③ 8   ④ 9

⑤ 10

17 이차방정식 $5-x^2=6(x+2)$의 두 근을 p, q라 할 때, $p-q$의 값을 구하여라. (단, $p>q$) [6점]

18 다음 조건을 모두 만족하는 두 자리의 자연수를 구하여라. [6점]

> (개) 십의 자리의 숫자와 일의 자리의 숫자의 합은 14이다.
> (내) 각 자리의 숫자의 곱은 원래의 수보다 38만큼 작다.

19 오른쪽 그림과 같은 △ABC에서 $\overline{BC}//\overline{DE}$, $\overline{BD}=3$, $\overline{AE}=\overline{AD}+1$, $\overline{EC}=\overline{AE}+1$일 때, $\overline{AD}$의 길이를 구하여라. [6점]

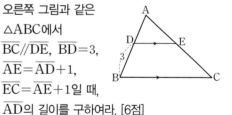

20 이차방정식 $ax^2+bx+c=0$의 두 근이 -1, 5이고 이차함수 $y=ax^2+bx+c$의 최솟값이 -18일 때, 상수 a, b, c의 합 $a+b+c$의 값을 구하여라. [6점]

21 이차함수 $y=x^2-2ax+2a-1$의 그래프와 x축이 만나는 점을 각각 A, B라 하면 $\overline{AB}=2$이다. 이때 양수 a의 값을 구하여라. [6점]

서술형 주관식

22 오른쪽 그림의 직사각형 ABCD에서 두 점 A, B는 x축 위에 있고, 두 점 C, D는 이차함수 $y=-x^2+2x+5$의 그래프 위에 있다. 다음 물음에 답하여라. [총 8점]

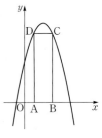

(1) 이차함수의 그래프의 꼭짓점의 좌표를 구하여라. [2점]

(2) 점 B의 좌표를 $(k,\ 0)$으로 놓고 □ABCD의 둘레의 길이의 최댓값을 구하여라. [6점]

개정
교육과정
완벽 반영

기초 탄탄, 성적 쑥쑥
시험에 나올만한 문제는 모두 모았다!

문제은행

3000제
꿀꺽수학

3000제 편찬위원회 편저

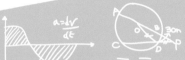

정답 및 해설 중3상

수학은국격

3000제 꿀꺽수학

정답 및 해설 활용법

문제를 모두 풀었습니까? 반드시 문제를 푼 다음에 해설을 확인하도록 합시다.

해설을 미리 보면 모르는 것도 마치 알고 있는 것처럼 생각하고 쉽게 넘어갈 수 있습니다.

정답
및
해설

01 제곱근의 뜻과 성질

P. 6~9

Step **1** 교과서 이해

01 $2 \times 2 = 4$, $(-2) \times (-2) = 4$ 　　**답** -2, 2

02 $5 \times 5 = 25$, $(-5) \times (-5) = 25$ 　　**답** -5, 5

03 $12 \times 12 = 144$, $(-12) \times (-12) = 144$
　　　　　　　　　　　　　　답 -12, 12

04 $13 \times 13 = 169$, $(-13) \times (-13) = 169$
　　　　　　　　　　　　　　답 -13, 13

05 $0.1 \times 0.1 = 0.01$, $(-0.1) \times (-0.1) = 0.01$
　　　　　　　　　　　　　　답 -0.1, 0.1

06 $0.3 \times 0.3 = 0.09$, $(-0.3) \times (-0.3) = 0.09$
　　　　　　　　　　　　　　답 -0.3, 0.3

07 $0.4 \times 0.4 = 0.16$, $(-0.4) \times (-0.4) = 0.16$
　　　　　　　　　　　　　　답 -0.4, 0.4

08 $\frac{1}{6} \times \frac{1}{6} = \frac{1}{36}$, $\left(-\frac{1}{6}\right) \times \left(-\frac{1}{6}\right) = \frac{1}{36}$
　　　　　　　　　　　　　　답 $-\frac{1}{6}$, $\frac{1}{6}$

09 $\frac{7}{15} \times \frac{7}{15} = \frac{49}{225}$, $\left(-\frac{7}{15}\right) \times \left(-\frac{7}{15}\right) = \frac{400}{169}$
　　　　　　　　　　　　　　답 $-\frac{7}{15}$, $\frac{7}{15}$

10 $\frac{20}{13} \times \frac{20}{13} = \frac{400}{169}$, $\left(-\frac{20}{13}\right) \times \left(-\frac{20}{13}\right) = \frac{49}{225}$
　　　　　　　　　　　　　　답 $-\frac{20}{13}$, $\frac{20}{13}$

11 $(-6)^2 = 6^2 = 36$ 　　　　　　**답** -6, 6

12 $(-10)^2 = 10^2 = 100$ 　　　　　**답** -10, 10

13 $(-0.2)^2 = 0.2^2 = 0.04$ 　　　**답** -0.2, 0.2

14 $(-0.8)^2 = 0.8^2 = 0.64$ 　　　**답** -0.8, 0.8

15 $\left(-\frac{3}{2}\right)^2 = \left(\frac{3}{2}\right)^2 = \frac{9}{4}$ 　　**답** $-\frac{3}{2}$, $\frac{3}{2}$

16 $\left(-\frac{5}{8}\right)^2 = \left(\frac{5}{8}\right)^2 = \frac{25}{64}$ 　**답** $-\frac{5}{8}$, $\frac{5}{8}$

17 제곱근

18 25, 25, ± 5

19 $\frac{9}{16}$, $\frac{9}{16}$, $\pm \frac{3}{4}$

20 0의 제곱근은 0 하나뿐이다. 　　　　**답** 0

21 $1 \times 1 = (-1) \times (-1) = 1$ 　　**답** ± 1

22 $11 \times 11 = (-11) \times (-11) = 121$ 　**답** ± 11

23 제곱하여 음수가 되는 수는 없으므로 -81의 제곱근은 없다. 　　　　　　　**답** 없다.

24 $0.3 \times 0.3 = (-0.3) \times (-0.3) = 0.09$ **답** ± 0.3

25 $\frac{1}{14} \times \frac{1}{14} = \left(-\frac{1}{14}\right) \times \left(-\frac{1}{14}\right) = \frac{1}{196}$ **답** $\pm \frac{1}{14}$

26 양수의 제곱근은 양수와 음수의 두 개이고, 0의 제곱근은 0 하나뿐이며, 음수의 제곱근은 없다.
　　　　　　　　　　　　　　답 $\times$

27 음수의 제곱근은 없다. 　　　　　　**답** $\times$

28 0의 제곱근은 0이다. 　　　　　　　**답** $\times$

29 ○

30 $\sqrt{a}$, $-\sqrt{a}$

31 근호, 제곱근 a, 루트 a, $\pm\sqrt{a}$

32 $4, \; -4$ **33** $7, \; -7$

34 $\dfrac{2}{3}, \; -\dfrac{2}{3}$ **35** $\pm\sqrt{5}$

36 $\pm\sqrt{15}$ **37** $\pm\sqrt{150}$

38 $\pm\sqrt{3.2}$ **39** $\pm\sqrt{14.4}$

40 $\pm\sqrt{\dfrac{3}{5}}$

41 9의 제곱근 중 양수인 것은 $\sqrt{9}=3$이다.

$\therefore \sqrt{9}=3$ 답 3

42 100의 제곱근 중 양수인 것은 $\sqrt{100}=10$이다.

$\therefore \sqrt{100}=10$ 답 10

43 169의 제곱근 중 음수인 것은 $-\sqrt{169}=-13$
이다.

$\therefore -\sqrt{169}=-13$ 답 -13

44 225의 제곱근은 $\pm\sqrt{225}=\pm15$이다.

$\therefore \pm\sqrt{225}=\pm15$ 답 ±15

45 0.01의 제곱근 중 양수인 것은 $\sqrt{0.01}=0.1$이다.

$\therefore \sqrt{0.01}=0.1$ 답 0.1

46 ±0.7 **47** $-\dfrac{5}{9}$

48 $\dfrac{2}{7}$ **49** $\sqrt{13}$

50 $-\sqrt{13}$ **51** $\pm\sqrt{13}$

52 $\sqrt{13}$ **53** $a, \; a$

54 $a, \; a$ **55** 10

56 -75 **57** 0.3

58 -0.8 **59** $\dfrac{3}{7}$

60 $\dfrac{16}{5}$ **61** 13

62 0.5   **63** 1.7

64 -11

65 $2-5=-3$ … 답

66 $2+3-7=-2$ … 답

67 $0.1\times0.5=0.05$ … 답

68 $-\dfrac{2}{5}\div2=-\dfrac{1}{5}$ … 답

69 $7\times15=105$ … 답

70 $2-3\times5=-13$ … 답

71 $3\times9\div12=\dfrac{9}{4}$ … 답

72 $3-2\div(-4)=3-\left(-\dfrac{1}{2}\right)=\dfrac{7}{2}$ … 답

73 $\dfrac{3}{2}+\dfrac{5}{2}=4$ … 답

74 $7-4+3-2=4$ … 답

75 x **76** $-x$

77 $-x$ **78** x

79 x **80** $-x$

81 $-x$ **82** x

83 $-3a\leq0, \; 7a\geq0$이므로
(주어진 식)$=-(-3a)+7a=10a$ … 답

84 $8a\geq0, \; -2a\leq0$이므로
(주어진 식)$=8a-\{-(-2a)\}=6a$ … 답

85 $-3a>0, \; 7a<0$이므로
(주어진 식)$=-3a+(-7a)=-10a$ … 답

86 $8a<0, \; -2a>0$이므로
(주어진 식)$=-8a-(-2a)=-6a$ … 답

87 $2-x>0$이므로 $\sqrt{(2-x)^2}=2-x$ … 답

88 $x-2<0$이므로
$\sqrt{(x-2)^2}=-(x-2)=-x+2$ … **답**

89 3

90 $x=5$ **답** 5

91 $12=2^2\times 3$ $\therefore x=3$ **답** 3

92 $50=2\times 5^2$ $\therefore x=3\times 2=6$ **답** 6

93 $3+x=4,\ 9,\ 16,\ \cdots$이므로
$x=1,\ 5,\ 13,\ \cdots$ **답** 1

94 $20-x>0$이므로 $20-x=1,\ 4,\ 9,\ 16$에서
$x=19,\ 16,\ 11,\ 4$ **답** 4

95 $<$

96 $<$

97 $>$

98 $<,\ <$

99 $12<17$이므로 $\sqrt{12}<\sqrt{17}$ **답** $<$

100 $\dfrac{1}{2}>\dfrac{1}{3}$이므로 $\sqrt{\dfrac{1}{2}}>\sqrt{\dfrac{1}{3}}$ **답** $>$

101 $15<19$에서 $\sqrt{15}<\sqrt{19}$이므로
$-\sqrt{15}>-\sqrt{19}$ **답** $>$

102 $8>7$이므로 $\sqrt{8}>\sqrt{7}$이므로
$-\sqrt{8}<-\sqrt{7}$ **답** $<$

103 $36,\ 36,\ >$

104 $3=\sqrt{9}$이고 $9<10$이므로
$\sqrt{9}<\sqrt{10}$ $\therefore 3<\sqrt{10}$ **답** $<$

105 $\dfrac{1}{2}=\sqrt{\dfrac{1}{4}}$이고 $\dfrac{2}{3}>\dfrac{1}{4}$이므로
$\sqrt{\dfrac{2}{3}}>\sqrt{\dfrac{1}{4}}$ $\therefore \sqrt{\dfrac{2}{3}}>\dfrac{1}{2}$ **답** $>$

P. 10~11

Step 2 개념탄탄

01 ± 4

02 5

03 6

04 $\sqrt{0.09}$

05 ① 9의 제곱근은 ± 3이다.
② $(-5)^2=25$의 제곱근은 ± 5이다.
④ 음수의 제곱근은 없다.
⑤ $\sqrt{16}=4$이므로 $\sqrt{16}$의 제곱근은 ± 2이다.
답 ③

06 (ㄱ) $(-7)^2=49$의 제곱근은 ± 7이다.
(ㄴ) $\sqrt{49}=7$이므로 7의 제곱근은 $\pm\sqrt{7}$이다.
(ㄷ) $\sqrt{(-2)^2}=2$
(ㄹ) x가 a의 제곱근이면 x를 제곱하면 a가 된다.
즉, $x^2=a$이다.
(ㅁ) (제곱근 4)$=\sqrt{4}=2$
(ㅂ) 양수 a의 제곱근은 $\pm\sqrt{a}$이다.
(ㅅ) $\sqrt{16}=4$의 제곱근은 ± 2이다.
답 (ㄴ), (ㄹ), (ㅅ)

07 x가 12의 제곱근이므로 x를 제곱하면 a가 된다. 즉, $x^2=12$이다. **답** ⑤

08 ② $\pm\sqrt{49}=\pm 7$ ④ $\pm\sqrt{144}=\pm 12$
답 ②, ④

09 $8.\dot{9}=\dfrac{89-8}{9}=9$이므로 9의 음의 제곱근은
-3이다. **답** -3

10 $(\pm 0.1)^2=0.01$이므로 $a=0.1$
$\left(\pm\dfrac{8}{5}\right)^2=\dfrac{64}{25}$이므로 $b=-\dfrac{8}{5}$
$\therefore ab=0.1\times\left(-\dfrac{8}{5}\right)=\dfrac{1}{10}\times\left(-\dfrac{8}{5}\right)=-\dfrac{4}{25}$
답 $-\dfrac{4}{25}$

11 ①

12 ①

13 ④ $-a<0$이므로 $\sqrt{(-a)^2}=-(-a)=a$

$\qquad\qquad\qquad\qquad\qquad\qquad$ 답 ④

14 $a<b$에서 $a-b<0$이므로

$\qquad\sqrt{(a-b)^2}=-(a-b)=-a+b$ ⋯ 답

15 (ㄱ) $\sqrt{16}>\sqrt{15}$ (ㄴ) $\sqrt{8}<\sqrt{9}$

$\quad$(ㄷ) $\sqrt{27}>\sqrt{25}$ (ㄹ) $\sqrt{49}<\sqrt{51}$

$\quad$(ㅁ) $\sqrt{2}<\sqrt{\dfrac{9}{4}}$ (ㅂ) $\sqrt{35}<\sqrt{36}$

$\qquad\qquad\qquad\qquad\qquad$ 답 (ㄴ), (ㄷ)

16 $(-0.1)^2=0.01<0.02<0.04<0.1$이므로 $\sqrt{0.1}$

$\quad$이 가장 큰 수이다. $\qquad\qquad\qquad$ 답 ④

17 $\sqrt{x}<\sqrt{4}$에서 $x<4$이므로 자연수 x는 1, 2, 3

$\quad$이다. $\qquad\qquad\qquad\qquad\qquad$ 답 1, 2, 3

18 $\sqrt{5}<x<\sqrt{13}$에서 $5<x^2<13$이므로

$\quad x^2=6, 7, 8, 9, 10, 11, 12$

$\quad x$는 자연수이므로 $x^2=9$

$\quad x>\sqrt{5}$이므로 $x=3$

$\quad$따라서 자연수 x는 3의 1개뿐이다. $\qquad$ 답 1개

P. 12~15

Step**3** 실력완성

1 x가 양수 a의 제곱근이므로 x를 제곱하면 a가 된
$\quad$다. 즉, $x^2=a$, $x=\pm\sqrt{a}$이다. $\qquad$ 답 ②, ④

2 ①, ②, ④, ⑤ 5

$\quad$③ -5 $\qquad\qquad\qquad\qquad\qquad$ 답 ③

3 ② $(-\sqrt{a})^2=a$ $\qquad$ ③ $-\sqrt{(-a)^2}=-a$

$\quad$④ $\sqrt{(-a)^2}=a$ $\qquad\qquad\qquad$ 답 ①, ⑤

4 ② (제곱근 36)$=6$

$\quad$④ $(-8)^2=64$이므로 $(-8)^2$의 제곱근은 ±8

$\quad$이다.

$\quad$⑤ $\sqrt{81}=9$이므로 $\sqrt{81}$의 음의 제곱근은 -3이다.

$\qquad\qquad\qquad\qquad\qquad\qquad\qquad$ 답 ②

5 ① $(-15)^2=225$

$\quad$②, ③ 225의 제곱근은 ±15이다.

$\quad$⑤ (제곱근 225)$=\sqrt{225}=15$ $\qquad$ 답 ④

6 $(-5)^2=25$이므로 25의 양의 제곱근은 5이다.

$\quad\therefore A=5$

$\quad\sqrt{49}=7$이므로 7의 음의 제곱근은 $-\sqrt{7}$이다.

$\quad\therefore B=-\sqrt{7}$

$\quad\therefore A-B^2=5-(-\sqrt{7})^2=5-7=-2$ 답 -2

채점 기준	
A의 값 구하기	40%
B의 값 구하기	40%
답 구하기	20%

7 $x+y^2=-1+\sqrt{5}+(\sqrt{7})^2=6+\sqrt{5}$ ⋯ 답

8 $\left(-\dfrac{2}{5}\right)^2=\dfrac{4}{25}=\left(\pm\dfrac{2}{5}\right)^2$의 양의 제곱근은

$\quad A=\dfrac{2}{5}$

$\quad 7.\dot{1}=\dfrac{71-7}{9}=\dfrac{64}{9}=\left(\pm\dfrac{8}{3}\right)^2$의 음의 제곱근은

$\quad B=-\dfrac{8}{3}$

$\quad\therefore B\div A=\left(-\dfrac{8}{3}\right)\div\dfrac{2}{5}=\left(-\dfrac{8}{3}\right)\times\dfrac{5}{2}=-\dfrac{20}{3}$

$\qquad\qquad\qquad\qquad\qquad\qquad\qquad$ 답 ①

9 (주어진 식)$=13+3-5=11$ $\qquad$ 답 11

10 $\sqrt{225}=\sqrt{15^2}=15$,

$\quad\sqrt{(-3)^4\times(-2)^2}=\sqrt{9^2\times2^2}=\sqrt{18^2}=18$,

$\quad\sqrt{(-5)^4}=\sqrt{25^2}=25$이므로

$\quad$(주어진 식)$=15-6+18-25=2$ $\qquad$ 답 ④

11 $-2a<0$이므로 $\sqrt{(-2a)^2}=-(-2a)=2a$

∴ (주어진 식)$=2a-a=a$ … 답

12 $a<0$이므로

$(주어진 식)=\sqrt{(2a)^2}+\sqrt{(5a)^2}-\sqrt{(3a)^2}$

$\qquad\qquad=-2a+(-5a)-(-3a)$

$\qquad\qquad=-4a$ **답** $-4a$

13 (주어진 식)

$=\sqrt{a^2}-\sqrt{(4a)^2}+\sqrt{(4b)^2}-\sqrt{(3b)^2}$

$=a-4a+(-4b)-(-3b)$

$=-3a-b$ **답** ①

14 $0<x<2$이므로 $x-2<0,\ 2-x>0$

∴ (주어진 식)$=-(x-2)+(2-x)$

$\qquad\qquad\qquad=-2x+4$ **답** ⑤

15 $ab<0$에서 $a,\ b$의 부호는 서로 다르고

$a-b<0$, 즉 $a<b$이므로 $a<0,\ b>0$

$2a<0,\ 5b>0$이므로 $2a-5b<0$

∴ (주어진 식)

$=\sqrt{(3a)^2}-\sqrt{(7b)^2}+\sqrt{(2a-5b)^2}$

$=-3a-7b+\{-(2a-5b)\}$

$=-5a-2b$ **답** $-5a-2b$

채점 기준

$a,\ b$의 부호 구하기	40%
$2a-5b$의 부호 구하기	30%
답 구하기	30%

16 $x<2$이므로 $x-2<0,\ x-3<0$

따라서 $\sqrt{(x-2)^2}=-(x-2)=-x+2$,

$\sqrt{(x-3)^2}=-(x-3)=-x+3$이므로

$-x+2-x+3=9,\ -2x=4$

∴ $x=-2$ **답** -2

17 $540=2^2\times3^3\times5$이므로 $x=3\times5=15$

답 ⑤

18 $\sqrt{2^2\times3^5\times x}$가 자연수가 되도록 하려면

$x=3\times(자연수)^2$의 꼴이어야 한다.

① $3=3\times1^2$ ② $6=3\times2$

③ $12=3\times2^2$ ④ $27=3\times3^2$

⑤ $75=3\times5^2$

따라서 x의 값이 될 수 없는 것은 ②이다.

답 ②

19 $45=3^2\times5$이므로 $x=2\times5=10$ **답** ②

20 $270=2\times3^3\times5$이므로 $x=2\times3\times5=30$

답 30

21 $72=2^3\times3^2$이므로 $\sqrt{\dfrac{72}{a}}$가 자연수가 되려면 a는

72의 약수이면서 $a=2\times(자연수)^2$의 꼴이어야

한다. 또, b의 값이 최대이려면 a의 값은 최소이

어야 하므로

$(a의\ 최솟값)=2$

∴ $(b의\ 최댓값)=\sqrt{\dfrac{72}{2}}=\sqrt{36}=6$ **답** ⑤

22 $18=2\times3^2$이므로 $\sqrt{18ab}$가 자연수가 되려면

$ab=2\times(자연수)^2,\ ab\le36$ 이어야 한다.

즉, ab의 값이 될 수 있는 수는

$2\times1^2=2,\ 2\times2^2=8,\ 2\times3^2=18,\ 2\times4^2=32$

이므로 순서쌍 $(a,\ b)$는 $(1,\ 2),\ (2,\ 1),\ (2,\ 4),$

$(4,\ 2),\ (3,\ 6),\ (6,\ 3)$의 6개이다.

따라서 구하는 확률은

$\dfrac{6}{36}=\dfrac{1}{6}$ **답** $\dfrac{1}{6}$

채점 기준

$\sqrt{18ab}$가 자연수가 될 조건 구하기	30%
순서쌍 $(a,\ b)$의 개수 구하기	50%
답 구하기	20%

23 $18+x=25,\ 36,\ 49,\ 64,\ 81,\ \cdots$이므로

$x=7,\ 18,\ 31,\ 46,\ 63,\ \cdots$ **답** ④

24 $48-x$가 48보다 작은 제곱수 또는 0이어야 하

므로

$48-x=0,\ 1,\ 4,\ 9,\ 16,\ 25,\ 36$

∴ $x=48,\ 47,\ 44,\ 39,\ 32,\ 23,\ 12$

따라서 자연수 x의 개수는 7이다. **답** ⑤

25 (i) $\sqrt{42-x}$가 자연수가 되려면

$42-x=1,\ 4,\ 9,\ 16,\ 25,\ 36$

$\therefore x=41,\ 38,\ 33,\ 26,\ 17,\ 6$

(ii) $24=2^3\times3$이므로 $\sqrt{24x}$가 자연수가 되려면

$x=2\times3\times($자연수$)^2$이므로

$x=6,\ 24,\ 54,\ 96,\ \cdots$

(i), (ii)에서 구하는 x의 값은 6이다.　　　답 6

채점 기준	
$\sqrt{42-x}$가 자연수가 되도록 하는 x의 값 구하기	40%
$\sqrt{24x}$가 자연수가 되도록 하는 x의 값 구하기	40%
답 구하기	20%

26 ④ $0.2=\sqrt{0.2^2}=\sqrt{0.04}$이고 $0.04<0.2$이므로

$0.2<\sqrt{0.2}$　　　답 ④

27 $3^2<(\sqrt{x})^2<4^2$에서 $9<x<16$　　$\cdots\cdots$ ㉠

$5^2<(\sqrt{3x})^2<6^2$에서 $25<3x<36$이므로

$\dfrac{25}{3}<x<12$　　$\cdots\cdots$ ㉡

㉠, ㉡에서 $9<x<12$

따라서 자연수 x의 값은 10, 11이므로 그 합은

21이다.　　　답 ②

28 $6<\sqrt{3n}<8$에서 $\sqrt{36}<\sqrt{3n}<\sqrt{64}$이므로

$36<3n<64$　　$\therefore 12<n<\dfrac{64}{3}$

따라서 자연수 n의 값은 13, 14, 15, $\cdots$, 21이

므로 $a=21,\ b=13$

$\therefore a-b=8$　　　답 ④

29 $121<135<144$이므로 $11<\sqrt{135}<12$

$\therefore f(135)=11$

$64<72<81$이므로 $8<\sqrt{72}<9$

$\therefore f(72)=8$

$\therefore f(135)-f(8)=11-8=3$　　　답 3

채점 기준	
$f(135)$의 값 구하기	40%
$f(72)$의 값 구하기	40%
답 구하기	20%

30 $1.0\dot{2}=\dfrac{102-10}{90}=\dfrac{46}{45}$이므로

$\sqrt{\dfrac{1.0\dot{2}\times n}{m}}=\sqrt{\dfrac{46n}{45m}}$

또, $0.\dot{2}=\dfrac{2}{9}$이므로 $\sqrt{\dfrac{46n}{45m}}=\dfrac{2}{9}$에서

$\dfrac{46n}{45m}=\dfrac{4}{81},\ 4\times45m=46n\times81$

$\therefore 10m=207n$

그런데 m, n은 서로소이므로 $m=207,\ n=10$

$\therefore m+n=217$　　　답 217

채점 기준	
순환소수를 분수로 나타내어 주어진 식 정리하기	40%
m, n에 대한 식 구하기	20%
답 구하기	40%

P. 16~17

Step 4 유형클리닉

1 $144=12^2=(-12)^2$이므로 144의 두 제곱근은

12와 -12이다. $a>b$이므로 $a=12,\ b=-12$

$\sqrt{3a-b+1}=\sqrt{3\times12-(-12)+1}=\sqrt{49}=7$

이므로 7의 제곱근은 $\pm\sqrt{7}$이다.　　　답 $\pm\sqrt{7}$

1-1 $5.\dot{4}=\dfrac{54-5}{9}=\dfrac{49}{9}=\left(\dfrac{7}{3}\right)^2=\left(-\dfrac{7}{3}\right)^2$이므로

$5.\dot{4}$의 음의 제곱근은 $-\dfrac{7}{3}$이다.　　　답 $-\dfrac{7}{3}$

1-2 $196=14^2=(-14)^2$이므로 $A=-14$

$\left(-\dfrac{1}{7}\right)^2=\dfrac{1}{49}=\left(\dfrac{1}{7}\right)^2$이므로 $B=\dfrac{1}{7}$

$\therefore AB=(-14)\times\dfrac{1}{7}=-2$　　　답 -2

2 $a-2b<0,\ b-2c<0,\ c-a>0$이므로

(주어진 식)

$=-(a-2b)+\{-(b-2c)\}-(c-a)$

$=-a+2b-b+2c-c+a$

$=b+c$　　　답 $b+c$

2-1 $\sqrt{3^2}=3,\ -(-\sqrt{4^2})=4,\ -\sqrt{5^2}=-5,$
$\sqrt{(-6)^2}=-(-6)=6,\ (-\sqrt{7})^2=7,$
$-(-\sqrt{8})^2=-8$
따라서 작은 것부터 나열하면
$-(-\sqrt{8})^2,\ -\sqrt{5^2},\ \sqrt{3^2},\ -(-\sqrt{4^2}),$
$\sqrt{(-6)^2},\ (-\sqrt{7})^2$이므로 네 번째에 오는 수는
$-(-\sqrt{4^2})$이다.

답 $-(-\sqrt{4^2})$

2-2 $a>0,\ ab<0$에서 $b<0,\ b-2a<0$
$\therefore$ (주어진 식)
$=-(\sqrt{a})^2+\sqrt{(2b)^2}-\sqrt{(b-2a)^2}+\sqrt{b^2}$
$=a+(-2b)-\{-(b-2a)\}+(-b)$
$=-a-2b$

답 $-a-2b$

3 $240=2^4\times3\times5$이므로 $\sqrt{240xy}$가 최소의 자연
수가 되려면 $xy=3\times5=15$
$x,\ y$는 $x>y>1$인 자연수이므로
$x=5,\ y=3$ $\therefore x-y=2$

답 2

3-1 $96=2^5\times3$이므로 $\sqrt{\dfrac{96}{x}}$이 자연수가 되도록 하는
x의 값은 96의 약수이면서 $x=2\times3\times$ (자연수)^2
의 꼴이다. 따라서 가장 작은 자연수 x는 6이다.

답 6

3-2 $\sqrt{20a}$와 $\sqrt{54b}$가 각각 자연수이어야 한다.
$20=2^2\times5$이므로 $a=5\times$ (자연수)^2
$54=2\times3^3$이므로 $b=2\times3\times$ (자연수)^2
그런데 $0<a<10,\ 0<b<10$이므로
$a=5,\ b=6$
$a=5,\ b=6$을 $\sqrt{20a}+\sqrt{54b}=c$에 대입하면
$\sqrt{2^2\times5\times5}+\sqrt{2\times3^3\times6}=\sqrt{10^2}+\sqrt{18^2}$
$=10+18=28$
이므로 $c=28$
$\therefore a+b+c=5+6+28=39$

답 39

4 $\dfrac{3}{2}<\sqrt{x-3}\leq3$에서 $\left(\dfrac{3}{2}\right)^2<(\sqrt{x-3})^2\leq3^2$
이므로 $\dfrac{9}{4}<x-3\leq9$ $\therefore \dfrac{21}{4}<x\leq12$
따라서 자연수 x는 6, 7, 8, 9, 10, 11, 12의 7
개이다.

답 7

4-1 $\sqrt{2}<\sqrt{x}<3$에서 $(\sqrt{2})^2<(\sqrt{x})^2<3^2$이므로
$2<x<9$
따라서 자연수 x는 3, 4, 5, 6, 7, 8이다.

답 3, 4, 5, 6, 7, 8

4-2 $6\leq\sqrt{x}<\dfrac{13}{2}$에서 $6^2\leq(\sqrt{x})^2<\left(\dfrac{13}{2}\right)^2$이므로
$36\leq x<\dfrac{169}{4}$
따라서 자연수 x는 36, 37, 38, $\cdots$, 42이므로
$a=42,\ b=36$
$\sqrt{\dfrac{42}{36}\times c}=\sqrt{\dfrac{7}{6}\times c}$가 자연수가 되려면
$c=6\times7\times$ (자연수)^{2}의 꼴이어야 하므로 가장 작
은 자연수 c는 $c=6\times7=42$

답 42

P. 18

Step**5** 서술형 만점 대비

1 $3x+4>2(x+3)$에서 $3x+4>2x+6$이므로
$x>2$
$\therefore$ (주어진 식)
$=\sqrt{\{2(2-x)\}^2}+\sqrt{\{5(2+x)\}^2}-\sqrt{(3x)^2}$
$=-2(2-x)+5(2+x)-3x$
$=4x+6$

답 $4x+6$

채점 기준	
x의 값의 범위 구하기	30%
주어진 식을 근호를 사용하지 않고 나타내기	50%
답 구하기	20%

02 $0<a<1$이므로 $\dfrac{1}{a}>1$
$\therefore a+\dfrac{1}{a}>0,\ a-\dfrac{1}{a}<0,\ a-1<0$
$\therefore$ (주어진 식)
$=a+\dfrac{1}{a}-\left\{-\left(a-\dfrac{1}{a}\right)\right\}+\{-(a-1)\}$
$=a+\dfrac{1}{a}+a-\dfrac{1}{a}-a+1$
$=a+1$

답 $a+1$

채점 기준	
$a+\dfrac{1}{a}$, $a-\dfrac{1}{a}$, $a-1$의 부호 조사하기	30%
주어진 식을 근호를 사용하지 않고 나타내기	50%
답 구하기	20%

03 $\sqrt{\dfrac{108a}{5}}=\sqrt{\dfrac{2^2\times3^3\times a}{5}}$ 이므로 a의 값이 최소일

때 $a+b$의 값도 최소가 된다.

따라서 a의 최솟값은 $3\times5=15$이고 이때 b

의 값은 $\sqrt{\dfrac{2^2\times3^3\times3\times5}{5}}=\sqrt{2^2\times3^4}=\sqrt{18^2}=18$

$\therefore a+b=15+18=33$ **답** 33

채점 기준	
a의 최솟값 구하기	40%
b의 최솟값 구하기	40%
답 구하기	20%

04 $\dfrac{3}{2}=\sqrt{\left(\dfrac{3}{2}\right)^2}=\sqrt{\dfrac{9}{4}}$, $-1=-\sqrt{1}$,

$2=\sqrt{2^2}=\sqrt{4}$ 이므로 주어진 수를 작은 것부터 차

례대로 나열하면

-1, $-\sqrt{\dfrac{1}{2}}$, 0, $\sqrt{2}$, $\dfrac{3}{2}$, $\sqrt{3}$, 2

따라서 네 번째 오는 수는 $\sqrt{2}$이다. **답** $\sqrt{2}$

채점 기준	
주어진 수를 모두 근호를 사용하여 나타내기	60%
주어진 수를 작은 것부터 차례대로 나열하기	20%
답 구하기	20%

3000제 꿀꺽수학

02 무리수와 실수

P. 19~20

Step 1 교과서 이해

01 무리수

02 실수

03 (ㅂ) $\sqrt{0.36}=\sqrt{0.6^2}=0.6$(유리수)

답 (ㄱ), (ㄹ), (ㅁ), (ㅂ)

04 (ㄱ) $\sqrt{1}=1$(유리수)

(ㅁ) $\sqrt{0.49}=\sqrt{0.7^2}=0.7$(유리수)

(ㅂ) $\sqrt{36}=\sqrt{6^2}=6$(유리수)

(ㅅ) $\sqrt{121}=\sqrt{11^2}=11$(유리수)

답 (ㄴ), (ㄷ), (ㄹ)

05 유

06 무

07 $0.32\dot{5}=\dfrac{325-32}{900}=\dfrac{293}{900}$ **답** 유

08 $\sqrt{0.04}=\sqrt{0.2^2}=0.2$ **답** 유

09 무

10 무

11 $-\sqrt{\dfrac{16}{5}}$ 은 무리수이다. **답** ×

12 ○

13 무한소수 중 순환하지 않는 무한소수만이 무리
수이다. **답** ×

14 ○

15 제곱근표

16 1.741

17 1.766

18 1.808

19 1.828

20 어두운 부분이 나타내는
삼각형의 넓이는 $\frac{1}{2}$이므로
정사각형 ABCD의 넓이는
$\frac{1}{2} \times 4 = 2$이다.

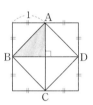

따라서 □ABCD=$\overline{AB}^2=2$에서 $\overline{AB}=\sqrt{2}$이므로 한 변의 길이가 1인 정사각형의 대각선의 길이는 $\sqrt{2}$이다. **답** $\sqrt{2}$

21 $\left(\frac{1}{2} \times 1 \times 1\right) \times 4 = 2$ **답** 2

22 정사각형 OABC의 한 변의 길이를 x라 하면
$x^2 = 2$
$x > 0$이므로 $x = \sqrt{2}$ **답** $\sqrt{2}$

23 $\overline{OA} = \overline{OP} = \sqrt{2}$이므로 점 P에 대응하는 수는 $\sqrt{2}$이다. **답** $\sqrt{2}$

24 $\overline{OC} = \overline{OQ} = \sqrt{2}$이므로 점 Q에 대응하는 수는 $-\sqrt{2}$이다. **답** $-\sqrt{2}$

25 □ABCD=$3 \times 3 - \left(\frac{1}{2} \times 1 \times 2\right) \times 4 = 5$ **답** 5

26 정사각형 ABCD의 한 변의 길이를 x라 하면
$x^2 = 5$
$x > 0$이므로 $x = \sqrt{5}$ **답** $\sqrt{5}$

27 $\overline{AP} = \overline{AB} = \sqrt{5}$이므로 점 P는 1에 대응하는 점에서 오른쪽으로 $\sqrt{5}$만큼 이동한 점이다.
따라서 점 P에 대응하는 수는 $1 + \sqrt{5}$이다.
답 $1 + \sqrt{5}$

28 $\overline{AQ} = \overline{AD} = \sqrt{5}$이므로 점 Q는 1에 대응하는 점에서 왼쪽으로 $\sqrt{5}$만큼 이동한 점이다.
따라서 점 Q에 대응하는 수는 $1 - \sqrt{5}$이다.
답 $1 - \sqrt{5}$

29 ○ **30** ○

31 ○ **32** ○

33 $a - b$, $>$, $=$, $<$

34 $3 - \sqrt{8} = \sqrt{9} - \sqrt{8} > 0$ **답** $>$, $>$

35 $\sqrt{3} + 2 - 4 = \sqrt{3} - 2 = \sqrt{3} - \sqrt{4} < 0$ **답** $<$

36 $4 - \sqrt{2} - 2 = 2 - \sqrt{2} = \sqrt{4} - \sqrt{2} > 0$ **답** $>$

37 $\sqrt{10} - \sqrt{8} - (4 - \sqrt{8}) = \sqrt{10} - \sqrt{8} - 4 + \sqrt{8}$
$= \sqrt{10} - 4$
$= \sqrt{10} - \sqrt{16} < 0$ **답** $<$

38 $-\sqrt{3} - \sqrt{10} - (-\sqrt{10} - 3) = -\sqrt{3} - \sqrt{10} + \sqrt{10} + 3$
$= -\sqrt{3} + 3$
$= -\sqrt{3} + \sqrt{9} > 0$ **답** $>$

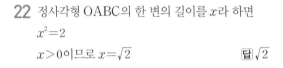

P. 21

Step 2 개념탄탄

01 $\sqrt{1.44} = \sqrt{1.2^2} = 1.2$(유리수)
$-\sqrt{\frac{9}{25}} = -\sqrt{\left(\frac{3}{5}\right)^2} = -\frac{3}{5}$(유리수)이므로
무리수인 것은 4개이다. **답** 4

02 무리수

03 ⑤ $\dfrac{(정수)}{(0이\ 아닌\ 정수)}$ 꼴로 나타낼 수 있는 수는
유리수이다. **답** ⑤

04 $-\sqrt{2}$는 수직선의 원점에서 왼쪽으로 $\sqrt{2}$만큼 이 동한 점에 대응하므로 점 A에 대응한다.
답 점 A

05 $1+\sqrt{2}$는 수직선의 1에 대응하는 점에서 오른쪽으로 $\sqrt{2}$만큼 이동한 점에 대응하므로 점 G에 대응한다.
답 점 G

06 $\sqrt{2}-2=-2+\sqrt{2}$는 수직선의 -2에 대응하는 점에서 오른쪽으로 $\sqrt{2}$만큼 이동한 점에 대응하므로 점 B에 대응한다.
답 점 B

07 $2-\sqrt{2}$는 수직선의 2에 대응하는 점에서 왼쪽으로 $\sqrt{2}$만큼 이동한 점에 대응하므로 점 E에 대응한다.
답 점 E

08 A : $-\sqrt{6}$, B : $1-\sqrt{2}$, C : $\sqrt{7}$, D : $3+\sqrt{2}$

09 $\sqrt{25}<\sqrt{30}<\sqrt{36}$, 즉 $5<\sqrt{30}<6$이므로 $\sqrt{30}$에 대응하는 점은 점 B이다.
답 ②

P. 22~25

Step 3 실력완성

01 $-\sqrt{100}=-\sqrt{10^2}=-10$, $\dfrac{1}{\sqrt{4}}=\dfrac{1}{\sqrt{2^2}}=\dfrac{1}{2}$은 유리수이므로 무리수는 $\sqrt{6}$, $-\sqrt{0.4}$, $\sqrt{3}-3$, $\sqrt{27}$의 4개이다.
답 4

02 $\dfrac{a}{b}$ ($b\neq0$, a, b는 정수)의 꼴로 나타낼 수 없는 수는 무리수이다. $\sqrt{9}=3$, $-\sqrt{16}=-4$, $\left(\sqrt{\dfrac{5}{3}}\right)^2=\dfrac{5}{3}$는 유리수이므로 무리수인 것은 ①, ④이다.
답 ①, ④

03 각 정사각형의 한 변의 길이를 구해 보면
① $\sqrt{8}$ ② 4   ③ $\sqrt{20}$
④ $\sqrt{24}$ ⑤ $\sqrt{30}$
답 ②

04 0.25, $\sqrt{\dfrac{1}{4}}=\sqrt{\left(\dfrac{1}{2}\right)^2}=\dfrac{1}{2}$, $2.\dot{5}=\dfrac{25-2}{9}=\dfrac{23}{9}$ 은 유리수이므로 유리수가 아닌 것, 즉 무리수는 $\sqrt{5}$, $\sqrt{12}$, $-\sqrt{6}$의 3개이다.
답 3

05 ② 무한소수 중 순환소수는 유리수이다.
④ 수직선은 유리수와 무리수에 대응하는 점들로 완전히 메울 수 있다.
답 ①, ⑤

06 무한소수 중 순환소수는 유리수이고, 순환하지 않는 무한소수만이 무리수이다.
답 ①

07 ① $\dfrac{\sqrt{3}}{2}$은 분모가 2이지만 무리수이다.
③ 분모, 분자가 정수인 분수로 나타낼 수 있는 수는 유리수이다.
④ π는 무리수이지만 근호를 사용하지 않는다.
⑤ $\dfrac{\sqrt{2}}{7}$는 분모가 2나 5가 아니지만 무리수이다.
답 ②

08 $x=4.62$, $y=2.128$이므로 $x-y=2.492$
$\therefore 1000(x-y)=2492$
답 ③

09 $a=7.450$, $b=7.563$이므로
$a+b=15.013$
답 15.013

10 한 변의 길이가 1인 정사각형의 대각선의 길이는 $\sqrt{2}$이므로 $\overline{AB}=\overline{CD}=\sqrt{2}$이다.
$\overline{AP}=\overline{AB}=\sqrt{2}$이므로 점 P에 대응하는 수는 -2에 대응하는 점에서 오른쪽으로 $\sqrt{2}$만큼 이동한 점에 대응하는 수이므로 $p=-2+\sqrt{2}$
$\overline{CQ}=\overline{CD}=\sqrt{2}$이므로 점 Q에 대응하는 수는 3에 대응하는 점에서 왼쪽으로 $\sqrt{2}$만큼 이동한 점에 대응하는 수이므로 $q=3-\sqrt{2}$
$\therefore p+q=-2+\sqrt{2}+3-\sqrt{2}=1$
답 1

채점 기준	
$\overline{AB}$, $\overline{CD}$의 길이 구하기	20%
p, q의 값 구하기	60%
답 구하기	20%

11 $\overline{AO}=\overline{AD}=1$이므로 $\overline{OD}=\sqrt{2}$, 즉 반원의 반지름의 길이는 $\sqrt{2}$이다.

따라서 반원의 둘레의 길이는

$\dfrac{1}{2}\times 2\pi\times\sqrt{2}+2\times\sqrt{2}=\sqrt{2}\pi+2\sqrt{2}$ … **답**

채점 기준	
반원의 반지름의 길이 구하기	40%
반원의 둘레의 길이 구하기	60%

12 정사각형 ABCD의 넓이는

$4\times 4-\left(\dfrac{1}{2}\times 2\times 2\right)\times 4=8$

이므로 $\overline{AB}=\sqrt{8}$ ∴ $P(-1+\sqrt{8})$

답 $-1+\sqrt{8}$

13 작은 정사각형의 넓이는 5, 큰 정사각형의 넓이는 10이므로 한 변의 길이는 각각 $\sqrt{5}$, $\sqrt{10}$이다.

∴ $A(-3-\sqrt{5})$, $B(1-\sqrt{10})$,

  $C(-3+\sqrt{5})$, $D(1+\sqrt{10})$

따라서 좌표를 바르게 나타낸 것은 B, C이다.

답 ③

14 $\overline{AC}=\sqrt{2}$이므로 $\overline{AP}=\overline{AQ}=\sqrt{2}$

점 P는 1에 대응하는 점에서 왼쪽으로 $\sqrt{2}$만큼 이동한 점이므로 $p=1-\sqrt{2}$

점 Q는 1에 대응하는 점에서 오른쪽으로 $\sqrt{2}$만큼 이동한 점이므로 $q=1+\sqrt{2}$

답 $p=1-\sqrt{2}$, $q=1+\sqrt{2}$

15 오른쪽 그림에서 △AOB의 빗변 AB를 한 변으로 하는 정사각형의 넓이가 5이므로 $\overline{AB}=\sqrt{5}$

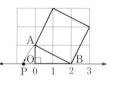

따라서 $\overline{BP}=\overline{BA}=\sqrt{5}$이므로 점 P에 대응하는 수는 $2-\sqrt{5}$이다. **답** $2-\sqrt{5}$

16 ① $-\sqrt{2}$와 $\sqrt{2}$에 각각 대응하는 점을 이은 선분의 중점에 대응하는 수는 0으로 유리수이다.

⑤ 무리수와 유리수에 대응하는 점으로 수직선을 완전히 메울 수 있다. **답** ①

17 $\sqrt{3}$은 정수, 기약분수, 순환소수로 나타낼 수 없다. 또, $1<\sqrt{3}<2$이므로 $\sqrt{3}$은 1과 2 사이의 수이다. **답** ④

18 ① $\sqrt{8}-2-1=\sqrt{8}-3=\sqrt{8}-\sqrt{9}<0$

② $\sqrt{6}-2-(-2+\sqrt{5})=\sqrt{6}-\sqrt{5}>0$

③ $3-\sqrt{3}-(\sqrt{10}-\sqrt{3})=3-\sqrt{10}$
  $=\sqrt{9}-\sqrt{10}<0$

④ $\sqrt{5}+3-(\sqrt{5}+\sqrt{8})=3-\sqrt{8}$
  $=\sqrt{9}-\sqrt{8}>0$

⑤ $1-\sqrt{\dfrac{1}{3}}-\left(1-\sqrt{\dfrac{1}{2}}\right)=-\sqrt{\dfrac{1}{3}}+\sqrt{\dfrac{1}{2}}>0$

답 ④

19 ① $\sqrt{5}-2-(\sqrt{3}-2)=\sqrt{5}-\sqrt{3}>0$

② $2-(\sqrt{15}-2)=4-\sqrt{15}=\sqrt{16}-\sqrt{15}>0$

③ $\sqrt{18}+3-(\sqrt{20}+3)=\sqrt{18}-\sqrt{20}<0$

④ $5-\sqrt{2}-\sqrt{(-3)^2}=5-\sqrt{2}-3=2-\sqrt{2}>0$

⑤ $4-\sqrt{10}-(-\sqrt{10}+\sqrt{15})=4-\sqrt{15}>0$

답 ③

20 $a-b=\sqrt{28}+1-6=\sqrt{28}-5$
  $=\sqrt{28}-\sqrt{25}>0$

∴ $a>b$ …… ㉠

$b-c=6-(3+\sqrt{6})=3-\sqrt{6}$
  $=\sqrt{9}-\sqrt{6}>0$

∴ $b>c$ …… ㉡

㉠, ㉡에서 $a>b>c$ … **답**

채점 기준	
a, b의 대소 비교하기	40%
b, c의 대소 비교하기	40%
a, b, c의 대소 관계 나타내기	20%

21 $a-b=(1+\sqrt{5})-(\sqrt{3}+\sqrt{5})$
  $=1-\sqrt{3}=\sqrt{1}-\sqrt{3}<0$

∴ $a<b$ …… ㉠

$b-c=(\sqrt{3}+\sqrt{5})-(3+\sqrt{3})$
  $=\sqrt{5}-3=\sqrt{5}-\sqrt{9}<0$

∴ $b<c$ …… ㉡

㉠, ㉡에서 $a<b<c$ **답** ①

22 A $: -2-\sqrt{2}$, B $: -\sqrt{3}$, C $: 1+\sqrt{3}$,

D $: \sqrt{10}$ 이므로 $x=-\sqrt{3}$, $y=\sqrt{10}$

$\therefore x^2+y^2=3+10=13$ **답** 13

23 $3=\sqrt{9}$, $4=\sqrt{16}$ 이므로 3과 4 사이에 있는 수는

③, ④이다. **답** ③, ④

24 ④ $\dfrac{\sqrt{3}-\sqrt{2}}{2}=\dfrac{0.318}{2}<\sqrt{2}$ **답** ④

25 ① $\sqrt{12}-0.5=3.464-0.5=2.964$

② $\sqrt{8}+1=2.828+1=3.828>\sqrt{12}$

⑤ $\sqrt{8}<3<\sqrt{12}$ 이므로 $\sqrt{8}$ 과 $\sqrt{12}$ 사이에는 정수가 3 한 개뿐이다. **답** ②

P. 26

Step **4** 유형클리닉

1 정사각형 ABCD의 넓이는

$3\times 3-\left(\dfrac{1}{2}\times 2\times 1\right)\times 4=5$

이므로 $\overline{AB}=\overline{AD}=\sqrt{5}$

따라서 $\overline{AP}=\overline{AQ}=\sqrt{5}$ 이므로

$a=1+\sqrt{5}$, $b=1-\sqrt{5}$ $\therefore a+b=2$

답 2

1-1 (두 정사각형의 넓이의 합)$=16+25=41$

넓이가 41인 정사각형의 한 변의 길이를 x라 하면 $x^2=41$ $\therefore x=\sqrt{41}$ **답** $\sqrt{41}$

1-2 정사각형 ABCD의 한 변의 길이가 1이므로

$\overline{AC}=\overline{BD}=\sqrt{2}$

점 P는 점 A에서 오른쪽으로 $\sqrt{2}$ 만큼 이동한 점이고, 점 P의 좌표가 $\sqrt{2}-1$ 이므로 A(-1)

따라서 B(0)이고 점 Q는 점 B에서 왼쪽으로 $\sqrt{2}$ 만큼 이동한 점이므로 Q$(-\sqrt{2})$

답 Q$(-\sqrt{2})$

2 (ㄱ) $-2+\sqrt{12}-(-2+\sqrt{10})=\sqrt{12}-\sqrt{10}>0$

$\therefore -2+\sqrt{12}>-2+\sqrt{10}$

(ㄴ) $\sqrt{7}-5-(\sqrt{7}-\sqrt{24})=-5+\sqrt{24}$

$=-\sqrt{25}+\sqrt{24}<0$

$\therefore \sqrt{7}-5<\sqrt{7}-\sqrt{24}$

(ㄷ) $3+\sqrt{2}-(3+\sqrt{3})=\sqrt{2}-\sqrt{3}<0$

$\therefore 3+\sqrt{2}<3+\sqrt{3}$

(ㄹ) $-\sqrt{35}-2-(-\sqrt{35}-\sqrt{3})=-2+\sqrt{3}$

$=-\sqrt{4}+\sqrt{3}<0$

$\therefore -\sqrt{35}-2<-\sqrt{35}-\sqrt{3}$

따라서 옳은 것은 (ㄴ), (ㄹ)이다. **답** (ㄴ), (ㄹ)

2-1 $2-(\sqrt{8}-1)=2-\sqrt{8}+1$

$=3-\sqrt{8}=\sqrt{9}-\sqrt{8}>0$

$\therefore 2>\sqrt{8}-1$ **답** 9, $>$, $>$

2-2 $\sqrt{3}-1=\sqrt{3}-\sqrt{1}>0$

$3-\sqrt{3}=\sqrt{9}-\sqrt{3}>0$ 이므로 가장 작은 수는 음수인 $-\sqrt{3}$ 이다. ...... ㉠

또, $\sqrt{3}<\sqrt{3}+1$ ...... ㉡

$(\sqrt{3}-1)-(3-\sqrt{3})=\sqrt{3}-1-3+\sqrt{3}$

$=(\sqrt{3}-2)+(\sqrt{3}-2)<0$

$\therefore \sqrt{3}-1<3-\sqrt{3}$ ...... ㉢

$(3-\sqrt{3})-\sqrt{3}=\left(\dfrac{3}{2}-\sqrt{3}\right)+\left(\dfrac{3}{2}-\sqrt{3}\right)<0$

$\therefore 3-\sqrt{3}<\sqrt{3}$ ...... ㉣

㉠, ㉡, ㉢, ㉣에서

$-\sqrt{3}<\sqrt{3}-1<3-\sqrt{3}<\sqrt{3}<\sqrt{3}+1$

$\therefore a=\sqrt{3}-1$, $b=\sqrt{3}$ ··· **답**

P. 27

Step **5** 서술형 만점 대비

1 두 자리의 자연수의 개수는

$99-9=90$ (개)

이고, n이 제곱수이면 $\sqrt{n}$은 유리수가 된다.

두 자리의 제곱수는 16, 25, 36, 49, 64, 81의 6개이므로 $\sqrt{n}$이 무리수가 되도록 하는 n의 개수는 $90-6=84$(개)　　**답** 84

채점 기준	
두 자리의 자연수의 개수 구하기	30%
$\sqrt{n}$이 유리수가 되는 n의 개수 구하기	40%
답 구하기	30%

2 $\overline{AB}=\overline{OB}=1$이므로 $\overline{OA}=\sqrt{2}$
따라서 $\overline{OE}=\overline{OF}=\sqrt{2}$이므로 두 점 E, F는 3이 대응하는 점에서 각각 왼쪽, 오른쪽으로 $\sqrt{2}$만큼 이동한 점이다.
$\therefore E(3-\sqrt{2})$, $F(3+\sqrt{2})$ ⋯ **답**

채점 기준	
반원의 반지름의 길이 구하기	30%
$\overline{OE}$, $\overline{OF}$의 길이 구하기	30%
답 구하기	40%

3 정사각형 ABCD의 넓이는
$5\times5-\left(\dfrac{1}{2}\times4\times1\right)\times4=17$
$\therefore \overline{AB}=\overline{AP}=\sqrt{17}$
따라서 점 P는 -3이 대응하는 점에서 오른쪽으로 $\sqrt{17}$만큼 이동한 점이므로
$P(-3+\sqrt{17})$　　**답** $-3+\sqrt{17}$

채점 기준	
정사각형 ABCD의 넓이 구하기	30%
$\overline{AB}$의 길이 구하기	30%
답 구하기	40%

4 $a+b=3+\sqrt{15}-1=2+\sqrt{15}>0$
$a-b=3-(\sqrt{15}-1)=4-\sqrt{15}$
$\qquad =\sqrt{16}-\sqrt{15}>0$
$\therefore \sqrt{(a+b)^2}+\sqrt{(a-b)^2}=(a+b)+(a-b)$
$\qquad\qquad\qquad\qquad =2a=2\times3=6$
　　답 6

채점 기준	
$a+b$의 부호 구하기	30%
$a-b$의 부호 구하기	30%
답 구하기	40%

03 근호를 포함한 식의 계산

P. 28~31

Step 1 교과서 이해

01 $\sqrt{3\times6}=\sqrt{18}$

02 $\sqrt{5\times8}=\sqrt{40}$

03 $-\sqrt{2\times7}=-\sqrt{14}$

04 $\sqrt{3\times7}=\sqrt{21}$

05 $\sqrt{\dfrac{3}{5}\times\dfrac{2}{3}}=\sqrt{\dfrac{2}{5}}$

06 $\sqrt{\dfrac{6}{7}\times\dfrac{7}{12}}=\sqrt{\dfrac{1}{2}}$

07 $\sqrt{3\times2\times5}=\sqrt{30}$

08 $\sqrt{5\times6\times7}=\sqrt{210}$

09 $2\sqrt{5}=\sqrt{4\times5}=\sqrt{20}$　　**답** 4, 20

10 $3\sqrt{6}=\sqrt{9\times6}=\sqrt{54}$　　**답** 9, 54

11 $-5\sqrt{2}=-\sqrt{25\times2}=-\sqrt{50}$　　**답** 25, 50

12 $3\sqrt{2}=\sqrt{9\times2}=\sqrt{18}$

13 $-5\sqrt{3}=-\sqrt{25\times3}=-\sqrt{75}$

14 $6\sqrt{\dfrac{5}{18}}=\sqrt{36\times\dfrac{5}{18}}=\sqrt{10}$

15 $\dfrac{\sqrt{27}}{3}=\sqrt{\dfrac{27}{9}}=\sqrt{3}$

16 $\sqrt{24}=\sqrt{2^2\times6}=2\sqrt{6}$

17 $-\sqrt{54}=-\sqrt{3^2\times6}=-3\sqrt{6}$

18 $\sqrt{108}=\sqrt{6^2\times3}=6\sqrt{3}$

19 $-\sqrt{1000}=-\sqrt{10^2\times10}=-10\sqrt{10}$

20 $\sqrt{\dfrac{6}{8}}=\sqrt{\dfrac{3}{4}}=\dfrac{\sqrt{3}}{2}$

21 $\sqrt{0.05}=\sqrt{\dfrac{5}{100}}=\dfrac{\sqrt{5}}{10}$

22 $\sqrt{300}=\sqrt{10^2\times3}=10\sqrt{3}$
$\therefore a=10$ ··· **답**

23 $\sqrt{3000}=\sqrt{10^2\times30}=10\sqrt{30}$
$\therefore a=30$ ··· **답**

24 $\sqrt{500}=\sqrt{10^2\times5}=10\sqrt{5}$
$\therefore a=5$ ··· **답**

25 $\sqrt{5000}=\sqrt{50^2\times2}=50\sqrt{2}$
$\therefore a=50$ ··· **답**

26 $\sqrt{\dfrac{21}{3}}=\sqrt{7}$

27 $\sqrt{\dfrac{12}{4}}=\sqrt{3}$

28 $-\sqrt{\dfrac{80}{5}}=-\sqrt{16}=-4$

29 $\sqrt{35\div7}=\sqrt{5}$

30 $-\sqrt{15\div3}=-\sqrt{5}$

31 $-\sqrt{213\div3}=-\sqrt{71}$

32 $\sqrt{48\div6}=\sqrt{8}$

33 $-\dfrac{\sqrt{6}}{\sqrt{5}}\times\dfrac{\sqrt{15}}{\sqrt{6}}=-\sqrt{\dfrac{6}{5}\times\dfrac{15}{6}}=-\sqrt{3}$

34 유리화

35 $\dfrac{\sqrt{2}}{\sqrt{5}}=\dfrac{\sqrt{2}\times\boxed{\sqrt{5}}}{\sqrt{5}\times\boxed{\sqrt{5}}}=\dfrac{\sqrt{\boxed{10}}}{(\sqrt{5})^2}=\dfrac{\sqrt{\boxed{10}}}{5}$

36 $\dfrac{1}{\sqrt{3}}=\dfrac{1\times\sqrt{3}}{\sqrt{3}\times\sqrt{3}}=\dfrac{\sqrt{3}}{3}$

37 $\dfrac{\sqrt{3}}{\sqrt{2}}=\dfrac{\sqrt{3}\times\sqrt{2}}{\sqrt{2}\times\sqrt{2}}=\dfrac{\sqrt{6}}{2}$

38 $-\dfrac{\sqrt{5}}{\sqrt{3}}=-\dfrac{\sqrt{5}\times\sqrt{3}}{\sqrt{3}\times\sqrt{3}}=-\dfrac{\sqrt{15}}{3}$

39 $\dfrac{5}{2\sqrt{3}}=\dfrac{5\times\sqrt{3}}{2\sqrt{3}\times\sqrt{3}}=\dfrac{5\sqrt{3}}{6}$

40 $\dfrac{3\sqrt{2}}{\sqrt{12}}=\dfrac{3}{\sqrt{6}}=\dfrac{3\times\sqrt{6}}{\sqrt{6}\times\sqrt{6}}=\dfrac{3\sqrt{6}}{6}=\dfrac{\sqrt{6}}{2}$

41 $-\dfrac{3\sqrt{2}}{\sqrt{6}}=-\dfrac{3}{\sqrt{3}}=-\dfrac{3\times\sqrt{3}}{\sqrt{3}\times\sqrt{3}}=-\sqrt{3}$

42 정사각형의 한 변의 길이를 $x\,$cm라 하면
$x^2=32$ $\therefore x=\sqrt{32}=4\sqrt{2}$
따라서 정사각형의 둘레의 길이는
$4\times4\sqrt{2}=16\sqrt{2}\,$(cm) ··· **답**

43 $8\sqrt{2}$ **44** $-\sqrt{3}$

45 $-2\sqrt{2}$ **46** $3\sqrt{5}$

47 $\sqrt{5}+5\sqrt{3}$ **48** $3\sqrt{5}+\sqrt{7}$

49 $\dfrac{4\sqrt{2}}{6}-\dfrac{\sqrt{2}}{6}-\dfrac{2\sqrt{7}}{10}-\dfrac{15\sqrt{7}}{10}=\dfrac{3\sqrt{2}}{6}-\dfrac{17\sqrt{7}}{10}$
$\qquad\qquad\qquad\qquad\qquad\qquad=\dfrac{\sqrt{2}}{2}-\dfrac{17\sqrt{7}}{10}$

50 $3\sqrt{5}+\sqrt{5}=4\sqrt{5}$

51 $2\sqrt{3}-3\sqrt{3}=-\sqrt{3}$

52 $5\sqrt{2}-4\sqrt{2}=\sqrt{2}$

53 $2\sqrt{5}+3\sqrt{5}=5\sqrt{5}$

54 $2\times3\sqrt{3}-3\times4\sqrt{3}=-6\sqrt{3}$

55 $4\sqrt{3}-3\sqrt{3}-6\sqrt{3}=-5\sqrt{3}$

56 $5\sqrt{2}+6\sqrt{2}-12\sqrt{2}=-\sqrt{2}$

57 $-2\sqrt{5}+3\sqrt{5}+2\sqrt{2}-8\sqrt{2}=\sqrt{5}-6\sqrt{2}$

58 $5\sqrt{2}-\dfrac{9\times\sqrt{2}}{\sqrt{2}\times\sqrt{2}}=5\sqrt{2}-\dfrac{9\sqrt{2}}{2}=\dfrac{\sqrt{2}}{2}$

59 $2\sqrt{2}-\dfrac{4\times\sqrt{2}}{\sqrt{2}\times\sqrt{2}}=2\sqrt{2}-2\sqrt{2}=0$

60 $\dfrac{3\times\sqrt{2}}{\sqrt{2}\times\sqrt{2}}-\dfrac{5\times\sqrt{2}}{2\sqrt{2}\times\sqrt{2}}=\dfrac{3\sqrt{2}}{2}-\dfrac{5\sqrt{2}}{4}$

$\qquad\qquad\qquad\qquad\qquad =\dfrac{\sqrt{2}}{4}$

61 $\dfrac{5\times\sqrt{3}}{3\sqrt{3}\times\sqrt{3}}-\dfrac{4\times\sqrt{3}}{\sqrt{3}\times\sqrt{3}}=\dfrac{5\sqrt{3}}{9}-\dfrac{4\sqrt{3}}{3}$

$\qquad\qquad\qquad\qquad\qquad =-\dfrac{7\sqrt{3}}{9}$

62 $\sqrt{\dfrac{3}{4}}-\sqrt{0.03}+\sqrt{\dfrac{27}{16}}=\dfrac{\sqrt{3}}{2}-\sqrt{\dfrac{3}{100}}+\dfrac{3\sqrt{3}}{4}$

$\qquad\qquad\qquad\qquad =\dfrac{\sqrt{3}}{2}-\dfrac{\sqrt{3}}{10}+\dfrac{3\sqrt{3}}{4}$

$\qquad\qquad\qquad\qquad =\dfrac{23\sqrt{3}}{20}$

63 $\dfrac{3\times\sqrt{3}}{\sqrt{3}\times\sqrt{3}}-\sqrt{3}+\dfrac{3\times\sqrt{3}}{\sqrt{3}\times\sqrt{3}}+3\sqrt{3}$

$\quad =\sqrt{3}-\sqrt{3}+\sqrt{3}+3\sqrt{3}=4\sqrt{3}$

64 $(-\sqrt{2})\times(-\sqrt{3})\div\sqrt{8}=\boxed{\sqrt{6}}\times\dfrac{1}{2\sqrt{2}}=\dfrac{\sqrt{3}}{\boxed{2}}$

65 $2\sqrt{6}\times\dfrac{1}{2\sqrt{2}}\times\sqrt{6}=\sqrt{3}\times\sqrt{6}=3\sqrt{2}$

66 $-\sqrt{\dfrac{2}{3}\times\dfrac{9}{10}\times\dfrac{5}{3}}=-1$

67 $15-\sqrt{100}=15-10=5$

68 $5+\sqrt{50}-3\sqrt{2}=5+5\sqrt{2}-3\sqrt{2}$

$\qquad\qquad\qquad\quad =5+2\sqrt{2}$

69 $-2\sqrt{5}-3\sqrt{5}-\sqrt{100}+4\sqrt{5}=-\sqrt{5}-10$

70 $2\sqrt{6}+2-2\sqrt{6}=2$

71 $\sqrt{18}+\sqrt{3}-3\sqrt{2}-\sqrt{6}=3\sqrt{2}+\sqrt{3}-3\sqrt{2}-\sqrt{6}$

$\qquad\qquad\qquad\qquad\quad =\sqrt{3}-\sqrt{6}$

72 $\dfrac{1}{2}(3\sqrt{3}-\sqrt{3})+2\sqrt{3}=\dfrac{2\sqrt{3}}{2}+2\sqrt{3}=3\sqrt{3}$

73 $1-\dfrac{3}{\sqrt{3}}+1-\dfrac{5}{\sqrt{5}}=2-\sqrt{3}-\sqrt{5}$

74 $\dfrac{4\sqrt{2}}{2}+\dfrac{3\sqrt{5}}{5}-\dfrac{3\sqrt{5}}{5}+2=2\sqrt{2}+2$

75 $\dfrac{\sqrt{6}}{3}(4\sqrt{6}-4\sqrt{6}+5\sqrt{3})=\dfrac{5\sqrt{18}}{3}$

$\qquad\qquad\qquad\qquad\qquad =\dfrac{15\sqrt{2}}{3}=5\sqrt{2}$

76 $\dfrac{3\sqrt{2}}{2}+\dfrac{5\sqrt{6}}{6}-2\sqrt{2}-\sqrt{6}$

$\quad =\dfrac{9\sqrt{2}+5\sqrt{6}-12\sqrt{2}-6\sqrt{6}}{6}$

$\quad =\dfrac{-3\sqrt{2}-\sqrt{6}}{6}$

77 $\dfrac{2\sqrt{6}+3\sqrt{12}}{6}=\dfrac{2\sqrt{6}+6\sqrt{3}}{6}=\dfrac{\sqrt{6}+3\sqrt{3}}{3}$

78 $\dfrac{\sqrt{6}-2}{2}$

79 $\dfrac{\sqrt{5}}{\sqrt{2}}=\dfrac{\sqrt{10}}{2}$

80 $\dfrac{3\sqrt{5}-\sqrt{6}}{2\sqrt{6}}=\dfrac{3\sqrt{30}-6}{12}=\dfrac{\sqrt{30}-2}{4}$

81 $\dfrac{1}{5+\sqrt{2}}\times\dfrac{5-\sqrt{2}}{5-\sqrt{2}}=\dfrac{5-\sqrt{2}}{23}$

82 $\dfrac{1}{4-\sqrt{2}}\times\dfrac{4+\sqrt{2}}{4+\sqrt{2}}=\dfrac{4+\sqrt{2}}{14}$

83 $\dfrac{\sqrt{3}}{\sqrt{3}+2}\times\dfrac{\sqrt{3}-2}{\sqrt{3}-2}=\dfrac{3-2\sqrt{3}}{-1}=-3+2\sqrt{3}$

84 $\dfrac{\sqrt{3}}{3-\sqrt{6}}\times\dfrac{3+\sqrt{6}}{3+\sqrt{6}}=\dfrac{3\sqrt{3}+3\sqrt{2}}{3}=\sqrt{3}+\sqrt{2}$

85 $\dfrac{\sqrt{2}}{\sqrt{3}-\sqrt{2}}\times\dfrac{\sqrt{3}+\sqrt{2}}{\sqrt{3}+\sqrt{2}}=\sqrt{6}+2$

86 $\dfrac{2+\sqrt{3}}{2-\sqrt{3}}\times\dfrac{2+\sqrt{3}}{2+\sqrt{3}}=\dfrac{(2+\sqrt{3})^2}{1}=7+4\sqrt{3}$

87 $\dfrac{\sqrt{3}-\sqrt{2}}{\sqrt{3}+\sqrt{2}}\times\dfrac{\sqrt{3}-\sqrt{2}}{\sqrt{3}-\sqrt{2}}=\dfrac{(\sqrt{3}-\sqrt{2})^2}{1}$

$\qquad\qquad\qquad\qquad\qquad =5-2\sqrt{6}$

88 $\dfrac{1+\sqrt{3}}{\sqrt{8}+\sqrt{7}}\times\dfrac{\sqrt{8}-\sqrt{7}}{\sqrt{8}-\sqrt{7}}=\dfrac{\sqrt{8}-\sqrt{7}+\sqrt{24}-\sqrt{21}}{1}$

$\qquad\qquad\qquad\qquad\qquad =2\sqrt{2}-\sqrt{7}+2\sqrt{6}-\sqrt{21}$

89
$$\frac{\sqrt{5}+\sqrt{3}}{(\sqrt{5}-\sqrt{3})(\sqrt{5}+\sqrt{3})}+\frac{\sqrt{5}-\sqrt{3}}{(\sqrt{5}+\sqrt{3})(\sqrt{5}-\sqrt{3})}$$
$$=\frac{\sqrt{5}+\sqrt{3}}{2}+\frac{\sqrt{5}-\sqrt{3}}{2}=\sqrt{5}$$

90
$$\frac{3+2\sqrt{2}}{(3-2\sqrt{2})(3+2\sqrt{2})}+\frac{3-2\sqrt{2}}{(3+2\sqrt{2})(3-2\sqrt{2})}$$
$$=(3+2\sqrt{2})+(3-2\sqrt{2})=6$$

91
$$\frac{\sqrt{2}(\sqrt{2}-1)}{(\sqrt{2}+1)(\sqrt{2}-1)}+\frac{\sqrt{2}(\sqrt{2}+1)}{(\sqrt{2}-1)(\sqrt{2}+1)}$$
$$=2-\sqrt{2}+2+\sqrt{2}=4$$

92
$$\frac{\sqrt{3}(2+\sqrt{3})}{(2-\sqrt{3})(2+\sqrt{3})}+\frac{\sqrt{3}(2-\sqrt{3})}{(2+\sqrt{3})(2-\sqrt{3})}$$
$$=2\sqrt{3}+3+2\sqrt{3}-3=4\sqrt{3}$$

93
$$\frac{2\sqrt{3}(\sqrt{6}-\sqrt{3})}{(\sqrt{6}+\sqrt{3})(\sqrt{6}-\sqrt{3})}-\frac{5\sqrt{3}(\sqrt{6}+\sqrt{3})}{(\sqrt{6}-\sqrt{3})(\sqrt{6}+\sqrt{3})}$$
$$=\frac{6\sqrt{2}-6}{3}-\frac{15\sqrt{2}+15}{3}=2\sqrt{2}-2-5\sqrt{2}-5$$
$$=-7-3\sqrt{2}$$

94
$$\frac{\sqrt{3}(2+\sqrt{2})}{(2-\sqrt{2})(2+\sqrt{2})}-\frac{\sqrt{2}(\sqrt{3}+1)}{(\sqrt{3}-1)(\sqrt{3}+1)}$$
$$=\frac{2\sqrt{3}+\sqrt{6}}{2}-\frac{\sqrt{6}+\sqrt{2}}{2}=\frac{2\sqrt{3}-\sqrt{2}}{2}$$

95
$$\frac{(\sqrt{3}+\sqrt{2})^2}{(\sqrt{3}-\sqrt{2})(\sqrt{3}+\sqrt{2})}-\frac{(\sqrt{3}-\sqrt{2})^2}{(\sqrt{3}+\sqrt{2})(\sqrt{3}-\sqrt{2})}$$
$$=5+2\sqrt{6}-(5-2\sqrt{6})=4\sqrt{6}$$

96
$$\frac{(\sqrt{7}+\sqrt{5})^2}{(\sqrt{7}-\sqrt{5})(\sqrt{7}+\sqrt{5})}-\frac{(\sqrt{7}-\sqrt{5})^2}{(\sqrt{7}+\sqrt{5})(\sqrt{7}-\sqrt{5})}$$
$$=\frac{12+2\sqrt{35}}{2}-\frac{12-2\sqrt{35}}{2}=2\sqrt{35}$$

97
$$\frac{(3+2\sqrt{2})^2}{(3-2\sqrt{2})(3+2\sqrt{2})}-\frac{(3-2\sqrt{2})^2}{(3+2\sqrt{2})(3-2\sqrt{2})}$$
$$=17+12\sqrt{2}-(17-12\sqrt{2})=24\sqrt{2}$$

98 $\sqrt{4}<\sqrt{5}<\sqrt{9}$에서 $\boxed{2}<\sqrt{5}<3$이므로
$\sqrt{5}$의 정수 부분은 $\boxed{2}$이다.
무리수의 소수 부분은 그 수에서 정수 부분을 뺀
것과 같으므로 $\sqrt{5}$의 소수 부분은 $\boxed{\sqrt{5}-2}$이다.

P. 32~34

Step2 개념탄탄

01 $\sqrt{84}=\sqrt{2^2\times3\times7}=2\sqrt{3}\sqrt{7}=2ab$ **답** ①

02 $\sqrt{0.08}=\sqrt{\frac{8}{100}}=\frac{\sqrt{8}}{10}=\frac{2\sqrt{2}}{10}=\frac{\sqrt{2}}{5}$
$$\therefore k=\frac{1}{5}$$ **답** ③

03 $\sqrt{0.0006}=\sqrt{\frac{6}{10000}}=\frac{\sqrt{6}}{100}$이므로
$a=100,\ b=6\quad\therefore a-b=94$ **답** 94

04 $\sqrt{108}=\sqrt{6^2\times3}=6\sqrt{3}$이므로 $a=6$
$\sqrt{648}=\sqrt{18^2\times2}=18\sqrt{2}$이므로 $b=18$
$\therefore\sqrt{ab}=\sqrt{6\times18}=\sqrt{6\times6\times3}=6\sqrt{3}$ **답** ④

05 $\sqrt{0.75}=\sqrt{\frac{\boxed{75}}{100}}=\sqrt{\frac{\boxed{5^2\times3}}{10^2}}=\frac{\sqrt{3}}{\boxed{2}}$

06 ④ $\frac{\sqrt{3}}{2\sqrt{5}}=\frac{\sqrt{3}\times\sqrt{5}}{2\sqrt{5}\times\sqrt{5}}=\frac{\sqrt{15}}{10}$ **답** ④

07 $\sqrt{\frac{5}{2}}\div\sqrt{\frac{10}{3}}\times\sqrt{\frac{14}{3}}=\sqrt{\frac{5}{2}}\times\sqrt{\frac{3}{10}}\times\sqrt{\frac{14}{3}}$
$$=\sqrt{\frac{5}{2}\times\frac{3}{10}\times\frac{14}{3}}$$
$$=\sqrt{\frac{14}{4}}=\frac{\sqrt{14}}{2}\ \cdots\text{답}$$

08 $2(\sqrt{2}-5\sqrt{3})-3(-3\sqrt{2}+\sqrt{3})$
$$=2\sqrt{2}-10\sqrt{3}+9\sqrt{2}-3\sqrt{3}=11\sqrt{2}-13\sqrt{3}$$
답 ②

09 $\frac{a}{b}+\frac{b}{a}=\frac{\sqrt{2}}{\sqrt{5}}+\frac{\sqrt{5}}{\sqrt{2}}=\frac{\sqrt{10}}{5}+\frac{\sqrt{10}}{2}$
$$=\frac{2\sqrt{10}}{10}+\frac{5\sqrt{10}}{10}=\frac{7\sqrt{10}}{10}\ \cdots\text{답}$$

10 $\sqrt{98}=\sqrt{49\times2}=7\sqrt{2}$이므로 $a=7$
$\sqrt{3}+\frac{1}{\sqrt{3}}=\sqrt{3}+\frac{\sqrt{3}}{3}=\frac{4\sqrt{3}}{3}$이므로 $b=\frac{4}{3}$
$$\therefore a+3b=7+3\times\frac{4}{3}=11$$ **답** 11

정답 및 해설 · **17**

11 $\dfrac{2\sqrt{6}}{\sqrt{3}}+\sqrt{128}-\dfrac{(-2\sqrt{2})^2}{8}\times\sqrt{\dfrac{1}{2}}$

$=2\sqrt{2}+8\sqrt{2}-\dfrac{8}{8}\times\dfrac{\sqrt{2}}{2}=10\sqrt{2}-\dfrac{\sqrt{2}}{2}$

$=\dfrac{19\sqrt{2}}{2}$ 　　　　　답 ⑤

12 (주어진 식)$=2\sqrt{5}+10+\dfrac{10\sqrt{5}}{5}-2\sqrt{5}$

$=2\sqrt{5}+10$ 　　　　　답 ⑤

13 (주어진 식)$=2(\sqrt{3})^2+2\sqrt{6}-\sqrt{6}-(\sqrt{2})^2$

$=6+\sqrt{6}-2=4+\sqrt{6}$

따라서 $a=4$, $b=1$이므로 $a+b=5$ 　　답 5

14 $\dfrac{6}{3-\sqrt{3}}=\dfrac{6(3+\sqrt{3})}{(3-\sqrt{3})(3+\sqrt{3})}=\dfrac{6(3+\sqrt{3})}{9-3}$

$=3+\sqrt{3}$ 　　　　　답 ④

15 $2(\sqrt{6}-\sqrt{8})-\sqrt{2}(2+2\sqrt{3})$

$=2\sqrt{6}-2\times2\sqrt{2}-2\sqrt{2}-2\sqrt{6}=-6\sqrt{2}$

$\therefore a=-6$, $b=2$ ⋯ 답

16 $\dfrac{1}{ab}=\dfrac{1}{(2\sqrt{3}+\sqrt{2})(2\sqrt{3}-\sqrt{2})}$

$=\dfrac{1}{(2\sqrt{3})^2-(\sqrt{2})^2}=\dfrac{1}{12-2}=\dfrac{1}{10}$ 　답 ③

17 (주어진 식)

$=(\sqrt{5})^2+2\sqrt{5}\sqrt{2}+(\sqrt{2})^2$

$\quad+(\sqrt{5})^2-2\sqrt{5}\sqrt{2}+(\sqrt{2})^2$

$=5+2+5+2=14$ 　　　　答 14

18 $a=\sqrt{2}-1$, $b=2-\sqrt{2}$

$\therefore a+b=\sqrt{2}-1+2-\sqrt{2}=1$

답 $\sqrt{2}-1$, $2-\sqrt{2}$, 1

19 $1<\sqrt{2}<2$이므로 $2<4-\sqrt{2}<3$

따라서 $a=2$, $b=4-\sqrt{2}-2=2-\sqrt{2}$이므로

$a-b=2-(2-\sqrt{2})=\sqrt{2}$ 　　　답 $\sqrt{2}$

20 $3\sqrt{3}-4=\sqrt{27}-\sqrt{16}>0$

$2\sqrt{3}-\sqrt{15}=\sqrt{12}-\sqrt{15}<0$ 　答 >, <

P. 35~40

Step 3 실력완성

01 ⑤ $\sqrt{3}\times\sqrt{45}\times\sqrt{75}=\sqrt{3}\times3\sqrt{5}\times5\sqrt{3}$

$=45\sqrt{5}$ 　　　답 ⑤

02 $\sqrt{2\times3\times a\times12\times2a}=36$, $\sqrt{144a^2}=36$

즉, $\sqrt{(12a^2)}=36$에서 $12a=36$

$\therefore a=3$ 　　　　답 3

03 ① $b\sqrt{a}$ 　　　　② $-ab\sqrt{b}$

③ $-ab\sqrt{a}$ 　　　⑤ $a\sqrt{ab}$ 　　답 ④

04 $\sqrt{128}=\sqrt{8^2\times2}=8\sqrt{2}$이므로 $a=8$

$\sqrt{150}=\sqrt{5^2\times6}=5\sqrt{6}$이므로 $b=5$

$\therefore \sqrt{ab}=\sqrt{8\times5}=\sqrt{40}=2\sqrt{10}$ 　답 $2\sqrt{10}$

05 ④ $-3\sqrt{5}=-\sqrt{45}$ 　　　　　답 ④

06 $3\sqrt{3}=\sqrt{27}$, $5=\sqrt{25}$, $2\sqrt{6}=\sqrt{24}$, $\sqrt{30}$

에서 $2\sqrt{6}<5<3\sqrt{3}<\sqrt{30}$ 　　답 5

07 $a\sqrt{\dfrac{8b}{a}}+b\sqrt{\dfrac{2a}{b}}=\sqrt{\dfrac{8a^2b}{a}}+\sqrt{\dfrac{2a^2b}{b}}$

$=\sqrt{8ab}+\sqrt{2ab}$

$=2\sqrt{2ab}+\sqrt{2ab}$

$=3\sqrt{2ab}=3\sqrt{50}$

$=15\sqrt{2}$ 　　　답 $15\sqrt{2}$

08 ① $\sqrt{8\div2}=\sqrt{4}=2$

② $5\sqrt{48\div3}=5\sqrt{16}=20$

③ $7\sqrt{2\div2}=7\sqrt{1}=7$

④ $\sqrt{54\div3}=\sqrt{18}=3\sqrt{2}$

⑤ $\sqrt{72\div4}=\sqrt{18}=3\sqrt{2}$ 　　답 ④, ⑤

09 $\sqrt{0.005}=\sqrt{\dfrac{5}{1000}}=\sqrt{\dfrac{1}{200}}=\sqrt{\dfrac{2}{400}}=\dfrac{\sqrt{2}}{20}$

$\therefore a=\dfrac{1}{20}$ 　　　　答 ③

10 $\sqrt{0.0128}=\sqrt{\dfrac{128}{10000}}=\dfrac{8\sqrt{2}}{100}=\dfrac{2\sqrt{2}}{25}$ 이므로

$a=\dfrac{2}{25}$

$$\sqrt{\frac{112}{25}}=\frac{4\sqrt{7}}{5}\text{이므로 } b=\frac{4}{5}$$

$$\therefore \frac{b}{a}=\frac{4}{5}\div\frac{2}{25}=\frac{4}{5}\times\frac{25}{2}=10 \qquad \text{답 } 10$$

채점 기준

a의 값 구하기	40%
b의 값 구하기	40%
답 구하기	20%

11 $a=\left(\frac{\sqrt{10}}{2\sqrt{2}}\right)^2=\frac{10}{8}=\frac{5}{4}$, $b=\left(\frac{2\sqrt{3}}{5}\right)^2=\frac{12}{25}$

$$\therefore ab=\frac{5}{4}\times\frac{12}{25}=\frac{3}{5} \qquad \text{답 } \frac{3}{5}$$

12 ① $\sqrt{512}=\sqrt{100\times5.12}=10\sqrt{5.12}=22.63$

② $\sqrt{5120}=\sqrt{100\times51.2}=10\sqrt{51.2}=71.55$

③ $\sqrt{0.512}=\sqrt{\frac{51.2}{100}}=\frac{\sqrt{51.2}}{10}=0.7155$

④ $\sqrt{0.0512}=\sqrt{\frac{5.12}{100}}=\frac{\sqrt{5.12}}{10}=0.2263$

⑤ $\sqrt{0.00512}=\sqrt{\frac{51.2}{10000}}=\frac{\sqrt{51.2}}{100}=0.07155$

답 ⑤

13 ① $\sqrt{254}=\sqrt{100\times2.54}=10\sqrt{2.54}$

② $\sqrt{270}=\sqrt{100\times2.70}=10\sqrt{2.70}$

③ $\sqrt{26300}=\sqrt{10000\times2.63}=100\sqrt{2.63}$

④ $\sqrt{0.0271}=\sqrt{\frac{2.71}{100}}=\frac{\sqrt{2.71}}{10}$

⑤ $\sqrt{0.00252}=\sqrt{\frac{25.2}{10000}}=\frac{\sqrt{25.2}}{100}$

답 ⑤

14 $\sqrt{252}=\sqrt{2^2\times3^2\times7}=3(\sqrt{2})^2\sqrt{7}=3a^2b$

답 ①

15 $\sqrt{0.8}+\frac{2}{\sqrt{20}}=\sqrt{\frac{8}{10}}+\frac{2}{2\sqrt{5}}=\sqrt{\frac{4}{5}}+\frac{1}{\sqrt{5}}$

$$=\frac{2}{\sqrt{5}}+\frac{1}{\sqrt{5}}=\frac{2\sqrt{5}}{5}+\frac{\sqrt{5}}{5}$$

$$=\frac{3\sqrt{5}}{5}$$

$$\therefore k=\frac{3}{5} \qquad \text{답 } ③$$

16 $a=\frac{7}{\sqrt{48}}\times\frac{1}{\sqrt{3}}=\frac{7}{4\sqrt{3}}\times\frac{1}{\sqrt{3}}=\frac{7}{12}$

$b=\frac{5}{2\sqrt{6}}\times\frac{1}{\sqrt{6}}=\frac{5}{12}$

$$\therefore a+b=\frac{7}{12}+\frac{5}{12}=1 \qquad \text{답 } 1$$

채점 기준

a의 값 구하기	40%
b의 값 구하기	40%
답 구하기	20%

17 (주어진 식)$=\frac{\sqrt{10}}{\sqrt{3}}\times\frac{3\sqrt{6}}{\sqrt{15}}\times\frac{\sqrt{12}}{\sqrt{5}}$

$$=\frac{3\sqrt{720}}{15}=\frac{12\sqrt{5}}{5} \qquad \text{답 } ⑤$$

18 $\frac{1}{2}\times\sqrt{32}\times\sqrt{24}=x\times\sqrt{12}$

$\frac{1}{2}\times4\sqrt{2}\times2\sqrt{6}=x\times2\sqrt{3}$, $8\sqrt{3}=x\times2\sqrt{3}$

$$\therefore x=4 \qquad \text{답 } 4$$

19 직육면체의 높이를 x cm라 하면

$\sqrt{6}\times\sqrt{15}\times x=12\sqrt{5}$

$$\therefore x=\frac{12\sqrt{5}}{\sqrt{6}\sqrt{15}}=\frac{12}{3\sqrt{2}}=2\sqrt{2} \qquad \text{답 } 2\sqrt{2}\,\text{cm}$$

20 (주어진 식)

$$=14\sqrt{2}+2\sqrt{10}-2\sqrt{50}-3\sqrt{10}$$

$$=14\sqrt{2}+2\sqrt{10}-10\sqrt{2}-3\sqrt{10}$$

$$=4\sqrt{2}-\sqrt{10} \cdots \text{답}$$

21 $\sqrt{6}\times\sqrt{40}\div\sqrt{96}\times\sqrt{150}=\frac{\sqrt{6}\times2\sqrt{10}\times5\sqrt{6}}{4\sqrt{6}}$

$$=\frac{5\sqrt{60}}{2}=5\sqrt{15}$$

즉, $5\sqrt{a}=5\sqrt{15}$이므로 $a=15$ 답 15

22 (주어진 식)

$$=\frac{6\sqrt{6}}{4\sqrt{2}}-\frac{3\sqrt{6}}{\sqrt{2}}-\frac{2\sqrt{2}}{\sqrt{6}}+\frac{10\sqrt{2}}{2\sqrt{3}}$$

$$=\frac{3\sqrt{3}}{2}-3\sqrt{3}-\frac{2}{\sqrt{3}}+\frac{5\sqrt{2}}{\sqrt{3}}$$

$$=-\frac{13\sqrt{3}}{6}+\frac{5\sqrt{6}}{3}$$

따라서 $a=-\frac{13}{6}$, $b=\frac{5}{3}$이므로

$$a+b=-\frac{1}{2} \qquad \text{답 } ②$$

23 $\frac{\sqrt{3}}{\sqrt{5}}+\frac{\sqrt{5}}{\sqrt{3}}=\frac{\sqrt{15}}{5}+\frac{\sqrt{15}}{3}=\frac{8\sqrt{15}}{15}$ 답 ⑤

24 $\sqrt{3}(1+\sqrt{6})+\dfrac{4}{\sqrt{2}}-\dfrac{12}{\sqrt{3}}$

$=\sqrt{3}+\sqrt{18}+\dfrac{4\sqrt{2}}{2}-\dfrac{12\sqrt{3}}{3}$

$=\sqrt{3}+3\sqrt{2}+2\sqrt{2}-4\sqrt{3}=5\sqrt{2}-3\sqrt{3}$

따라서 $a=5$, $b=-3$이므로 $a+b=2$

답 2

25 $x+y=\dfrac{2\sqrt{8}}{2}=2\sqrt{2}$, $x-y=\dfrac{2\sqrt{6}}{2}=\sqrt{6}$

$\therefore (x+y)(x-y)=2\sqrt{2}\times\sqrt{6}=4\sqrt{3}$

답 $4\sqrt{3}$

26 (주어진 식)

$=18-6\sqrt{10}+5-(12-2)=13-6\sqrt{10}$

답 ②

27 $(3+2\sqrt{3})(a-4\sqrt{3})$

$=3a-12\sqrt{3}+2a\sqrt{3}-24$

$=(3a-24)+(2a-12)\sqrt{3}$

위의 식의 값이 유리수가 되려면

$2a-12=0$ $\therefore a=6$

답 6

채점 기준	
주어진 식 전개하기	40%
식의 값이 유리수가 될 조건 파악하기	40%
답 구하기	20%

28 $(a-3\sqrt{3})(4+b\sqrt{3})$

$=4a+ab\sqrt{3}-12\sqrt{3}-9b$

$=(4a-9b)+(ab-12)\sqrt{3}$

위의 식의 값이 유리수가 되려면

$ab-12=0$ $\therefore ab=12$

답 ③

29 $\dfrac{1}{x}+\dfrac{1}{y}=\dfrac{x+y}{xy}=\dfrac{1-\sqrt{2}+1+\sqrt{2}}{(1-\sqrt{2})(1+\sqrt{2})}$

$=\dfrac{2}{1-2}=-2$

답 -2

30 $x^2+y^2-xy=(x+y)^2-3xy$

$x+y=\dfrac{\sqrt{2}-\sqrt{3}}{\sqrt{2}+\sqrt{3}}+\dfrac{\sqrt{2}+\sqrt{3}}{\sqrt{2}-\sqrt{3}}$

$=\dfrac{(\sqrt{2}-\sqrt{3})^2+(\sqrt{2}+\sqrt{3})^2}{(\sqrt{2}+\sqrt{3})(\sqrt{2}-\sqrt{3})}$

$=\dfrac{5-2\sqrt{6}+5+2\sqrt{6}}{-1}=-10$

$xy=\dfrac{\sqrt{2}-\sqrt{3}}{\sqrt{2}+\sqrt{3}}\times\dfrac{\sqrt{2}+\sqrt{3}}{\sqrt{2}-\sqrt{3}}=1$

$\therefore$ (주어진 식) $=(-10)^2-3=97$

답 97

채점 기준	
주어진 식을 $x+y$, xy로 나타내기	30%
$x+y$, xy의 값 구하기	60%
답 구하기	10%

31 ① $\sqrt{700}=10\sqrt{7}=26.46$

② $\sqrt{7000}=10\sqrt{70}=83.67$

③ $\sqrt{0.7}=\sqrt{\dfrac{70}{100}}=\dfrac{\sqrt{70}}{10}=0.8367$

④ $\sqrt{0.07}=\sqrt{\dfrac{7}{100}}=\dfrac{\sqrt{7}}{10}=0.2646$

⑤ $\sqrt{0.007}=\sqrt{\dfrac{70}{10000}}=\dfrac{\sqrt{70}}{100}=0.08367$

답 ②

32 $2.3^2=5.29$이므로 $\sqrt{5.29}=2.3$

① $\sqrt{0.529}=\sqrt{\dfrac{52.9}{100}}=\dfrac{\sqrt{52.9}}{10}$

② $\sqrt{0.0529}=\sqrt{\dfrac{5.29}{100}}=\dfrac{\sqrt{5.29}}{10}=0.23$

④ $\sqrt{529}=\sqrt{100\times5.29}=10\sqrt{5.29}=23$

⑤ $\sqrt{5290}=\sqrt{100\times52.9}=10\sqrt{52.9}$

답 ②, ④

33 $1<\sqrt{2}<2$에서 $-2<-\sqrt{2}<-1$이므로

$5-2<5-\sqrt{2}<5-1$ $\therefore 3<5-\sqrt{2}<4$

즉, $5-\sqrt{2}$의 정수 부분은 3이므로 $a=3$이고

$5-\sqrt{2}$의 소수 부분은

$b=5-\sqrt{2}-3=2-\sqrt{2}$

$\therefore a-b=3-(2-\sqrt{2})=1+\sqrt{2}$

답 ③

34 $\dfrac{1}{3+\sqrt{10}}=\dfrac{3-\sqrt{10}}{9-10}=\sqrt{10}-3$

$3<\sqrt{10}<4$이므로 $3-3<\sqrt{10}-3<4-3$에서

$0<\sqrt{10}-3<1$ $\therefore a=\sqrt{10}-3$

$\dfrac{1}{\sqrt{10}-3}=\dfrac{\sqrt{10}+3}{10-9}=\sqrt{10}+3$

$3<\sqrt{10}<4$이므로 $3+3<\sqrt{10}+3<4+3$에서

$6<\sqrt{10}+3<7$ $\therefore b=6$

따라서 $a-b=\sqrt{10}-3-6=\sqrt{10}-9<0$이므로

$$\sqrt{(a-b)^2}=-(a-b)=-(\sqrt{10}-9)=9-\sqrt{10}$$

$$\boxed{답}\,9-\sqrt{10}$$

채점 기준

$\dfrac{1}{3+\sqrt{10}}$ 의 분모를 유리화하기	20%
$\dfrac{1}{3+\sqrt{10}}$ 의 소수 부분 구하기	20%
$\dfrac{1}{\sqrt{10}-3}$ 의 분모를 유리화하기	20%
$\dfrac{1}{\sqrt{10}-3}$ 의 정수 부분 구하기	20%
답 구하기	20%

35 $x=\dfrac{1}{\sqrt{2}-1}\times\dfrac{\sqrt{2}+1}{\sqrt{2}+1}=\sqrt{2}+1$,

$y=\dfrac{1}{\sqrt{2}+1}\times\dfrac{\sqrt{2}-1}{\sqrt{2}-1}=\sqrt{2}-1$

$\therefore\ x^2+y^2=(\sqrt{2}+1)^2+(\sqrt{2}-1)^2$

$\qquad\quad =3+2\sqrt{2}+3-2\sqrt{2}=6$

$$\boxed{답}\,②$$

36 $x^2+4x+1=0$의 양변을 x로 나누면

$x+4+\dfrac{1}{x}=0$에서 $x+\dfrac{1}{x}=-4$

$\left(x-\dfrac{1}{x}\right)^2=\left(x+\dfrac{1}{x}\right)^2-4=(-4)^2-4=12$이므

로 $x-\dfrac{1}{x}=\pm\sqrt{12}=\pm2\sqrt{3}$ $\quad\boxed{답}\,\pm2\sqrt{3}$

37 (주어진 식)

$=x^2-4xy+4y^2-(x^2-y^2)+4xy+x$

$=x+5y^2=2-\sqrt{5}+5(\sqrt{5})^2=27-\sqrt{5}$

$$\boxed{답}\,27-\sqrt{5}$$

38 $x+4=3\sqrt{2}$에서 $(x+4)^2=18$

$x^2+8x+16=18,\ x^2+8x=2$

$\therefore\ \sqrt{x^2+8x+10}=\sqrt{2+10}=\sqrt{12}=2\sqrt{3}$

$$\boxed{답}\,④$$

39 세 정사각형의 한 변의 길이는 각각

$\sqrt{2},\ \sqrt{8}=2\sqrt{2},\ \sqrt{18}=3\sqrt{2}$이므로

$\overline{AB}=\sqrt{2},\ \overline{BC}=\overline{CD}=2\sqrt{2},\ \overline{DE}=3\sqrt{2}$

$\therefore\ \overline{AC}+\overline{CE}=\overline{AB}+\overline{BC}+\overline{CD}+\overline{DE}$

$\qquad\qquad\qquad =\sqrt{2}+2\sqrt{2}+2\sqrt{2}+3\sqrt{2}$

$\qquad\qquad\qquad =8\sqrt{2}$ $\quad\boxed{답}\,8\sqrt{2}$

40 $\overline{AB}=\overline{CD}=\sqrt{2}$이므로 $\overline{AP}=\overline{CQ}=\sqrt{2}$

따라서 $a=-3+\sqrt{2},\ b=2-\sqrt{2}$이므로

$2a-\sqrt{2}b=2(-3+\sqrt{2})-\sqrt{2}(2-\sqrt{2})$

$\qquad\qquad =-6+2\sqrt{2}-2\sqrt{2}+2=-4$

$$\boxed{답}\,-4$$

41 $a-c=8-\sqrt{5}-(2\sqrt{5}+1)=7-3\sqrt{5}$

$\qquad\quad =\sqrt{49}-\sqrt{45}>0$

$\therefore\ a>c$ $\qquad\qquad\qquad\cdots\cdots$ ㉠

$b-c=3\sqrt{2}+1-(2\sqrt{5}+1)=3\sqrt{2}-2\sqrt{5}$

$\qquad\quad =\sqrt{18}-\sqrt{20}<0$

$\therefore\ b<c$ $\qquad\qquad\qquad\cdots\cdots$ ㉡

㉠, ㉡에서 $b<c<a$ $\qquad\boxed{답}\,④$

P. 41~42

Step**4** 유형클리닉

1 $\sqrt{45}+\sqrt{27}-2\sqrt{20}+2\sqrt{12}$

$=3\sqrt{5}+3\sqrt{3}-4\sqrt{5}+4\sqrt{3}=7\sqrt{3}-\sqrt{5}$

따라서 $a=7,\ b=-1$이므로 $a+b=6$

$$\boxed{답}\,6$$

1-1 $\sqrt{2}-\sqrt{18}+8\sqrt{32}=\sqrt{2}-3\sqrt{2}+32\sqrt{2}$

$\qquad\qquad\qquad\qquad\quad =30\sqrt{2}$

$\therefore\ a=30$ $\qquad\qquad\boxed{답}\,30$

1-2 $3\sqrt{a}-6\sqrt{2}+2\sqrt{2}=8\sqrt{2}$이므로

$3\sqrt{a}=12\sqrt{2}$, 즉 $\sqrt{a}=4\sqrt{2}$

$\therefore\ a=(4\sqrt{2})^2=32$ $\qquad\boxed{답}\,32$

2 $\dfrac{2}{\sqrt{5}-\sqrt{3}}-\dfrac{4}{\sqrt{5}+\sqrt{3}}$

$=\dfrac{2(\sqrt{5}+\sqrt{3})}{(\sqrt{5}-\sqrt{3})(\sqrt{5}+\sqrt{3})}-\dfrac{4(\sqrt{5}-\sqrt{3})}{(\sqrt{5}+\sqrt{3})(\sqrt{5}-\sqrt{3})}$

$=\dfrac{2(\sqrt{5}+\sqrt{3})}{5-3}-\dfrac{4(\sqrt{5}-\sqrt{3})}{5-3}$

$=\sqrt{5}+\sqrt{3}-2(\sqrt{5}-\sqrt{3})=3\sqrt{3}-\sqrt{5}$

따라서 $a=3,\ b=-1$이므로

$a^2+b^2=10$ $\qquad\qquad\boxed{답}\,10$

2-1 $x+\dfrac{1}{x}=5-2\sqrt{6}+\dfrac{1}{5-2\sqrt{6}}$

$\qquad =5-2\sqrt{6}+\dfrac{1}{5-2\sqrt{6}}\times\dfrac{5+2\sqrt{6}}{5+2\sqrt{6}}$

$\qquad =5-2\sqrt{6}+5+2\sqrt{6}=10$ **답** 10

2-2 $x^2+\dfrac{1}{x^2}=\left(x+\dfrac{1}{x}\right)^2-2$ $\qquad$ …… ㉠

$x+\dfrac{1}{x}=\dfrac{\sqrt{3}+\sqrt{5}}{\sqrt{3}-\sqrt{5}}+\dfrac{\sqrt{3}-\sqrt{5}}{\sqrt{3}+\sqrt{5}}$

$\qquad =\dfrac{(\sqrt{3}+\sqrt{5})^2+(\sqrt{3}-\sqrt{5})^2}{(\sqrt{3}-\sqrt{5})(\sqrt{3}+\sqrt{5})}$

$\qquad =\dfrac{8+2\sqrt{15}+8-2\sqrt{15}}{3-5}=-8$

따라서 ㉠에서 $x^2+\dfrac{1}{x^2}=(-8)^2-2=62$

답 62

3 $3<\sqrt{10}<4$에서 $-4<-\sqrt{10}<-3$이므로
$5-4<5-\sqrt{10}<5-3$ $\quad\therefore 1<5-\sqrt{10}<2$
따라서 정수 부분은 $a=1$, 소수 부분은
$b=5-\sqrt{10}-1=4-\sqrt{10}$이므로
$a+1=2$, $b-1=3-\sqrt{10}<0$
$\therefore \sqrt{(a+1)^2}-\sqrt{(b-1)^2}=\sqrt{2^2}-\sqrt{(3-\sqrt{10})^2}$
$\qquad\qquad\qquad\qquad\qquad =2-(\sqrt{10}-3)$
$\qquad\qquad\qquad\qquad\qquad =5-\sqrt{10}$

답 $5-\sqrt{10}$

3-1 $1<\sqrt{3}<2$에서 $-2<-\sqrt{3}<-1$이므로
$5-2<5-\sqrt{3}<5-1$ $\quad\therefore 3<5-\sqrt{3}<4$
따라서 $a=3$, $b=5-\sqrt{3}-3=2-\sqrt{3}$이므로
$a^2+4b=3^2+4(2-\sqrt{3})=17-4\sqrt{3}$

답 $17-4\sqrt{3}$

3-2 $2x+y=6x-15y$에서 $4x=16y$ $\quad\therefore x=4y$
$\sqrt{\dfrac{8x+2y}{5x-3y}}=\sqrt{\dfrac{32y+2y}{20y-3y}}=\sqrt{\dfrac{34y}{17y}}=\sqrt{2}$
$1<\sqrt{2}<2$이므로 $\sqrt{2}$의 정수 부분은 1이고 소수
부분은 $\sqrt{2}-1$이다. **답** $\sqrt{2}-1$

4 정사각형 모양의 각 꽃밭의 한 변의 길이는 왼쪽
부터 차례대로
$\sqrt{125}=5\sqrt{5}(\text{m})$, $\sqrt{45}=3\sqrt{5}(\text{m})$, $\sqrt{5}(\text{m})$

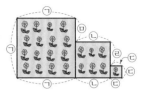

㉠$=5\sqrt{5}$, ㉡$=3\sqrt{5}$, ㉢$=\sqrt{5}$이고,
㉢+㉣+㉤=㉠이므로 구하는 울타리의 길이는
$5\sqrt{5}\times 4+3\sqrt{5}\times 2+\sqrt{5}\times 2=28\sqrt{5}(\text{m})$

답 $28\sqrt{5}$ m

4-1 (가로의 길이)$=\sqrt{32}-\sqrt{12}=4\sqrt{2}-2\sqrt{3}$,
(세로의 길이)$=\sqrt{27}+\sqrt{8}=3\sqrt{3}+2\sqrt{2}$
이므로 구하는 둘레의 길이는
$2(4\sqrt{2}-2\sqrt{3})+2(3\sqrt{3}+2\sqrt{2})$
$=8\sqrt{2}-4\sqrt{3}+6\sqrt{3}+4\sqrt{2}$
$=12\sqrt{2}+2\sqrt{3}$ **답** $12\sqrt{2}+2\sqrt{3}$

4-2 정사각형 B의 넓이는 $4\times\dfrac{1}{2}=2$

정사각형 A의 넓이는 $2\times\dfrac{1}{2}=1$

따라서 정사각형 A, B, C의 한 변의 길이는
각각 1, $\sqrt{2}$, 2이므로 점 P에 대응하는 수는
$1+\sqrt{2}+2=3+\sqrt{2}$ **답** $3+\sqrt{2}$

P. 43

Step5 서술형 만점 대비

1 $x+y=\dfrac{\sqrt{3}-\sqrt{2}}{\sqrt{2}}+\dfrac{\sqrt{3}+\sqrt{2}}{\sqrt{2}}=\dfrac{2\sqrt{3}}{\sqrt{2}}=\sqrt{6}$

$x-y=\dfrac{\sqrt{3}-\sqrt{2}}{\sqrt{2}}-\dfrac{\sqrt{3}+\sqrt{2}}{\sqrt{2}}=\dfrac{-2\sqrt{2}}{\sqrt{2}}=-2$

$\therefore \dfrac{x+y}{\sqrt{3}}-\dfrac{x-y}{\sqrt{2}}=\dfrac{\sqrt{6}}{\sqrt{3}}-\dfrac{-2}{\sqrt{2}}=\sqrt{2}+\sqrt{2}$

$\qquad\qquad\qquad\qquad =2\sqrt{2}$ **답** $2\sqrt{2}$

채점 기준	
$x+y$의 값 구하기	40%
$x-y$의 값 구하기	40%
답 구하기	20%

2

$f(1)=\sqrt{3}-\sqrt{2}$

$f(2)=\sqrt{4}-\sqrt{3}$

$f(3)=\sqrt{5}-\sqrt{3}$

$\vdots$

$f(29)=\sqrt{31}-\sqrt{30}$

$f(30)=\sqrt{32}-\sqrt{31}$

따라서 변끼리 더하면

$f(1)+f(2)+f(3)+\cdots+f(30)$

$=\sqrt{32}-\sqrt{2}$

$=4\sqrt{2}-\sqrt{2}=3\sqrt{2}$　　　　　　**답** $3\sqrt{2}$

채점 기준	
$f(x)=\sqrt{x+2}-\sqrt{x+1}$에 x 대신 $1,\ 2,\ 3,\ \cdots,\ 30$ 을 대입하기	70%
답 구하기	30%

3

$(2+3\sqrt{2})(x-2\sqrt{2})=2x-4\sqrt{2}+3x\sqrt{2}-12$

$\qquad\qquad\qquad\qquad=(2x-12)+(3x-4)\sqrt{2}$

$\qquad\qquad\qquad\qquad\qquad\qquad\cdots\cdots$ ㉠

㉠이 유리수가 되려면 $3x-4=0$

즉, $x=\dfrac{4}{3}=1+\dfrac{1}{3}$이므로 x의 정수 부분은

$a=1$, 소수 부분은 $b=\dfrac{1}{3}$

$\therefore\left(\dfrac{1}{\sqrt{a}}-\sqrt{b}\right)\left(\sqrt{a}-\dfrac{1}{\sqrt{b}}\right)$

$=\left(1-\sqrt{\dfrac{1}{3}}\right)(1-\sqrt{3})=1-\sqrt{3}-\dfrac{1}{\sqrt{3}}+1$

$=2-\sqrt{3}-\dfrac{\sqrt{3}}{3}=2-\dfrac{4\sqrt{3}}{3}\ \cdots$ **답**

채점 기준	
$(2+3\sqrt{2})(x-2\sqrt{2})$를 전개하기	20%
계산 결과가 유리수일 조건 구하기	30%
$a,\ b$의 값 구하기	20%
답 구하기	30%

4

$x=\dfrac{1}{2-\sqrt{3}}\times\dfrac{2+\sqrt{3}}{2+\sqrt{3}}=2+\sqrt{3}$

$x-2=\sqrt{3},\ (x-2)^2=(\sqrt{3})^2$

$x^2-4x+4=3$　　$\therefore x^2-4x=-1$　　**답** -1

채점 기준	
x의 분모를 유리화하기	40%
양변을 제곱하여 근호가 없는 식으로 만들기	30%
답 구하기	30%

P. 44~46

Step**6** 도전 1등급

1

$b=\sqrt{(-a)^2}=-a$　　$\therefore b>0$

$c=-\sqrt{(7b)^2}=-7b=7a$

$\therefore a+b-c=a+(-a)-7a=-7a$

답 $-7a$

2

$0<a<1$이면 $\dfrac{1}{a}>1$이므로

$a<1<\dfrac{1}{a}$　　　　　　　$\cdots\cdots$ ㉠

(ㄱ) ㉠에서 $a<\dfrac{1}{a}$

(ㄴ) ㉠에서 $\dfrac{1}{a}-1>0$이므로

$\qquad\sqrt{\left(\dfrac{1}{a}-1\right)^2}=\dfrac{1}{a}-1$

(ㄷ) $a-1<0$이므로

$\qquad\sqrt{(a-1)^2}=-(a-1)=1-a$

(ㄹ) $\sqrt{\left(a-\dfrac{1}{a}\right)^2+4}=\sqrt{a^2+2+\dfrac{1}{a^2}}$

$\qquad\qquad\qquad\qquad=\sqrt{\left(a+\dfrac{1}{a}\right)^2}$

$\qquad\qquad\qquad\qquad=a+\dfrac{1}{a}\left(\because a>0,\ \dfrac{1}{a}>0\right)$

따라서 옳은 것은 (ㄱ), (ㄷ), (ㄹ)이다.

답 (ㄱ), (ㄷ), (ㄹ)

3

$(2n-1)^2<x<(2n+1)^2$이므로

$4n^2-4n+1<x<4n^2+4n+1$

위의 부등식을 만족하는 자연수 x의 개수는

$4n^2+4n+1-(4n^2-4n+1)-1=8n-1$

이므로 $8n-1=111,\ 8n=112$　　$\therefore n=14$

답 14

4

반지름의 길이가 1인 원의 둘레의 길이는 2π이므로, 원을 반 바퀴 굴리면 π만큼 움직인다. 따라서 점 B에 대응하는 수는 π이다.

답 π

5

(i) $\sqrt{n}$이 유리수가 되도록 하는 n의 값은 $1^2,\ 2^2,$ $3^2,\ \cdots,\ 17^2$의 17개

(ii) $\sqrt{2n}$이 유리수가 되도록 하는 n의 값은

2×1^2, 2×2^2, 2×3^2, $\cdots$, 2×12^2의 12개

(iii) $\sqrt{5n}$이 유리수가 되도록 하는 n의 값은

5×1^2, 5×2^2, 5×3^2, $\cdots$, 5×7^2의 7개

따라서 구하는 n의 개수는

$300 - 17 - 12 - 7 = 264$　　　　　　　답 264

6 $\triangle ADE \backsim \triangle ABC$이므로 $\overline{DE} = x\,\mathrm{cm}$라 하면

닮음비는 $x : 15$이다. $\triangle ADE$와 $\triangle ABC$의 넓이의 비는 $x^2 : 15^2 = x^2 : 225$

$\therefore \triangle ABC : \square DBCE = 225 : (225 - x^2)$

$$= \frac{3}{2} : 1$$

따라서 $450 = 675 - 3x^2$에서 $x^2 = 75$이므로

$x = \sqrt{75} = 5\sqrt{3}$　　　　　　　답 $5\sqrt{3}$ cm

7 (ㄱ) $\sqrt{2}x = \sqrt{2}(\sqrt{2} - 1) = 2 - \sqrt{2}$(무리수)

(ㄴ) $x + 1 = \sqrt{2}$에서 $(x+1)^2 = (\sqrt{2})^2$

$x^2 + 2x + 1 = 2$　　$\therefore x^2 + 2x = 1$(유리수)

(ㄷ) $x - \dfrac{1}{x} = \sqrt{2} - 1 - \dfrac{1}{\sqrt{2}-1}$

$= \sqrt{2} - 1 - (\sqrt{2} + 1) = -2$(유리수)

(ㄹ) $x + \dfrac{1}{x} = \sqrt{2} - 1 + \dfrac{1}{\sqrt{2}-1}$

$= \sqrt{2} - 1 + \sqrt{2} + 1 = 2\sqrt{2}$(무리수)

답 (ㄴ), (ㄷ)

8 $\dfrac{1}{f(2)} = \dfrac{1}{\sqrt{3}+\sqrt{2}} = \sqrt{3} - \sqrt{2}$

$\dfrac{1}{f(3)} = \dfrac{1}{\sqrt{4}+\sqrt{3}} = \sqrt{4} - \sqrt{3}$

$\dfrac{1}{f(4)} = \dfrac{1}{\sqrt{5}+\sqrt{4}} = \sqrt{5} - \sqrt{4}$

$\vdots$

$\dfrac{1}{f(48)} = \dfrac{1}{\sqrt{49}+\sqrt{48}} = \sqrt{49} - \sqrt{48}$

위의 식을 변끼리 더하면

$\dfrac{1}{f(2)} + \dfrac{1}{f(3)} + \dfrac{1}{f(4)} + \dfrac{1}{f(5)} + \cdots + \dfrac{1}{f(48)}$

$= \sqrt{3} - \sqrt{2} + \sqrt{4} - \sqrt{3} + \sqrt{5} - \sqrt{4}$

$\qquad + \cdots + \sqrt{49} - \sqrt{48}$

$= -\sqrt{2} + \sqrt{49} = 7 - \sqrt{2}$　　　　답 $7 - \sqrt{2}$

9 $N(1) = N(2) = N(3) = 1$,

$N(4) = N(5) = N(6) = N(7) = N(8) = 2$,

$N(9) = N(10) = 3$이므로

$N(1) + N(2) + N(3) + \cdots + N(10)$

$= 1 \times 3 + 2 \times 5 + 3 \times 2 = 19$　　　　답 19

10

$x^2 = 3 \times 3 - \left(\dfrac{1}{2} \times 1 \times 2\right) \times 4 = 9 - 4 = 5$

$y^2 = 6 \times 6 - \left(\dfrac{1}{2} \times 2 \times 4\right) \times 4 = 36 - 16 = 20$

$z^2 = 5 \times 5 - \left(\dfrac{1}{2} \times 3 \times 2\right) \times 4 = 25 - 12 = 13$

따라서 $x = \sqrt{5}$, $y = 2\sqrt{5}$, $z = \sqrt{13}$이므로

육각형의 둘레의 길이는

$2x + y + 2z + 4 = 4\sqrt{5} + 2\sqrt{13} + 4$

답 $4\sqrt{5} + 2\sqrt{13} + 4$

11 정수 부분이 4이면 $4 \le \dfrac{\sqrt{9n}}{\sqrt{n-2}} < 5$

(i) $4 \le \dfrac{\sqrt{9n}}{\sqrt{n-2}}$에서 $4\sqrt{n} - 8 \le 3\sqrt{n}$

$\sqrt{n} \le 8$　　$\therefore n \le 64$

(ii) $\dfrac{\sqrt{9n}}{\sqrt{n-2}} < 5$에서 $3\sqrt{n} < 5\sqrt{n} - 10$

$-2\sqrt{n} < -10$, $\sqrt{n} > 5$　　$\therefore n > 25$

(i), (ii)에서 $25 < n \le 64$이므로 자연수 n의 개수는 $64 - 25 = 39$

답 39

12 $\overline{BD} = \sqrt{2}$이고, 두 선분 BD, BP와 곡선 DP로 둘러싸인 부분은 부채꼴이고, $\angle DBP = 45°$이다. 따라서 구하는 넓이는

(부채꼴 BDP) $- \triangle DBP$

$= \pi \times (\sqrt{2})^2 \times \dfrac{45}{360} - \dfrac{1}{2} \times \sqrt{2} \times 1$

$= \dfrac{\pi}{4} - \dfrac{\sqrt{2}}{2}$　　　　　　답 $\dfrac{\pi}{4} - \dfrac{\sqrt{2}}{2}$

P. 47~50

Step**7** 대단원 성취도 평가

1 $(-4)^2=16$의 양의 제곱근은 $a=\sqrt{16}=4$
$\sqrt{121}=\sqrt{11^2}=11$의 음의 제곱근은 $b=-\sqrt{11}$
$\therefore a-b^2=4-(-\sqrt{11})^2=4-11=-7$

답 ③

2 ① $a^2>0$이면 $a>0$ 또는 $a<0$이다.   답 ①

3 ⑤ $1<\sqrt{2}<\sqrt{3}<2$이므로 두 무리수 $\sqrt{2}$와 $\sqrt{3}$ 사이에는 정수가 존재하지 않는다.

답 ⑤

4 ① $\sqrt{(-5)^2}=5$ ② $\sqrt{0.04}=\sqrt{0.2^2}=0.2$
③ $\sqrt{18}=3\sqrt{2}$ ④ $\sqrt{6.25}=\sqrt{2.5^2}=2.5$
⑤ $-\sqrt{\dfrac{9}{4}}=-\dfrac{3}{2}$

답 ③

5 ② $0.6-0.5=0.1$ ③ $4\times(-1)=-4$
④ $1+1=2$ ⑤ $12\div3+4=8$

답 ③, ⑤

6 $135=3^3\times5$이므로 $x=3\times5\times($자연수$)^2$꼴이다.
따라서 최소의 자연수 x는 15이다.

답 ④

7 ③ $\sqrt{3}-\sqrt{2}=1.732-1.414=0.318<1<\sqrt{2}$이므로 $\sqrt{3}-\sqrt{2}$는 $\sqrt{2}$와 $\sqrt{3}$ 사이의 수가 아니다.

답 ③

8 $3\sqrt{20}-5\sqrt{10}+\sqrt{2}\sqrt{5}+\sqrt{45}$
$=6\sqrt{5}-5\sqrt{10}+\sqrt{10}+3\sqrt{5}=9\sqrt{5}-4\sqrt{10}$
이므로 $a=9$, $b=-4$
$\therefore a+b=5$

답 ④

9 ① $1+2\sqrt{3}-(2+\sqrt{3})=\sqrt{3}-1>0$
　　$\therefore 1+2\sqrt{3}>2+\sqrt{3}$
② $3+\sqrt{2}-4=\sqrt{2}-1>0$
　　$\therefore 3+\sqrt{2}>4$

③ $-3+\sqrt{5}-(\sqrt{6}-3)=\sqrt{5}-\sqrt{6}<0$
　　$\therefore -3+\sqrt{5}<\sqrt{6}-3$
④ $\sqrt{10}-3-(\sqrt{10}-7)=4>0$
　　$\therefore \sqrt{10}-3>\sqrt{10}-7$
⑤ $\sqrt{2}-\sqrt{8}-(\sqrt{2}-3)=-\sqrt{8}+3$
　　　　　　　　　　　　$=-\sqrt{8}+\sqrt{9}>0$
　　$\therefore \sqrt{2}-\sqrt{8}>\sqrt{2}-3$
따라서 옳지 않은 것은 ⑤이다.   답 ⑤

10 $\sqrt{2}\left(\dfrac{2}{\sqrt{6}}-\dfrac{10}{\sqrt{12}}\right)+\sqrt{3}\left(\dfrac{6}{\sqrt{18}}-3\right)$
$=\sqrt{2}\left(\dfrac{2}{\sqrt{6}}-\dfrac{10}{2\sqrt{3}}\right)+\sqrt{3}\left(\dfrac{6}{3\sqrt{2}}-3\right)$
$=\dfrac{2}{\sqrt{3}}-\dfrac{5\sqrt{2}}{\sqrt{3}}+\dfrac{2\sqrt{3}}{\sqrt{2}}-3\sqrt{3}$
$=\dfrac{2\sqrt{3}}{3}-\dfrac{5\sqrt{6}}{3}+\sqrt{6}-3\sqrt{3}$
$=-\dfrac{7\sqrt{3}}{3}-\dfrac{2\sqrt{6}}{3}$

답 ④

11 ① $\sqrt{340}=\sqrt{100\times3.4}=10\sqrt{3.4}=18.44$
② $\sqrt{0.34}=\sqrt{\dfrac{34}{100}}=\dfrac{\sqrt{34}}{10}=0.5831$
③ $\sqrt{3400}=10\sqrt{34}=58.31$
④ $\sqrt{0.0034}=\sqrt{\dfrac{34}{10000}}=\dfrac{\sqrt{34}}{100}=0.05831$
⑤ $\sqrt{0.00034}=\sqrt{\dfrac{3.4}{10000}}=\dfrac{\sqrt{3.4}}{100}=0.01844$

답 ②

12 $1<\sqrt{3}<2$이므로 $\sqrt{3}$의 소수 부분은
$a=\sqrt{3}-1$ ······ ㉠
$\sqrt{36}<\sqrt{48}<\sqrt{49}$에서 $\sqrt{48}$의 정수 부분은 6이므로 소수 부분은 $\sqrt{48}-6=4\sqrt{3}-6$이다.
㉠에서 $\sqrt{3}=a+1$이므로 $\sqrt{48}$의 소수 부분은
$4\sqrt{3}-6=4(a+1)-6=4a-2$ 답 ②

13 $6<\sqrt{3n}<8$의 각 변을 제곱하면
$36<3n<64$ $\therefore 12<n<\dfrac{64}{3}$
따라서 $M=21$, $m=13$이므로
$M-m=8$

답 8

14 $\overline{AC}=\overline{BD}=\sqrt{2}$이므로 점 P는 점 A에서 오른쪽으로 $\sqrt{2}$만큼 이동한 점이므로 점 A에 대응하는 수를 a라 하면

$a+\sqrt{2}=-2+\sqrt{2}$ $\therefore a=-2$

따라서 $B(-1)$이고, 점 Q는 점 B에서 왼쪽으로 $\sqrt{2}$만큼 이동한 점이므로 점 Q에 대응하는 수는 $-1-\sqrt{2}$이다. **답** $-1-\sqrt{2}$

15 $x=5+2\sqrt{6}$에서 $x-5=2\sqrt{6}$

$(x-5)^2=(2\sqrt{6})^2$, $x^2-10x+25=24$

$\therefore x^2-10x=-1$

$\therefore (x^2-10x)(x^2-10x+4)-5$

$=(-1)\times(-1+4)-5=-8$

답 -8

16 $a=\dfrac{p}{4-\sqrt{15}}\times\dfrac{4+\sqrt{15}}{4+\sqrt{15}}=4p+p\sqrt{15}$

$b=\dfrac{\sqrt{15}}{4+\sqrt{15}}\times\dfrac{4-\sqrt{15}}{4-\sqrt{15}}=4\sqrt{15}-15$

에서 $a+b=4p-15+(p+4)\sqrt{15}$이므로

$a+b$의 값이 유리수가 되려면

$p+4=0$ $\therefore p=-4$

$p=-4$일 때, $a+b=-16-15=-31$

따라서 $x=-4$, $y=-31$이므로

$xy=124$ **답** 124

17 $\sqrt{4}<\sqrt{6}<\sqrt{9}$에서 $2<\sqrt{6}<3$이므로 $\sqrt{6}$의 정수 부분은 2이다.

$\therefore <6>=2$

또, $1<\sqrt{3}<2$이므로 $\sqrt{3}$의 소수 부분은

$\ll3\gg=\sqrt{3}-1$

$\therefore \dfrac{\sqrt{72}}{<6>+2\ll3\gg}=\dfrac{6\sqrt{2}}{2+2(\sqrt{3}-1)}$

$=\dfrac{6\sqrt{2}}{2\sqrt{3}}=\sqrt{6}$ **답** $\sqrt{6}$

18 (1) $\overline{AB}$를 한 변으로 하는 정사각형의 넓이는 한 변의 길이가 2인 정사각형의 넓이의 $\dfrac{1}{2}$의 4배와 같으므로 $4\times\dfrac{1}{2}\times4=8$

$\therefore \overline{AB}=\sqrt{8}=2\sqrt{2}$

(2) 점 P는 점 A에서 오른쪽으로 $2\sqrt{2}$만큼 이동한 점이므로

$p=-3+2\sqrt{2}$

같은 방법으로 점 Q는 점 C에서 왼쪽으로 $2\sqrt{2}$만큼 이동한 점이므로

$q=4-2\sqrt{2}$

(3) $2\sqrt{2}p+\dfrac{q}{\sqrt{2}}=2\sqrt{2}(-3+2\sqrt{2})+\dfrac{4-2\sqrt{2}}{\sqrt{2}}$

$=-6\sqrt{2}+8+2\sqrt{2}-2$

$=6-4\sqrt{2}$

답 (1) $2\sqrt{2}$ (2) $p=-3+2\sqrt{2}$, $q=4-2\sqrt{2}$

(3) $6-4\sqrt{2}$

채점 기준	
$\overline{AB}$를 한 변으로 하는 정사각형의 넓이 구하기	2점
$\overline{AB}$의 길이 구하기	1점
p, q의 값 구하기	4점
식의 값 구하기	3점

01 인수분해 공식

P. 52~55

Step 1 교과서 이해

01 인수

02 인수분해

03 x^2-2xy

04 x^2-9

05 $x^2-8x+16$

06 $10x^2+x-2$

07 공통인수

08 $2a$

09 $2x$

10 $-3x$

11 $-4b$

12 xy

13 xy

14 $a(b+2ac)$

15 $m^2(m+6)$

16 $2x(2x+3y)$

17 $-3a(a-2b)$

18 $pq(7q-13p)$

19 $ab(a+2+3b)$

20 $x^2+2\cdot4x+4^2=(x+4)^2$

21 $x^2+2\cdot5x+5^2=(x+5)^2$

22 $(2x)^2+2\cdot2x+1=(2x+1)^2$

23 $(2x)^2+2\cdot2x\cdot3+3^2=(2x+3)^2$

24 $(3x)^2+2\cdot3x\cdot4+4^2=(3x+4)^2$

25 $(5a)^2+2\cdot5a\cdot2b+(2b)^2=(5a+2b)^2$

26 $a^2-2\cdot9\cdot a+9^2=(a-9)^2$

27 $x^2-2\cdot10x+10^2=(x-10)^2$

28 $(6x)^2-2\cdot6x+1=(6x-1)^2$

29 $(7x)^2-2\cdot7x\cdot2+2^2=(7x-2)^2$

30 $(2a)^2-2\cdot2a\cdot7b+(7b)^2=(2a-7b)^2$

31 $(8a)^2-2\cdot8a\cdot3b+(3b)^2=(8a-3b)^2$

32 완전제곱식

33 $x^2+2\cdot4x+4^2$ $\therefore \square=16$ **답** 16

34 $x^2-2\cdot5x+5^2$ $\therefore \square=25$ **답** 25

35 $x^2-2\cdot6x+6^2$ $\therefore \square=36$ **답** 36

36 $x^2+2\cdot\dfrac{1}{2}x+\left(\dfrac{1}{2}\right)^2$ $\therefore \square=\dfrac{1}{4}$ **답** $\dfrac{1}{4}$

37 $x^2+2\cdot\dfrac{5}{2}x+\left(\dfrac{5}{2}\right)^2$ $\therefore \square=\dfrac{25}{4}$ **답** $\dfrac{25}{4}$

38 $x^2-2\cdot\left(\dfrac{3}{2}y\right)x+\left(\dfrac{3}{2}y\right)^2$ $\therefore \square=\dfrac{9}{4}$ **답** $\dfrac{9}{4}$

39 $(2x)^2 - 2\cdot 2x \cdot 4 + 4^2$ $\therefore \square = 16$ 답 16

40 $(2x)^2 - 2\cdot 2x \cdot 3y + (3y)^2$ $\therefore \square = 9$ 답 9

41 $(2x)^2 - 2\cdot 2x \cdot \dfrac{3}{4}y + \left(\dfrac{3}{4}y\right)^2$

$\therefore \square = \dfrac{9}{16}$ 답 $\dfrac{9}{16}$

42 $\left(\dfrac{1}{2}x\right)^2 - 2\cdot \dfrac{1}{2}x \cdot \dfrac{1}{3} + \left(\dfrac{1}{3}\right)^2$

$\therefore \square = \dfrac{1}{9}$ 답 $\dfrac{1}{9}$

43 $x^2 + \square x + (\pm 9)^2$ $\therefore \square = \pm 2 \times 9 = \pm 18$

답 ± 18

44 $(5a)^2 + \square ab + (4b)^2$

$\therefore \square = \pm 2 \times 5 \times 4 = \pm 40$ 답 ± 40

45 $x^2 + \square x + \left(\dfrac{1}{6}\right)^2$

$\therefore \square = \pm 2 \times \dfrac{1}{6} = \pm \dfrac{1}{3}$ 답 $\pm \dfrac{1}{3}$

46 $\left(\dfrac{1}{5}x\right)^2 + \square x + \left(\dfrac{1}{8}\right)^2$

$\therefore \square = \pm 2 \times \dfrac{1}{5} \times \dfrac{1}{8} = \pm \dfrac{1}{20}$ 답 $\pm \dfrac{1}{20}$

47 $a^2 - 6^2 = (a+6)(a-6)$

48 $(3x)^2 - 5^2 = (3x+5)(3x-5)$

49 $(2x)^2 - a^2 = (2x+a)(2x-a)$

50 $(4x)^2 - (7y)^2 = (4x+7y)(4x-7y)$

51 $\left(\dfrac{x}{2}\right)^2 - y^2 = \left(\dfrac{x}{2}+y\right)\left(\dfrac{x}{2}-y\right)$

52 $\left(\dfrac{x}{3}\right)^2 - (2a)^2 = \left(\dfrac{x}{3}+2a\right)\left(\dfrac{x}{3}-2a\right)$

53 2, 1

54 4, 5

55 $-2, -5$

56 $-2, -10$

57 $10, -1$

58 $6, -1$

59 $x^2 - 7x + 12$

$x \times \boxed{-3} \longrightarrow \boxed{-3x}$
$x \quad -4 \longrightarrow +)\,\boxed{-4x}$
$\qquad\qquad\qquad\qquad -7x$

$= (x - \boxed{3})(x-4)$

60 $x^2 + 2x - 15$

$x \times \boxed{-3} \longrightarrow \boxed{-3x}$
$x \quad \boxed{5} \longrightarrow +)\,\boxed{5x}$
$\qquad\qquad\qquad\qquad 2x$

$= (x - \boxed{3})(x+5)$

61 $x^2 + (2+1)x + 2 = (x+1)(x+2)$

62 $x^2 + (3+7)x + 21 = (x+3)(x+7)$

63 $x^2 - (2+4)x + 8 = (x-2)(x-4)$

64 $x^2 - (3+6)x + 18 = (x-3)(x-6)$

65 $x^2 + (4-3)x - 12 = (x+4)(x-3)$

66 $x^2 + (9-2)x - 18 = (x+9)(x-2)$

67 $x^2 + (4-10)x - 40 = (x+4)(x-10)$

68 $x^2 + (3-5)x - 15 = (x+3)(x-5)$

69 $y^2 + (5-6)y - 30 = (y+5)(y-6)$

70 $x^2 + (y+4y)x + 4y^2 = (x+y)(x+4y)$

71 $x^2 + (5y+7y)x + 35y^2 = (x+5y)(x+7y)$

72 $x^2 + (2a-a)x - 2a^2 = (x+2a)(x-a)$

73 $x^2 + (5a-3a)x - 15a^2 = (x+5a)(x-3a)$

74 $x^2 + (2y-3y)x - 6y^2 = (x+2y)(x-3y)$

75 $x^2 + (11y-12y)x - 132y^2$
$= (x+11y)(x-12y)$

76 $2x^2+7x+3$

$$
\begin{array}{ccc}
x & \diagdown \boxed{3} \longrightarrow & \boxed{6x} \\
\boxed{2x} & \diagup 1 \longrightarrow & +)\ \boxed{x} \\
& & 7x
\end{array}
$$

$=(x+\boxed{3})(\boxed{2}x+1)$

77 $3x^2+x-4$

$$
\begin{array}{ccc}
x & \diagdown \boxed{-1} \longrightarrow & \boxed{-3x} \\
\boxed{3x} & \diagup \boxed{4} \longrightarrow & +)\ 4x \\
& & x
\end{array}
$$

$=(x-\boxed{1})(\boxed{3}x+4)$

78 $6x^2-7x-3$

$$
\begin{array}{ccc}
2x & \diagdown \boxed{-3} \longrightarrow & \boxed{-9x} \\
\boxed{3x} & \diagup 1 \longrightarrow & +)\ \boxed{2x} \\
& & -7x
\end{array}
$$

$=(2x-\boxed{3})(\boxed{3}x+1)$

79 $(x+1)(3x+1)$

80 $(x+4)(2x+1)$

81 $(x+1)(5x+3)$

82 $(2x+3)(4x+1)$

83 $(3x+2)(3x+4)$

84 $(2x+3)(7x+5)$

85 $(2x+5)(3x+1)$

86 $(x-1)(4x-3)$

87 $(x-2)(5x-3)$

88 $(x-3)(5x-1)$

89 $(x+3)(2x-1)$

90 $(2x+3)(5x-2)$

91 $(4x-3)(5x+2)$

92 $(x-4)(3x+2)$

93 $(x-2)(2x+3)$

94 $(x-4)(2x+3)$

95 $2(x-3)(2x+1)$

96 $(2x+1)(4x-3)$

97 $(x+2y)(3x+y)$

98 $(x-y)(4x-9y)$

99 $(x-2y)(3x-4y)$

100 $2(x-2y)(4x+3y)$

101 $2(a+b)(3a-5b)$

102 $(a+2b)(3a-4b)$

P. 56~57

Step**2** 개념탄탄

01 공통인수 $(a+b)$를 묶어 내면
$(a+b)(m+n)$ 　　　　　답 ①

02 ⑤

03 $\dfrac{1}{25}a^2+\dfrac{1}{5}a+\dfrac{1}{4}=\left(\dfrac{1}{5}a\right)^2+2\cdot\dfrac{1}{5}a\cdot\dfrac{1}{2}+\left(\dfrac{1}{2}\right)^2$
$\qquad\qquad\qquad\qquad=\left(\dfrac{1}{5}a+\dfrac{1}{2}\right)^2$

따라서 $m=\dfrac{1}{5}$, $n=\dfrac{1}{2}$이므로

$m+n=\dfrac{7}{10}$ 　　　　　답 $\dfrac{7}{10}$

04 $x^3+6x^2y+9xy^2=x(x^2+6xy+9y^2)$
$\qquad\qquad\qquad\quad=x(x+3y)^2$
$\therefore a=3$ 　　　　　답 3

05 $x^2-2\cdot12x+12^2$이므로 $\boxed{}=12^2=144$
　　　　　답 ④

06 $x^2+2\cdot8x+8^2=(x+8)^2$이므로
$A=64,\ B=8$
$\therefore A+B=72$ 답 ⑤

07 $y^2+\square y+11^2$이므로
$\square=\pm2\times11=\pm22$ 답 ②

08 $4x^2-16=4(x^2-2^2)$
$\qquad\qquad=4(x+2)(x-2)$ 답 ⑤

09 $4xy^2-xz^2=x\{(2y)^2-z^2\}$
$\qquad\qquad=x(2y+z)(2y-z)$ 답 ①

10 $x^2+2x-8=(x+4)(x-2)$ 답 ⑤

11 $x^2-5x-24=(x+3)(x-8)$ 답 (ㄴ), (ㄷ)

12 $x^2-\left(\dfrac{3}{4}y\right)^2=\left(x+\dfrac{3}{4}y\right)\left(x-\dfrac{3}{4}y\right)$ 답 ④

13 $\left(\dfrac{1}{5}x\right)^2-\left(\dfrac{1}{3}y\right)^2=\left(\dfrac{1}{5}x+\dfrac{1}{3}y\right)\left(\dfrac{1}{5}x-\dfrac{1}{3}y\right)$
$\qquad\therefore A=\dfrac{1}{5},\ B=\dfrac{1}{5}$ … 답

14 $x^2+9x+20=(x+4)(x+5)$ 답 ④

P. 58~61

Step **3** 실력완성

1 ⑤ x^2은 x^3+4xy의 인수가 아니다. 답 ⑤

2 $x^2y-16y^3=y\{x^2-(4y)^2\}$
$\qquad\qquad=y(x+4y)(x-4y)$ 답 ⑤

3 $-4ax^2+8ax-4a=-4a(x^2-2x+1)$
$\qquad\qquad\qquad=-4a(x-1)^2$ 답 ②

4 ① $3x^2+6x=3x(x+2)$
② $2ab-8a=2a(b-4)$
③ $-2x^2+4x=-2x(x-2)$
④ $-2a^2-10a=-2a(a+5)$ 답 ⑤

5 $a(b-5)-(b-5)=(a-1)(b-5)$ 답 ④

6 ① $(x-1)^2$ ② $(2x-1)^2$
③ $(x-4y)^2$ ④ $2(x+y)^2$ 답 ⑤

7 $(4x^2)+2\cdot4x\cdot3y+(3y)^2=(4x+3y)^2$
답 ③

8 $3x^2-10x+A=3\left(x^2-\dfrac{10}{3}x+\dfrac{A}{3}\right)$이므로
$\dfrac{A}{3}=\left(-\dfrac{10}{3}\times\dfrac{1}{2}\right)^2=\dfrac{25}{9}$
$\therefore A=\dfrac{25}{3}$ 답 $\dfrac{25}{3}$

9 $(x+4)(x-10)-k=x^2-6x-40-k$이므로
$-40-k=\left(-6\times\dfrac{1}{2}\right)^2=9$
$\therefore k=-49$ 답 ①

10 $x^2-ax+\left(\dfrac{1}{5}\right)^2$에서 $a=2\times\dfrac{1}{5}=\dfrac{2}{5}$
$5x^2-4x+b=5\left(x^2-\dfrac{4}{5}x+\dfrac{b}{5}\right)$이므로
$\dfrac{b}{5}=\left(-\dfrac{4}{5}\times\dfrac{1}{2}\right)^2=\dfrac{4}{25}$ $\therefore b=\dfrac{4}{5}$
$\therefore a+b=\dfrac{6}{5}$ 답 $\dfrac{6}{5}$

채점 기준	
$x^2-ax+\dfrac{1}{25}$이 완전제곱식이 될 조건 구하기	40%
$5x^2-4x+b$가 완전제곱식이 될 조건 구하기	40%
답 구하기	20%

11 $\sqrt{x^2-6x+9}=\sqrt{(x-3)^2}$,
$\sqrt{x^2+6x+9}=\sqrt{(x+3)^2}$이고
$-3<x<3$일 때 $x-3<0,\ x+3>0$이므로
$\sqrt{(x-3)^2}=-(x-3)=-x+3$,
$\sqrt{(x+3)^2}=x+3$
$\therefore$ (주어진 식)$=-x+3-(x+3)=-2x$
답 ④

12 $\sqrt{5x^2-2x+\dfrac{1}{5}}=\sqrt{\dfrac{1}{5}(25x^2-10x+1)}$
$\qquad\qquad\qquad=\sqrt{\dfrac{1}{5}(5x-1)^2}$
$0<5x<1$에서 $5x-1<0$이므로

$$\sqrt{\frac{1}{5}(5x-1)^2}=-\frac{1}{\sqrt{5}}(5x-1)$$

$$\sqrt{5x^2+2x+\frac{1}{5}}=\sqrt{\frac{1}{5}(25x^2+10x+1)}$$
$$=\sqrt{\frac{1}{5}(5x+1)^2}$$

$0<5x<1$에서 $5x+1>0$이므로

$$\sqrt{\frac{1}{5}(5x+1)^2}=\frac{1}{\sqrt{5}}(5x+1)$$

$\therefore$ (주어진 식)$=-\frac{1}{\sqrt{5}}(5x-1)-\frac{1}{\sqrt{5}}(5x+1)$
$$=-\frac{10}{\sqrt{5}}x=-2\sqrt{5}x$$

답 $-2\sqrt{5}x$

채점 기준

$5x^2-2x+\frac{1}{5}$을 완전제곱식으로 나타내기	30%
$5x^2+2x+\frac{1}{5}$을 완전제곱식으로 나타내기	30%
답 구하기	40%

13 $x^8-y^8=(x^4)^2-(y^4)^2$
$$=(x^4+y^4)(x^4-y^4)$$
$$=(x^4+y^4)(x^2+y^2)(x^2-y^2)$$
$$=(x^4+y^4)(x^2+y^2)(x+y)(x-y)$$

답 ③, ⑤

14 ① $-a^2-16=-(a^2+16)$
③ $-48x^2+75y^2=-3(16x^2-25y^2)$
$$=-3(4x+5y)(4x-5y)$$
⑤ $x^4-1=(x^2+1)(x+1)(x-1)$

답 ②

15 (주어진 식)
$$=\{(5x-4)+(3x-5)\}\{(5x-4)-(3x-5)\}$$
$$=(8x-9)(2x+1)$$

답 ③, ④

16 $20=1\times20=2\times10=4\times5$
$$=(-1)\times(-20)=(-2)\times(-10)$$
$$=(-4)\times(-5)$$
이므로 p의 값이 될 수 있는 수는
$1+20=21,\ 2+10=12,\ 4+5=9,$
$-1-20=-21,\ -2-10=-12,$
$-4-5=-9$

답 ③

17 (좌변)$=x^2+(a-2)x-2a-4$,
(우변)$=x^2+(b-3)x-3b$
이므로 좌변과 우변의 각 항의 계수를 비교하면
$a-2=b-3$　$\therefore a-b=-1$　……㉠
$-2a-4=-3b$　$\therefore 2a-3b=-4$　……㉡
㉠, ㉡을 연립하여 풀면 $a=1,\ b=2$
$\therefore a+b=3$

답 3

18 $x^2+ax+21=(x+b)(x+c)$
$$=x^2+(b+c)x+bc$$
이므로 $a=b+c,\ bc=21$
$21=1\times21=3\times7=(-1)\times(-21)$
$$=(-3)\times(-7)$$
따라서 $b+c$의 값이 될 수 있는 수는
$1+21=22,\ 3+7=10,\ -1-21=-22,$
$-3-7=-10$
이므로 최댓값은 22이다.

답 22

19 $12x^2+ax+b=(3x+4)(cx+5)$에서
$12=3c,\ a=15+4c,\ b=20$
따라서 $c=4,\ a=31,\ b=20$이므로
$a+b+c=55$

답 ④

20 $(6x+1)(x-3)+6(x-1)-1$
$$=6x^2-17x-3+6x-6-1$$
$$=6x^2-11x-10$$
$$=(2x-5)(3x+2)$$
$\therefore 2x-5+3x+2=5x-3$

답 $5x-3$

채점 기준

주어진 식을 전개하여 정리하기	30%
이차식을 인수분해하기	40%
답 구하기	30%

21 $2x^2-5xy-3y^2=(2x+y)(x-3y)$이고 공통
인수가 $x+by$이므로
$x+by=x-3y$　$\therefore b=-3$
$5x^2-17xy+ay^2=(x-3y)(5x+py)$에서
$p-15=-17,\ a=-3p$
이므로 $p=-2,\ a=6$
$\therefore ab=6\times(-3)=-18$

답 ①

22 $x^2 - ax - 14 = (x-7)(x+b)$에서

$-a = -7 + b$, $-14 = -7b$

$\therefore b = 2$, $a = 5$ **답** 5

23 $x^2 + ax + 30 = (x-2)(x+c)$에서

$a = -2 + c$, $30 = -2c$

$\therefore c = -15$, $a = -17$

$5x^2 - 7x + b = (x-2)(5x+d)$에서

$-7 = d - 10$, $b = -2d$

$\therefore d = 3$, $b = -6$

$\therefore a + b = -17 - 6 = -23$ **답** -23

채점 기준	
$x-2$가 $x^2 + ax + 30$의 인수임을 이용하여 a의 값 구하기	40%
$x-2$가 $5x^2 - 7x + b$의 인수임을 이용하여 b의 값 구하기	40%
답 구하기	20%

24 성미는 일차항의 계수를 잘못 보았으므로

$(x-3)(x-4) = x^2 - 7x + 12$에서 상수항 12 는 바르게 보았다.

같은 방법으로 일권이는 상수항을 잘못 보았으므로 $(x-9)(x+1) = x^2 - 8x - 9$에서 일차항의 계수 -8은 바르게 보았다.

따라서 $a = -8$, $b = 12$이므로

$x^2 - 8x + 12 = (x-2)(x-6)$

답 $a = -8$, $b = 12$, $(x-2)(x-6)$

채점 기준	
상수항 구하기	30%
일차항의 계수 구하기	40%
처음의 이차식을 바르게 인수분해하기	30%

25 $(5x+3)(3x-4) = 15x^2 - 11x - 12$에서 중호 는 x^2의 계수와 상수항은 바르게 보았으므로 처음 이차식은 $15x^2 + ax - 12$꼴이다.

$(15x-4)(x+1) = 15x^2 + 11x - 4$에서 효주 는 x^2의 계수와 x의 계수는 바르게 보았으므로 처음 이차식은 $15x^2 + 11x + b$꼴이다.

따라서 처음 이차식은 $15x^2 + 11x - 12$이므로 인수분해하면 $(3x+4)(5x-3)$

답 $(3x+4)(5x-3)$

26 주어진 사각형의 넓이의 총합은

$x^2 + 3x + 2 = (x+1)(x+2)$

따라서 직사각형의 가로의 길이와 세로의 길이 의 합은

$x + 1 + x + 2 = 2x + 3$ **답** ④

27 도형 A의 넓이는

$(3x+5)^2 - 3^2 = 9x^2 + 30x + 16$

$\qquad\qquad = (3x+2)(3x+8)$

두 도형 A, B의 넓이가 같으므로

직사각형 B의 가로의 길이는 $(3x+8)$이다.

답 $3x+8$

P. 62

Step 4 유형클리닉

1 $(2x-5)(2x+7) + a = 4x^2 + 4x - 35 + a$

$\qquad\qquad\qquad = 4\left(x^2 + x + \dfrac{a-35}{4}\right)$

이므로 $\dfrac{a-35}{4} = \left(\dfrac{1}{2}\right)^2 = \dfrac{1}{4}$

$\therefore a = 36$ **답** 36

1-1 $25x^2 + 2(a-2)xy + 4y^2$

$\qquad = (5x)^2 + 2(a-2)xy + (2y)^2$이므로

$\pm 2 \times 5x \times 2y = 2(a-2)xy$

따라서 $\pm 10 = a - 2$에서

$a = 12$ 또는 $a = -8$ … **답**

1-2 $2x > 0$이므로 $\sqrt{\dfrac{9}{4x^2}} = \sqrt{\left(\dfrac{3}{2x}\right)^2} = \dfrac{3}{2x}$

$\sqrt{4x^2 + \dfrac{1}{4x^2} - 2} = \sqrt{\left(2x - \dfrac{1}{2x}\right)^2}$

$0 < 2x < 1$일 때 $\dfrac{1}{2x} > 1$이므로 $2x - \dfrac{1}{2x} < 0$

$\therefore \sqrt{\left(2x - \dfrac{1}{2x}\right)^2} = -\left(2x - \dfrac{1}{2x}\right)$

$\sqrt{4x^2 + \dfrac{1}{4x^2} + 2} = \sqrt{\left(2x + \dfrac{1}{2x}\right)^2}$

$2x > 0$에서 $\dfrac{1}{2x} > 0$이므로 $2x + \dfrac{1}{2x} > 0$

$$\therefore \sqrt{\left(2x+\dfrac{1}{2x}\right)^2}=2x+\dfrac{1}{2x}$$

$$\therefore (주어진\ 식)=\dfrac{3}{2x}-\left(2x-\dfrac{1}{2x}\right)+2x+\dfrac{1}{2x}$$

$$=\dfrac{5}{2x} \qquad \boxed{\text{답}}\ \dfrac{5}{2x}$$

2 $3x^2+5x-2=(x+2)(3x-1)$,

$x^2-3x-10=(x+2)(x-5)$이므로

공통인수는 $x+2$이다.

$5x^2+9x+a=(x+2)(5x+p)$에서

$9=p+10,\ a=2p$

이므로 $p=-1,\ a=-2$ $\qquad \boxed{\text{답}}\ -2$

2-1 $12x^2+5x-2=(3x+2)(4x-1)$,

$6x^2+x-2=(2x-1)(3x+2)$이므로

공통인수는 $3x+2$이다. $\qquad \boxed{\text{답}}\ 3x+2$

2-2 $x^2+ax+33=(x-3)(x+c)$에서

$a=-3+c,\ 33=-3c$

$\therefore c=-11,\ a=-14$

$3x^2-10x+b=(x-3)(3x+d)$에서

$-10=-9+d,\ b=-3d$

$\therefore d=-1,\ b=3$

$\therefore b-a=3-(-14)=17$ $\qquad \boxed{\text{답}}\ 17$

P. 63

Step **5** 서술형 만점 대비

1
$$x^2-\dfrac{5}{16}x+\dfrac{1}{64}=\dfrac{1}{64}(64x^2-20x+1)$$
$$=\dfrac{1}{64}(4x-1)(16x-1)$$
$$=\left(x-\dfrac{1}{4}\right)\left(x-\dfrac{1}{16}\right)$$

$a>b$이므로 $a=\dfrac{1}{4},\ b=\dfrac{1}{16}$

$\therefore a-b=\dfrac{1}{4}-\dfrac{1}{16}=\dfrac{3}{16}$ $\qquad \boxed{\text{답}}\ \dfrac{3}{16}$

채점 기준	
주어진 식 인수분해하기	60%
$a,\ b$의 값 구하기	20%
답 구하기	20%

2 $x^2+ax-10=(x-2)(x+p)$에서

$a=-2+p,\ -10=-2p$

$\therefore p=5,\ a=3$

$5x^2-ax+b=(x-2)(5x+q)$

$-a=q-10,\ b=-2q$

$\therefore q=7,\ b=-14$

$\therefore a+b=-11$ $\qquad \boxed{\text{답}}\ -11$

채점 기준	
$x-2$가 $x^2+ax-10$의 인수임을 이용하여 a의 값 구하기	40%
$x-2$가 $5x^2-ax+b$의 인수임을 이용하여 b의 값 구하기	40%
답 구하기	20%

3 $a>0$이므로 $\sqrt{(-a)^2}=\sqrt{a^2}=a$

$$\sqrt{\left(a+\dfrac{1}{a}\right)^2-4}=\sqrt{\left(a-\dfrac{1}{a}\right)^2}$$

$0<a<1$에서 $\dfrac{1}{a}>1$이므로 $a-\dfrac{1}{a}<0$

$$\therefore \sqrt{\left(a-\dfrac{1}{a}\right)^2}=-\left(a-\dfrac{1}{a}\right)$$

$$\sqrt{\left(a-\dfrac{1}{a}\right)^2+4}=\sqrt{\left(a+\dfrac{1}{a}\right)^2}$$

$a>0$이므로 $a+\dfrac{1}{a}>0$

$$\therefore \sqrt{\left(a+\dfrac{1}{a}\right)^2}=a+\dfrac{1}{a}$$

$$\therefore (주어진\ 식)=3a-\left(a-\dfrac{1}{a}\right)-\left(a+\dfrac{1}{a}\right)$$

$$=a \qquad \boxed{\text{답}}\ a$$

채점 기준	
각 항을 근호를 사용하지 않고 나타내기	60%
주어진 식을 간단히 하기	40%

4 $n^2+10n-56=(n-4)(n+14)$

$n^2+10n-56$의 값이 소수이려면

$n-4=1$ 또는 $n+14=1$

n은 자연수이므로 $n=5$ $\qquad \boxed{\text{답}}\ 5$

채점 기준	
주어진 식을 인수분해하기	40%
식의 값이 소수가 될 조건 알기	40%
답 구하기	20%

3000제 꿀꺽수학

02 인수분해 공식의 활용

P. 64~67

Step**1** 교과서 이해

01 $a(x^2-4x+4)=a(x-2)^2$

02 $2a(x^2-6x+9)=2a(x-3)^2$

03 $a(a^2-4)=a(a+2)(a-2)$

04 $x(y^2-1)=x(y+1)(y-1)$

05 $4a(a^2-4b^2)=4a(a+2b)(a-2b)$

06 $a(x^2-x-6)=a(x-3)(x+2)$

07 $-3y(3x^2-2x-1)=-3y(3x+1)(x-1)$

08 $-y(x^2-13xy-48y^2)$
$=-y(x-16y)(x+3y)$

09 $x+y=A$로 놓으면
$$A^2-9=(A+3)(A-3)$$
$$=(x+y+3)(x+y-3) \cdots 답$$

10 $2x-1=A$로 놓으면
$$A^2-1=(A+1)(A-1)$$
$$=(2x-1+1)(2x-1-1)$$
$$=2x(2x-2)=4x(x-1) \cdots 답$$

11 $x-3=A$로 놓으면
$$A^2-9x^2=(A+3x)(A-3x)$$
$$=(x-3+3x)(x-3-3x)$$
$$=(4x-3)(-2x-3)$$
$$=-(4x-3)(2x+3) \cdots 답$$

12 $x+2=A$로 놓으면
$$A^2-8A+16=(A-4)^2$$
$$=(x+2-4)^2$$
$$=(x-2)^2 \cdots 답$$

13 $a-b=A$로 놓으면
$$A^2-20A+100=(A-10)^2$$
$$=(a-b-10)^2 \cdots 답$$

14 $2x+3=A$로 놓으면
$$4A^2-4A+1=(2A-1)^2$$
$$=(4x+6-1)^2$$
$$=(4x+5)^2 \cdots 답$$

15 $a-1=A$로 놓으면
$$Ax^2-2Ax+A=A(x^2-2x+1)$$
$$=A(x-1)^2$$
$$=(a-1)(x-1)^2 \cdots 답$$

16 $x-3=A$로 놓으면
$$A^2+5A+6=(A+2)(A+3)$$
$$=(x-3+2)(x-3+3)$$
$$=x(x-1) \cdots 답$$

17 $x-4=A$로 놓으면
$$A^2-4A+3=(A-3)(A-1)$$
$$=(x-4-3)(x-4-1)$$
$$=(x-7)(x-5) \cdots 답$$

18 $x+5=A$로 놓으면
$$A^2-7A+10=(A-2)(A-5)$$
$$=(x+5-2)(x+5-5)$$
$$=x(x+3) \cdots 답$$

19 $x-2=A$로 놓으면
$$A^2-2A-8=(A-4)(A+2)$$
$$=(x-2-4)(x-2+2)$$
$$=x(x-6) \cdots 답$$

20 $x-y=A$로 놓으면
$$A^2+4A-5=(A+5)(A-1)$$
$$=(x-y+5)(x-y-1) \cdots 답$$

21 $x-2=A$로 놓으면
$$Ax^2-3Ax-10A=A(x^2-3x-10)$$
$$=A(x-5)(x+2)$$
$$=(x-2)(x-5)(x+2)$$
$$\cdots 답$$

22 $x+1=X$로 놓으면

$Xa^2+3Xa-10X=X(a^2+3a-10)$
$=X(a+5)(a-2)$
$=(x+1)(a+5)(a-2)$ ⋯ **답**

23 $x+3=A$로 놓으면

$3A^2-5A-2=(3A+1)(A-2)$
$=\{3(x+3)+1\}(x+3-2)$
$=(3x+10)(x+1)$ ⋯ **답**

24 $x-2=A$로 놓으면

$2A^2+A-6=(A+2)(2A-3)$
$=(x-2+2)(2x-4-3)$
$=x(2x-7)$ ⋯ **답**

25 $x+2=A$로 놓으면

$6A^2-19A+15=(2A-3)(3A-5)$
$=(2x+4-3)(3x+6-5)$
$=(2x+1)(3x+1)$ ⋯ **답**

26 $3x+1=A$로 놓으면

$2A^2+7A-4=(A+4)(2A-1)$
$=(3x+1+4)(6x+2-1)$
$=(3x+5)(6x+1)$ ⋯ **답**

27 $3b+1=X$로 놓으면

$3a^2-11aX+6X^2=(a-3X)(3a-2X)$
$=(a-9b-3)(3a-6b-2)$
⋯ **답**

28 $x+y=A,\ x-2y=B$로 놓으면

$2A^2-5AB-3B^2$
$=(2A+B)(A-3B)$
$=(2x+2y+x-2y)(x+y-3x+6y)$
$=3x(-2x+7y)$
$=-3x(2x-7y)$ ⋯ **답**

29 $x^2+xy+x+y=x(\boxed{x+y})+(\boxed{x+y})$
$=(\boxed{x+y})(x+1)$

답 $x+y$

30 $xy-x-y+1=x(\boxed{y-1})-(\boxed{y-1})$
$=(\boxed{y-1})(x-1)$

답 $y-1$

31 $a^2-4a+ab-4b=a(\boxed{a-4})+b(\boxed{a-4})$
$=(\boxed{a-4})(a+b)$

답 $a-4$

32 $x^3-x^2+9x-9=x^2(\boxed{x-1})+9(\boxed{x-1})$
$=(\boxed{x-1})(x^2+9)$

답 $x-1$

33 $x+y$

34 $a+5$

35 $(x-1)-x(x-1)=(x-1)(1-x)$
$=-(x-1)^2$

36 $(y-z)(x-y+z-x)=(y-z)(-y+z)$
$=-(y-z)^2$

37 $a^2+8ab+16b^2+a^2-a^2-25ab$
$=a^2-17ab+16b^2=(a-b)(a-16b)$

38 $x^2(x+1)-(x+1)=(x+1)(x^2-1)$
$=(x+1)(x+1)(x-1)$
$=(x+1)^2(x-1)$

39 $(1-2x)+(y-2xy)=(1-2x)+y(1-2x)$
$=(1-2x)(1+y)$

40 $x^3-x-x^2y+y=x(x^2-1)-y(x^2-1)$
$=(x^2-1)(x-y)$
$=(x+1)(x-1)(x-y)$

41 $x^2-y^2+2x-2y=(x+y)(x-y)+2(x-y)$
$=(x-y)(x+y+2)$

42 $x-y=A$로 놓으면

$4A^2-1=(2A+1)(2A-1)$
$=(2x-2y+1)(2x-2y-1)$ ⋯ **답**

43 $a-5b=X$로 놓으면

$$X(X-3)-10=X^2-3X-10$$
$$=(X-5)(X+2)$$
$$=(a-5b-5)(a-5b+2)$$
$$\cdots \text{답}$$

44 $x-y=A$로 놓으면

$$A(A-5)-6=A^2-5A-6$$
$$=(A-6)(A+1)$$
$$=(x-y-6)(x-y+1) \cdots \text{답}$$

45 $x+1=A$로 놓으면

$$A(x^2-9+x+3)=A(x^2+x-6)$$
$$=(x+1)(x+3)(x-2)$$
$$\cdots \text{답}$$

46 $x-1=A$로 놓으면

$$2(x+1)A+(x+2)A=A(2x+2+x+2)$$
$$=(x-1)(3x+4)$$
$$\cdots \text{답}$$

47 $x-1=A$로 놓으면

$$A^2+3A-4=(A+4)(A-1)$$
$$=(x+3)(x-2) \cdots \text{답}$$

48 $x-2y=A$, $x+2y=B$라 하면

$$2A^2-5AB-3B^2$$
$$=(2A+B)(A-3B)$$
$$=(2x-4y+x+2y)(x-2y-3x-6y)$$
$$=(3x-2y)(-2x-8y)$$
$$=-2(3x-2y)(x+4y) \cdots \text{답}$$

49 $x+1=A$, $x-4=B$라 하면

$$6A^2+AB-B^2$$
$$=(2A+B)(3A-B)$$
$$=(2x+2+x-4)(3x+3-x+4)$$
$$=(3x-2)(2x+7) \cdots \text{답}$$

50 $x-3=A$, $x+3=B$라 하면

$$2A^2-2AB-12B^2$$
$$=2(A-3B)(A+2B)$$

$$=2(x-3-3x-9)(x-3+2x+6)$$
$$=-12(x+6)(x+1) \cdots \text{답}$$

51 $(86+85)(86-85)=171$

52 $\sqrt{(68+32)(68-32)}=\sqrt{100\times36}=60$

53 $21=a$로 놓으면

$$a^2-2a+1=(a-1)^2=(21-1)^2=400 \cdots \text{답}$$

54 $17(75-73)=17\times2=34$

55 $15(67-64)=15\times3=45$

56 $3.14(7.5^2-2.5^2)=3.14(7.5+2.5)(7.5-2.5)$
$$=3.14\times10\times5=157$$

57 $(13^2-11^2)+(9^2-7^2)+(5^2-3^2)$
$$=(13+11)(13-11)+(9+7)(9-7)$$
$$+(5+3)(5-3)$$
$$=24\times2+16\times2+8\times2=96$$

58 $(1^2-2^2)+(3^2-4^2)+\cdots+(9^2-10^2)$
$$=(1+2)(1-2)+(3+4)(3-4)$$
$$+\cdots+(9+10)(9-10)$$
$$=-(1+2+3+4+\cdots+9+10)$$
$$=-55$$

59 $n^2-4n+4=(n-2)^2=(102-2)^2=10000$

60 $x^2+4x+4=(x+2)^2=(99+2)^2$
$$=101^2=(100+1)^2$$
$$=100^2+2\times100+1=10201$$

61 $x^2-6x+9=(x-3)^2=(203-3)^2=40000$

62 $(t-2)^2+6(t-2)+9=\{(t-2)+3\}^2$
$$=\{(\sqrt{2}-1-2)+3\}^2$$
$$=(\sqrt{2})^2=2$$

63 $x^2-2xy+y^2=(x-y)^2=(1+\sqrt{3}-1+\sqrt{3})^2$
$$=(2\sqrt{3})^2=12$$

64 $a^2-b^2=(a+b)(a-b)$
$\qquad\quad =(1.85+0.15)(1.85-0.15)$
$\qquad\quad =2\times1.7=3.4$

65 $(x+y)(x-y)+4(x-y)=3\times5+4\times5$
$\qquad\qquad\qquad\qquad\qquad\ =35$

66 $10(x^2-4y^2)=10(x+2y)(x-2y)$
$\qquad\qquad\quad =10\times\sqrt{2}\times3\sqrt{2}=60$

67 $(x+4y)^2-9=3^2-9=0$

68 $1<\sqrt{2}<2$이므로 $x=\sqrt{2}-1$
$\therefore\ x^2+2x+1=(x+1)^2=(\sqrt{2})^2=2$
답 2

69 $x^2-(\sqrt{2}-1)x-\sqrt{2}=(x-\sqrt{2})(x+1)$
$\qquad\qquad\qquad\qquad\quad =(\sqrt{2}-1-\sqrt{2})\times\sqrt{2}$
$\qquad\qquad\qquad\qquad\quad =-\sqrt{2}$
답 $-\sqrt{2}$

70 $x=\dfrac{1}{2+\sqrt{3}}=2-\sqrt{3},\ y=2+\sqrt{3}$
$x^2-2xy+y^2=(x-y)^2=(-2\sqrt{3})^2=12$
답 12

71 $x^2+3xy+y^2=(x+y)^2+xy$
$\qquad\qquad\qquad =4^2+1=17$ 답 17

72 $(x+y)(x-y)=4\times(-2\sqrt{3})=-8\sqrt{3}$
답 $-8\sqrt{3}$

73 가로의 길이를 $x\,\mathrm{cm}$라 하면 세로의 길이는
$(x-3)\mathrm{cm}$이므로
$x(x-3)=40,\ x^2-3x-40=0$
$(x-8)(x+5)=0\qquad\therefore x=8(\because x>0)$
답 8 cm

74 $10a^2+19a+6=(2a+3)(5a+2)$
따라서 가로의 길이는 $5a+2$이다.
답 $5a+2$

75 $25a^2+40ab+16b^2=(5a+4b)^2$이므로
정사각형의 한 변의 길이는 $5a+4b$이다.
따라서 정사각형의 둘레의 길이는
$4(5a+4b)=20a+16b$ ··· 답

P. 68

Step2 개념탄탄

01 $9-(2x-1)^2=3^2-(2x-1)^2$
$\qquad\qquad\quad =(3+2x-1)\{3-(2x-1)\}$
$\qquad\qquad\quad =(2x+2)(4-2x)$
$\qquad\qquad\quad =-4(x+1)(x-2)$
답 ④

02 $4(a+b)^2-16=4\{(a+b)^2-2^2\}$
$\qquad\qquad\qquad =4\{(a+b)+2\}\{(a+b)-2\}$
$\qquad\qquad\qquad =4(a+b+2)(a+b-2)$
답 ③

03 $x^5-x=x(x^4-1)$
$\qquad\quad =x\{(x^2)^2-1^2\}$
$\qquad\quad =x(x^2+1)(x^2-1)$
$\qquad\quad =x(x^2+1)(x+1)(x-1)$
답 ②

04 $\quad(x^2-2xy+y^2)-8(x-y)+16$
$=(x-y)^2-8(x-y)+4^2$
$=(x-y-4)^2$ ··· 답

05 $A^2-2A-8=(A+\boxed{2})(A-4)$
$\qquad\qquad\quad =\{(x+3)+\boxed{2}\}\{(x+3)-\boxed{4}\}$
$\qquad\qquad\quad =(x+\boxed{5})(x-\boxed{1})$
답 ⑤

06 ③

P. 69~73

Step3 실력완성

1 $x^2(x-1)-4(x+1)=(x+1)(x^2-4)$
$\qquad\qquad\qquad\quad=(x+1)(x+2)(x-2)$

답 ②

2 $\quad m(m+a)-n(m+a)-(m+a)$
$=(m+a)(m-n-1)$

답 ①, ④

3 $x^4-20x^2+64=(x^2-16)(x^2-4)$
$\qquad\qquad\qquad\quad=(x+4)(x-4)(x+2)(x-2)$

답 ③

4 $x+y=A$로 놓으면
$10A^2-19A+6=(5A-2)(2A-3)$
$\qquad\qquad\qquad=(5x+5y-2)(2x+2y-3)$
따라서 $a=b=5,\ c=d=2$이므로
$a+b+c+d=14$

답 ③

5 $\quad 2x^2+x-1-(x+1)^2$
$=2x^2+x-1-(x^2+2x+1)$
$=x^2-x-2$
$=(x-2)(x+1)$
$\therefore\ x-2+x+1=2x-1$

답 $2x-1$

채점 기준	
주어진 식을 인수분해하기	80%
답 구하기	20%

6 $x+y=A$로 놓으면
$A^2+2zA-15z^2=(A+5z)(A-3z)$
$\qquad\qquad\qquad\quad=(x+y+5z)(x+y-3z)$

답 ⑤

7 주어진 식은 $3(2x-y)^2+5x(2x-y)-2x^2$이
므로 $2x-y=A$로 놓으면
$3A^2+5xA-2x^2=(A+2x)(3A-x)$
$\qquad\qquad\qquad\quad=(2x-y+2x)(6x-3y-x)$
$\qquad\qquad\qquad\quad=(4x-y)(5x-3y)$
$\therefore\ a+b+c+d=4+(-1)+5+(-3)=5$

답 5

채점 기준	
공통인수를 치환하기	30%
주어진 식 인수분해하기	50%
답 구하기	20%

8 $(a+b)^2-(a+b)-2=(a+b+1)(a+b-2)$

답 ④

9 $\quad x^2-4xy+3y^2-6x+2y-16$
$=x^2-(4y+6)x+(3y^2+2y-16)$
$=x^2-(4y+6)x+(y-2)(3y+8)$
$=\{x-(y-2)\}\{x-(3y+8)\}$
$=(x-y+2)(x-3y-8)$
$\therefore\ ab+cd=(-1)\times2+(-3)\times(-8)=22$

답 ④

10 $xy-x+y-1=x(y-1)+(y-1)$
$\qquad\qquad\qquad=(x+1)(y-1)$
$2(x+1)x^2-5(x+1)x-3(x+1)$
$=(x+1)(2x^2-5x-3)$
$=(x+1)(2x+1)(x-3)$
따라서 공통인수는 $x+1$이다.

답 $x+1$

채점 기준	
두 식을 각각 인수분해하기	80%
공통인수 구하기	20%

11 (주어진 식)
$=\{(x-1)(x+2)\}\{(x-2)(x+3)\}-60$
$=(x^2+x-2)(x^2+x-6)-60$
$=(x^2+x)^2-8(x^2+x)+12-60$
$=(x^2+x)^2-8(x^2+x)-48$
$=(x^2+x-12)(x^2+x+4)$
$=(x-3)(x+4)(x^2+x+4)$

답 ②

12 $\quad(x+1)(x+2)(x+3)(x+4)+k$
$=\{(x+1)(x+4)\}\{(x+2)(x+3)\}+k$
$=\underset{A}{(x^2+5x+4)}\underset{A}{(x^2+5x+6)}+k$
$=(A+4)(A+6)+k$
$=A^2+10A+24+k$
이 식이 완전제곱식이 되려면
$24+k=\left(10\times\dfrac{1}{2}\right)^2=25\qquad\therefore\ k=1$

답 1

채점 기준	
주어진 식을 전개하기	60%
완전제곱식이 될 조건 알기	30%
답 구하기	10%

13 ① $x^2-2xy+y^2-zx+yz$
$$=(x-y)^2-z(x-y)$$
$$=(x-y)(x-y-z)$$
② $(x-1)(x+1)+(x+2)(x-1)$
$$=(x-1)(2x+3)$$
③ $xy(x-1)-(x-1)=(x-1)(xy-1)$
④ $x^2-(y+z)^2=(x+y+z)(x-y-z)$
⑤ $a(a-b)-(a-b)=(a-b)(a-1)$
답 ⑤

14 $2xy-x-2y+1=x(2y-1)-(2y-1)$
$$=(x-1)(2y-1)$$
즉 $(x-1)(2y-1)=3$에서 x, y가 자연수이므로
$$\begin{cases} x-1=1 \\ 2y-1=3 \end{cases} \text{또는} \begin{cases} x-1=3 \\ 2y-1=1 \end{cases}$$
따라서 (x, y)는 $(2, 2), (4, 1)$ … 답

15 (주어진 식)$=x^2y-x^2z+y^2z-xy^2+xz^2-yz^2$
$$=(y-z)x^2-(y^2-z^2)x+yz(y-z)$$
$$=(y-z)\{x^2-(y+z)x+yz\}$$
$$=(y-z)(x-y)(x-z)$$
$$=-(x-y)(y-z)(z-x)$$
답 ①

16 (주어진 식)$=x^3-x^2y-x+y$
$$=(x^3-x)-(x^2-1)y$$
$$=x(x^2-1)-(x^2-1)y$$
$$=(x^2-1)(x-y)$$
$$=(x+1)(x-1)(x-y)$$
따라서 세 일차식의 합은
$$(x+1)+(x-1)+(x-y)=3x-y$$
답 ⑤

17 (좌변)$=x(x+3)(x+1)(x+2)+1$
$$=\underbrace{(x^2+3x)}_{A}\underbrace{(x^2+3x+2)}_{A}+1$$
$$=A(A+2)+1=A^2+2A+1$$
$$=(A+1)^2=(x^2+3x+1)^2$$

우변과 비교하면 $a=3, b=1$
$$\therefore a+b=4$$
답 4

채점 기준	
좌변을 전개하여 완전제곱식으로 나타내기	70%
a, b의 값 구하기	20%
답 구하기	10%

18 (주어진 식)$=502^2-498^2+52^2-48^2+7^2$
$$\qquad -3^2+4$$
$$=(502+498)(502-498)$$
$$\quad +(52+48)(52-48)$$
$$\quad +(7+3)(7-3)+4$$
$$=1000\times4+100\times4+10\times4+4$$
$$=4444$$
답 ⑤

19 (주어진 식)$=(4-3)(4+3)(4^2+3^2)(4^4+3^4)$
$$\quad (4^8+3^8)+3^{16}$$
$$=(4^2-3^2)(4^2+3^2)(4^4+3^4)$$
$$\quad (4^8+3^8)+3^{16}$$
$$=(4^4-3^4)(4^4+3^4)(4^8+3^8)+3^{16}$$
$$=(4^8-3^8)(4^8+3^8)+3^{16}$$
$$=4^{16}-3^{16}+3^{16}$$
$$=4^{16}=(2^2)^{16}=2^{32}$$
답 ③

20 $2^{20}+4^{12}=2^{20}+2^{24}=2^{20}(1+2^4)$
$$4^8+8^4=2^{16}+2^{12}=2^{12}(2^4+1)$$
$$\therefore \text{(주어진 식)}=\frac{\sqrt{2^{20}(1+2^4)}}{\sqrt{2^{12}(2^4+1)}}$$
$$=\sqrt{2^8}=2^4=16$$
답 16

채점 기준	
$2^{20}+4^{12}$을 간단히 하기	30%
4^8+8^4을 간단히 하기	30%
답 구하기	40%

21 $999=a$라 하면
$$\text{(주어진 식)}=\frac{a(a+2)+1}{a^2-1}=\frac{a^2+2a+1}{(a+1)(a-1)}$$
$$=\frac{(a+1)^2}{(a+1)(a-1)}=\frac{a+1}{a-1}$$
$$=\frac{1000}{998}=\frac{500}{449}$$
답 ④

22 x, y의 분모를 유리화하면
$$x=2-\sqrt{3},\ y=2+\sqrt{3}$$
$$\therefore\ x^3y-xy^3=xy(x^2-y^2)$$
$$=xy(x+y)(x-y)$$
$$=1\times4\times(-2\sqrt{3})=-8\sqrt{3}$$
답 ①

23 $x=\dfrac{1}{4+\sqrt{15}}\times\dfrac{4-\sqrt{15}}{4-\sqrt{15}}=4-\sqrt{15}$,
$$y=\dfrac{1}{4-\sqrt{15}}\times\dfrac{4+\sqrt{15}}{4+\sqrt{15}}=4+\sqrt{15}$$
$$\therefore\ x+y=8,\ x-y=-2\sqrt{15}$$
$$\therefore\ x^2-y^2+4y-4$$
$$=(x+y)(x-y)+4(y-1)$$
$$=8\times(-2\sqrt{15})+4(3+\sqrt{15})$$
$$=-16\sqrt{15}+12+4\sqrt{15}$$
$$=12-12\sqrt{15}$$
답 $12-12\sqrt{15}$

채점 기준	
x의 분모를 유리화하기	20%
y의 분모를 유리화하기	20%
주어진 식을 정리하기	40%
답 구하기	20%

24 (분자)$=x^2(x^2+3x)+16x$
$$=5x^2+16x\ (\because\ x^2+3x=5)$$
$$=5(x^2+3x)+x$$
$$=x+25$$
$$\therefore\ (주어진\ 식)=\dfrac{x+25}{x+25}=1$$
답 ②

25 $x=\sqrt{10}+3,\ y=\sqrt{10}-3$
$$\therefore\ 2x^2-2y^2+4x+2$$
$$=2\{(x^2+2x+1)-y^2\}$$
$$=2\{(x+1)^2-y^2\}$$
$$=2(x+y+1)(x-y+1)$$
$$=2(2\sqrt{10}+1)\times7$$
$$=14+28\sqrt{10}$$
따라서 $a=14,\ b=28$이므로
$$a+b=42$$
답 ⑤

26 (주어진 식)$=a^2(a-b)-b^2(a-b)$
$$=(a-b)(a^2-b^2)$$
$$=(a-b)^2(a+b)$$

$$(a-b)^2=(a+b)^2-4ab=(2\sqrt{5})^2-4\times4=4$$
$$\therefore\ (주어진\ 식)=4\times2\sqrt{5}=8\sqrt{5}$$
답 ③

27 $(a-1)(b-1)(c-1)$
$$=(ab-a-b+1)(c-1)$$
$$=abc-ab-ac+a-bc+b+c-1$$
$$=abc-(ab+ac+bc)+a+b+c-1$$
$$=18-12+6-1=11$$
답 11

28 $m-n=ax-by-bx+ay$
$$=a(x+y)-b(x+y)$$
$$=(a-b)(x+y)$$
$$\therefore\ (m-n)^2=(a-b)^2(x+y)^2\quad\cdots\cdots\ ㉠$$
$$(a-b)^2=(a+b)^2-4ab$$
$$=5^2-4\times3=13\quad\cdots\cdots\ ㉡$$
$$(x+y)^2=(x-y)^2+4xy$$
$$=4^2+4\times(-1)=12\quad\cdots\cdots\ ㉢$$
㉡, ㉢을 ㉠에 대입하면
$$(m-n)^2=13\times12=156$$
답 156

채점 기준	
$(m-n)^2$을 a, b, x, y에 관한 식으로 나타내기	40%
$(a-b)^2$의 값 구하기	20%
$(x+y)^2$의 값 구하기	20%
답 구하기	20%

29 크기가 두 번째인 반원의 반지름의 길이는
$$\dfrac{x+y}{2}$$
따라서 구하는 넓이는
$$\pi\left(\dfrac{x+y}{2}\right)^2-\pi\left(\dfrac{x}{2}\right)^2$$
$$=\dfrac{\pi}{4}\{(x+y)^2-x^2\}$$
$$=\dfrac{\pi}{4}(x+y+x)(x+y-x)$$
$$=\dfrac{\pi}{4}y(2x+y)\ \cdots\ \text{답}$$

30 안쪽의 정사각형의 한 변의 길이는
$(x-2y)$m이므로 길의 넓이는
$$x^2-(x-2y)^2=(x+x-2y)(x-x+2y)$$
$$=4y(x-y)(\text{m}^2)$$
답 ②

P. 74

Step **4** 유형 클리닉

1 주어진 식을 x에 대하여 내림차순으로 정리하면

$$x^2-(2y+5)x+(y^2+5y+6)$$
$$=x^2-(2y+5)x+(y+2)(y+3)$$
$$=\{x-(y+2)\}\{x-(y+3)\}$$
$$=(x-y-2)(x-y-3)$$
$$\therefore ab+cd=(-1)\times(-2)+(-1)\times(-3)$$
$$=5$$

답 5

1-1 $x^2-y^2+3x+y+2$

$$=x^2+3x-(y^2-y-2)$$
$$=x^2+3x-(y+1)(y-2)$$
$$=\{x+(y+1)\}\{x-(y-2)\}$$
$$=(x+y+1)(x-y+2) \cdots$$ 답

1-2 $6x^2+7xy-5y^2-11x+12y-7$

$$=6x^2+(7y-11)x-(5y^2-12y+7)$$
$$=6x^2+(7y-11)x-(5y-7)(y-1)$$
$$=\{3x+(5y-7)\}\{2x-(y-1)\}$$
$$=(3x+5y-7)(2x-y+1) \cdots$$ 답

2 $2\sqrt{5}=\sqrt{20}$ 이고 $4<\sqrt{20}<5$ 이므로

$2\sqrt{5}$ 의 소수 부분은 $a=2\sqrt{5}-4$

$3\sqrt{2}=\sqrt{18}$ 이고 $4<\sqrt{18}<5$ 이므로

$3\sqrt{2}$ 의 정수 부분은 $b=4$

$$(분모)=a^3-b^3+a^2b-ab^2$$
$$=a^2(a+b)-b^2(a+b)$$
$$=(a+b)(a^2-b^2)=(a+b)^2(a-b)$$
$$\therefore (주어진 식)=\frac{(a+b)^2(a-b)}{a-b}=(a+b)^2$$
$$=(2\sqrt{5}-4+4)^2=20$$

답 20

2-1 $10008=a$ 라 하면

$$(좌변)=a(a+4)+4=a^2+4a+4$$
$$=(a+2)^2$$
$$\therefore n=a+2=10008+2=10010$$

답 10010

2-2 $x=(a+3)^2=a^2+6a+9$

$$\sqrt{x-12a}=\sqrt{a^2+6a+9-12a}$$
$$=\sqrt{a^2-6a+9}=\sqrt{(a-3)^2}$$
$$\sqrt{x+2a+7}=\sqrt{a^2+6a+9+2a+7}$$
$$=\sqrt{a^2+8a+16}=\sqrt{(a+4)^2}$$

$\sqrt{x}=a+3\geq0$ 에서 $a\geq-3$ 이므로

$$-3\leq a<3$$

따라서 $\sqrt{(a-3)^2}=-(a-3)$, $\sqrt{(a+4)^2}=a+4$

이므로

$$(주어진 식)=-(a-3)-(a+4)=-2a-1$$

답 $-2a-1$

P. 75

Step **5** 서술형 만점 대비

1 $a=\sqrt{5}+\sqrt{2}+\sqrt{7}$, $b=\sqrt{5}-\sqrt{2}+\sqrt{7}$ 로 놓으면

$$(주어진 식)=a^2-b^2=(a+b)(a-b) \quad\cdots\cdots ㉠$$
$$a+b=2\sqrt{5}+2\sqrt{7} \quad\cdots\cdots ㉡$$
$$a-b=2\sqrt{2} \quad\cdots\cdots ㉢$$

㉡, ㉢을 ㉠에 대입하면

$$(주어진 식)=2(\sqrt{5}+\sqrt{7})\times2\sqrt{2}$$
$$=4(\sqrt{10}+\sqrt{14})$$

답 $4(\sqrt{10}+\sqrt{14})$

채점 기준	
주어진 식을 치환하여 나타내기	20%
치환한 식 인수분해하기	20%
각 인수의 식의 값 구하기	40%
답 구하기	20%

2 $3^{24}-1=(3^{12})^2-1^2=(3^{12}+1)(3^{12}-1)$

$$=(3^{12}+1)(3^6+1)(3^6-1)$$
$$=(3^{12}+1)(3^6+1)(3^3+1)(3^3-1)$$

$3^3+1=28$, $3^3-1=26$ 이므로 $3^{24}-1$ 은 26, 28

로 나누어떨어진다.

답 26, 28

채점 기준	
$3^{24}-1$을 인수분해하기	60%
답 구하기	40%

3 $xy-3x+2y-11=0$에서

$x(y-3)+2(y-3)-5=0$

$(x+2)(y-3)=5$

$x+2$	1	5	-1	-5
$y-3$	5	1	-5	-1

따라서 (x, y)를 구해 보면

$(-1, 8)$, $(3, 4)$, $(-3, -2)$, $(-7, 2)$

이므로 xy의 최댓값은 12이다.   **답** 12

채점 기준

주어진 식을 (일차식의 곱)=(정수)꼴로 나타내기	60%
주어진 식을 만족하는 정수 x, y의 값 구하기	30%
답 구하기	10%

4 두 정육면체의 한 모서리의 길이를 각각

$x\,\mathrm{cm}$, $y\,\mathrm{cm}\,(x>y)$라고 하면

두 정육면체의 밑면의 둘레의 길이의 차가

$40\,\mathrm{cm}$이므로

$4x-4y=40$ $\therefore x-y=10$ $\cdots\cdots$ ㉠

또, 밑면의 넓이의 차가 $300\,\mathrm{cm}^2$이므로

$x^2-y^2=300$, $(x+y)(x-y)=300$

㉠을 대입하면 $x+y=30$ $\cdots\cdots$ ㉡

㉡-㉠을 하면 $y=10$

따라서 작은 정육면체의 부피는

$10^3=1000\,(\mathrm{cm}^3)$ **답** $1000\,\mathrm{cm}^3$

채점 기준

두 정육면체의 한 모서리의 길이를 x, y로 놓기	20%
주어진 조건을 이용하여 식 세우기	60%
답 구하기	20%

중간고사 대비   P. 76~80

내신 만점 테스트 1회

1 순환하지 않는 무한소수, 즉 무리수는

π, $\sqrt{0.4}$, $\sqrt{\dfrac{4}{15}}$, $3+\sqrt{2}$의 4개이다.   **답** ③

2 ① 0의 제곱근은 0이다.

② 4의 제곱근은 ± 2이다.

③ 음수의 제곱근은 없다.

④ (제곱근 25)$=\sqrt{25}=5$

⑤ 양수의 제곱근은 2개이고, 0의 제곱근은 0으로 1개뿐이다.   **답** ④

3 ① $\sqrt{5^2}=5$ ② $\sqrt{(-3)^2}=3$

③ $\sqrt{4a^2}=\sqrt{(2a)^2}=\begin{cases} 2a\,(a\geq 0) \\ -2a\,(a<0) \end{cases}$

④ $\sqrt{9}+\sqrt{16}=3+4=7$,

$\sqrt{9+16}=\sqrt{25}=5$

⑤ $\sqrt{9}\times\sqrt{25}=3\times 5=15$

$\sqrt{9\times 25}=\sqrt{(3\times 5)^2}=15$ **답** ⑤

4 $\sqrt{15\times 6\times 8}=\sqrt{3\times 5\times 3\times 2\times 2^3}$

$=\sqrt{2^4\times 3^2\times 5}$

$=12\sqrt{5}$

$\therefore a=12$ **답** ②

5 (주어진 식)$=2\sqrt{2}-\sqrt{18}+\sqrt{72}$

$=2\sqrt{2}-3\sqrt{2}+6\sqrt{2}$

$=5\sqrt{2}$ **답** ⑤

6 (주어진 식)$=\sqrt{36}-3+\sqrt{18}$

$=6-3+3\sqrt{2}$

$=3+3\sqrt{2}$ **답** ③

7 $\dfrac{6}{3\sqrt{2}+2\sqrt{3}}\times\dfrac{3\sqrt{2}-2\sqrt{3}}{3\sqrt{2}-2\sqrt{3}}$

$=\dfrac{6(3\sqrt{2}-2\sqrt{3})}{(3\sqrt{2})^2-(2\sqrt{3})^2}=3\sqrt{2}-2\sqrt{3}$

답 ⑤

8 ① $\sqrt{34}<\sqrt{36}$이므로 $\sqrt{34}<6$

② $\sqrt{5}>\sqrt{4}$이므로 $\sqrt{5}>2$

③ $\sqrt{21}>\sqrt{16}$에서 $\sqrt{21}>4$ $\therefore -\sqrt{21}<-4$

④ $\sqrt{12}>\sqrt{9}$에서 $\sqrt{12}>3$ $\therefore -\sqrt{12}<-3$

⑤ $\sqrt{2}<\sqrt{3}$이므로 $\dfrac{\sqrt{2}}{7}<\dfrac{\sqrt{3}}{7}$ 답 ④

9 ① $\sqrt{0.08}=\sqrt{\dfrac{8}{100}}=\dfrac{\sqrt{8}}{10}=0.2828$

② $\sqrt{0.008}=\sqrt{\dfrac{80}{10000}}=\dfrac{\sqrt{80}}{100}=0.08944$

③ $\sqrt{800}=10\sqrt{8}=28.28$

④ $\sqrt{8000}=10\sqrt{80}=89.44$

⑤ $\sqrt{80000}=100\sqrt{8}=282.8$ 답 ⑤

10 ① $(3x+y)(x-2y)$

② $(x-1)(y-1)$

③ $\{(2x+1)+(x-2)\}\{(2x+1)-(x-2)\}$
$=(3x-1)(x+3)$

④ $(x+y)(x-y)-2(x-y)$
$=(x-y)(x+y-2)$

⑤ $x(x^2-4)=x(x+2)(x-2)$ 답 ③

11 ① $a^2-(b-c)^2=(a+b-c)(a-b+c)$

② $2a(2b-3)-5(2b-3)=(2a-5)(2b-3)$

③ $1-(x-2y)^2=(1+x-2y)(1-x+2y)$

④ $3x(2z-1)+5y(2z-1)$
$=(3x+5y)(2z-1)$

⑤ $a(b-2)-(b-2)=(a-1)(b-2)$ 답 ③

12 ① $(a-4)^2$ ② $\left(\dfrac{1}{4}x+2\right)^2$

③ $-2(y+1)^2$ ④ $3(x-2y)^2$ 답 ⑤

13 $x^2-10x+a$가 완전제곱식이 되려면

$a=\left(-10\times\dfrac{1}{2}\right)^2=25$

$\therefore x^2-10x+25=(x-5)^2$

따라서 $a=25$, $b=-5$이므로

$a+b=20$ 답 ③

14 $2x^2-ax-15=(x-3)(2x+5)$에서
$-a=5-6$이므로 $a=1$ 답 ③

15 $a^2-2ab-3b^2=(a+b)(a-3b)$
$=(1.75+0.25)(1.75-3\times0.25)$
$=2\times1=2$ 답 ⑤

16 $\square ABCD$의 한 변의 길이는 $\sqrt{5}$이므로
$\overline{CP}=\overline{CQ}=\sqrt{5}$

따라서 $x=4-\sqrt{5}$, $y=4+\sqrt{5}$이므로

$x^3-x^2y-xy^2+y^3=x^2(x-y)-y^2(x-y)$
$=(x-y)(x^2-y^2)$
$=(x-y)^2(x+y)$
$=(-2\sqrt{5})^2\times8=160$

답 ②

17 주어진 부등식의 각 변을 제곱하면

$9<3x^2<81$에서 $3<x^2<27$

$\therefore \sqrt{3}<x<\sqrt{27}$

$1<\sqrt{3}<2$, $5<\sqrt{27}<6$이므로 자연수 x는 2,
3, 4, 5의 4개이다.   답 4

18 $x>y$, $xy<0$에서 $x>0$, $y<0$

$(\sqrt{x})^2=x$

$\sqrt{(y-x)^2}=-(y-x)$ ($\because y-x<0$)

$\sqrt{y^2}=-y$

$\sqrt{(xy)^2}=-xy$

$\therefore$ (주어진 식)$=x+(y-x)-y+xy$
$=xy$ 답 xy

19 $6x^2+ax-20=(2x+5)(3x+b)$
$=6x^2+(2b+15)x+5b$

$a=2b+15$, $-20=5b$이므로

$b=-4$, $a=7$

$\therefore a-b=7-(-4)=11$ 답 11

20 $1<\sqrt{2}<2$에서 $-2<-\sqrt{2}<-1$이므로

$4<6-\sqrt{2}<5$

즉, $6-\sqrt{2}$의 정수 부분은 $a=4$,

소수 부분은 $b=6-\sqrt{2}-4=2-\sqrt{2}$

$\therefore a^2-b^2=16-(2-\sqrt{2})^2$
$=16-(6-4\sqrt{2})$
$=10+4\sqrt{2}$

답 $10+4\sqrt{2}$

21 $\sqrt{4-4x+x^2}=\sqrt{(x-2)^2}$

$x>2$이므로 $x-2>0$

$\therefore \sqrt{(x-2)^2}=x-2$

$\sqrt{9x^2-54x+81}=\sqrt{9(x^2-6x+9)}$
$=\sqrt{9(x-3)^2}$

$x<3$이므로 $x-3<0$

$\sqrt{9(x-3)^2}=-3(x-3)$

$\therefore$ (주어진 식)$=x-2+3(x-3)$
$=4x-11$

답 $4x-11$

22 (1) (주어진 식)

$=\dfrac{4}{2+\sqrt{3}}\times\dfrac{2-\sqrt{3}}{2-\sqrt{3}}-(6-9\sqrt{3}+4\sqrt{3}-18)$
$+\dfrac{18}{2}\times\dfrac{\sqrt{3}}{3}$
$=8-4\sqrt{3}+12+5\sqrt{3}+3\sqrt{3}$
$=20+4\sqrt{3}$

$\therefore a=20,\ b=4,\ c=3$

(2) $\dfrac{1}{\sqrt{20}-4}\times\dfrac{\sqrt{20}+4}{\sqrt{20}+4}=\dfrac{2\sqrt{5}+4}{4}$
$=\dfrac{\sqrt{5}}{2}+1$

답 (1) $a=20,\ b=4,\ c=3$ (2) $\dfrac{\sqrt{5}}{2}+1$

채점 기준	
주어진 식을 간단히 하기	3점
$a,\ b,\ c$의 값 구하기	1점
$\dfrac{1}{\sqrt{a}-b}$ 계산하기	3점

23 $x^2-y^2+2y-1=x^2-(y^2-2y+1)$
$=x^2-(y-1)^2$
$=(x+y-1)(x-y+1)$

$x+y=6$이므로 $(x+y-1)(x-y+1)=30$

에서 $5(x-y+1)=30$

$x-y+1=6$ $\therefore x-y=5$

답 5

채점 기준	
주어진 식의 좌변을 인수분해하기	3점
$x-y$의 값 구하기	3점

중간고사 대비 　 P. 81~85

내신 만점 테스트 2회

1 (ㄱ) $\sqrt{49}=7$의 제곱근은 $\pm\sqrt{7}$이다.

(ㄴ) 순환하지 않는 무한소수만이 무리수이다.

(ㄷ) $a>0$이면 $\sqrt{(-a)^2}=-(-a)=a$,
$(-\sqrt{a})^2=a$이므로 $\sqrt{(-a)^2}=(-\sqrt{a})^2$

(ㄹ) (좌변)$=3\sqrt{2}-2\sqrt{2}+5\sqrt{2}-6\sqrt{2}=0$

따라서 옳은 것은 (ㄱ), (ㄷ)이다.

답 ②

2 ① $5+\sqrt{2}-(\sqrt{3}+4)=1+\sqrt{2}-\sqrt{3}>0$

② $\sqrt{5}-1-2=\sqrt{5}-3<0$

③ $\sqrt{3}+\sqrt{5}-(2+\sqrt{3})=\sqrt{5}-2>0$

④ $5\sqrt{2}-1-(2\sqrt{5}-1)=5\sqrt{2}-2\sqrt{5}$
$=\sqrt{50}-\sqrt{20}>0$

⑤ $2+\sqrt{5}-(3-\sqrt{5})=2\sqrt{5}-1>0$

답 ⑤

3 $18=2\times3^2$이므로 $\sqrt{18x}$가 자연수가 되려면

$x=2\times$ (자연수)^2 꼴이어야 한다.

① $8=2\times2^2$ ② $32=2\times4^2$

③ $50=2\times5^2$ ④ $54=2\times3^3$

⑤ $98=2\times7^2$

답 ④

4 $\sqrt{72}=\sqrt{2^3\times3^2}=(\sqrt{2})^3(\sqrt{3})^2$
$=x^3y^2$

답 ①

5 $\dfrac{\sqrt{2}-2\sqrt{3}}{5\sqrt{3}}\times\dfrac{\sqrt{3}}{\sqrt{3}}=\dfrac{\sqrt{6}-6}{15}$
$=-\dfrac{2}{5}+\dfrac{\sqrt{6}}{15}$

따라서 $a=-\dfrac{2}{5},\ b=\dfrac{1}{15}$이므로

$\dfrac{a}{b}=a\div b=\left(-\dfrac{2}{5}\right)\times15=-6$

답 ③

6 (주어진 식)$=\{(\sqrt{3}+\sqrt{2})(\sqrt{3}-\sqrt{2})\}^5$
$\times\{(2+\sqrt{5})(2-\sqrt{5})\}^3$
$=(3-2)^5(4-5)^3$
$=-1$

답 ③

7 $x=\sqrt{2}-1,\ y=\sqrt{2}+1$이고

$$\frac{y}{x}+\frac{x}{y}=\frac{x^2+y^2}{xy}=\frac{(x+y)^2-2xy}{xy}$$

$x+y=2\sqrt{2},\ xy=1$이므로

$$\frac{y}{x}+\frac{x}{y}=\frac{(2\sqrt{2})^2-2\times1}{1}=6 \qquad \boxed{\text{답}}\ ④$$

8 ① $\sqrt{0.005}=\sqrt{\dfrac{50}{10000}}=\dfrac{\sqrt{50}}{100}=0.07071$

② $\sqrt{0.5}=\sqrt{\dfrac{50}{100}}=\dfrac{\sqrt{50}}{10}=0.7071$

③ $\sqrt{500}=10\sqrt{5}=22.36$

④ $\sqrt{5000}=10\sqrt{50}=70.71$

⑤ $\sqrt{50000}=100\sqrt{5}=223.6 \qquad \boxed{\text{답}}\ ②$

9 ① $(x-2)(x+10)$

③ $(x-3-6)(x-3+5)=(x-9)(x+2)$

④ $(2x-1)(x+3)$

⑤ $(x+y)(y-1) \qquad \boxed{\text{답}}\ ②$

10 $x^2-x=A$로 놓으면

$$\begin{aligned}(\text{주어진 식})&=A^2-8A+12\\ &=(A-2)(A-6)\\ &=(x^2-x-2)(x^2-x-6)\\ &=(x+1)(x-2)(x+2)(x-3)\end{aligned}$$
$$\boxed{\text{답}}\ ③$$

11 $x+y=A$로 놓으면

$$\begin{aligned}(\text{주어진 식})&=A(A-3)-4\\ &=A^2-3A-4\\ &=(A+1)(A-4)\\ &=(x+y+1)(x+y-4)\end{aligned} \qquad \boxed{\text{답}}\ ②$$

12 $(\text{주어진 식})=x^2-6x+8+k$

이므로 완전제곱식이 되려면

$$8+k=\left(-6\times\frac{1}{2}\right)^2=9 \qquad \therefore k=1 \qquad \boxed{\text{답}}\ ②$$

13 $(\text{좌변})=\{(2x+1)+(x-2)\}$

$$\times\{(2x+1)-(x-2)\}$$
$$=(3x-1)(x+3)$$

따라서 $a=-1,\ b=3$이므로

$$2a+b=1 \qquad \boxed{\text{답}}\ ①$$

14 $(\text{좌변})=(2x-3y)(5x+3y)$이므로

$a=-3,\ b=5,\ c=3$

$$\therefore a+bc=-3+5\times3=12 \qquad \boxed{\text{답}}\ ④$$

15 $\begin{aligned}x^3+x^2y+xy^2+y^3&=x^2(x+y)+y^2(x+y)\\ &=(x+y)(x^2+y^2)\\ &=5(x+y) \qquad\cdots\cdots ㉠\end{aligned}$

$(x+y)^2=x^2+y^2+2xy=5+4=9$

$$\therefore x+y=3\ (\because x>0,\ y>0)$$

이것을 ㉠에 대입하면

$$5(x+y)=5\times3=15 \qquad \boxed{\text{답}}\ ④$$

16 $3<\sqrt{12}<4$에서 $-4<-\sqrt{12}<-3$이므로

$$8<12-\sqrt{12}<9$$

따라서 $12-\sqrt{12}$의 정수 부분은 $a=8$

소수 부분은 $b=12-\sqrt{12}-8=4-\sqrt{12}$

$$\begin{aligned}\therefore \frac{a}{b}&=\frac{8}{4-\sqrt{12}}=\frac{8}{4-2\sqrt{3}}\\ &=\frac{4}{2-\sqrt{3}}\times\frac{2+\sqrt{3}}{2+\sqrt{3}}\\ &=8+4\sqrt{3} \qquad \boxed{\text{답}}\ ④\end{aligned}$$

17 $\begin{aligned}(\text{좌변})&=6-3\sqrt{6}+\sqrt{6}-3\\ &=3-2\sqrt{6}\end{aligned}$

따라서 $a=3,\ b=-2$이므로

$$a+b=1 \qquad \boxed{\text{답}}\ 1$$

18 $60x=18y=z^2$이므로 z^2은 60과 18의 공배수이다.

60과 18의 최소공배수가 180이고 z^2은 자연수의 제곱이므로

$180=2^2\times3^2\times5$에서

$z^2=2^2\times3^2\times5^2=(2\times3\times5)^2=30^2$

$$\therefore z=30$$

$\sqrt{60x}=30$에서 $60x=900 \qquad \therefore x=15$

$\sqrt{18y}=30$에서 $18y=900 \qquad \therefore y=50$

$$\boxed{\text{답}}\ x=15,\ y=50,\ z=30$$

19 $\begin{aligned}2(x^2-4x+4)&=2(x-2)^2\\ &=2(2-\sqrt{3}-2)^2\\ &=2(-\sqrt{3})^2=6 \qquad \boxed{\text{답}}\ 6\end{aligned}$

20 주어진 식의 값을 A라 하면
$$2A = (4-2)(4+2)(4^2+2^2)(4^4+2^4)(4^8+2^8)$$
$$(4^{16}+2^{16}) + 2^{32}$$
$$= 4^{32} - 2^{32} + 2^{32} = 4^{32} = 2^{64}$$
따라서 $A = 2^{63}$이므로 $n = 63$

답 63

21 $a+b=15$, $ab=k$이므로 자연수 a, b의 순서쌍 (a, b)를 구해 보면
$(1, 14)$, $(2, 13)$, $(3, 12)$, $(4, 11)$, $(5, 10)$, $(6, 9)$, $(7, 8)$, $(8, 7)$, $(9, 6)$, $(10, 5)$, $(11, 4)$, $(12, 3)$, $(13, 2)$, $(14, 1)$
이므로 k의 최댓값은 $a=7$, $b=8$ 또는 $a=8$, $b=7$일 때 56이다.

답 56

22 $ab<0$, $a>0$이므로 $b<0$
$$(주어진 식) = \sqrt{a^2} - \sqrt{(a-b)^2} + \sqrt{(2b-a)^2}$$
이고 $a-b>0$, $2b-a<0$이므로
$$(주어진 식) = a - (a-b) - (2b-a)$$
$$= a - b$$

답 $a-b$

채점 기준	
b의 부호 판단하기	1점
근호 안의 식을 인수분해하기	2점
식의 부호 판단하기	2점
답 구하기	1점

23 (1) $x^2+x-6=(x-2)(x+3)$,
$3x^2-5x-2=(x-2)(3x+1)$
두 식의 공통인수가 $x-2$이므로 세로의 길이는 $x-2$이다.
$$\therefore a=1, \ b=-2$$
(2) 가로의 길이는 $(x+3)+(3x+1)=4x+4$
(3) 둘레의 길이는 $2(x-2+4x+4)=10x+4$

답 (1) $a=1$, $b=-2$ (2) $4x+4$ (3) $10x+4$

채점 기준	
두 식을 인수분해하기	2점
두 식의 공통인수가 세로의 길이임을 알기	2점
□ABCD의 가로의 길이 구하기	2점
□ABCD의 둘레의 길이 구하기	2점

03 이차방정식의 풀이

P. 86~89

Step 1 교과서 이해

01 이차방정식

02 $3x^2-5-x^2-2x-2=0$
$$\therefore 2x^2-2x-7=0 \ \cdots \ \boxed{답}$$

03 $2x^2=x^2+10x+25$
$$\therefore x^2-10x-25=0 \ \cdots \ \boxed{답}$$

04 $x^2-25=0$ **답** ○

05 $x^3-x^2-5x+3=0$ **답** ×

06 $2x^2=4x^2-1$ $\therefore 2x^2-1=0$ **답** ○

07 $5x^2+5x=x^2+2$ $\therefore 4x^2+5x-2=0$ **답** ○

08 $2x^2-x=2x^2-6$ $\therefore -x-6=0$ **답** ×

09 $a=3$, $b=-2$, $c=-5$

10 $a=1$, $b=-4$, $c=0$

11 $a=3$, $b=0$, $c=-2$

12 $5x^2+6x-1=0$

13 $x^2-9=0$

14 $x^2=0$

15 해, 근

16 $3^2+5\times3+6\neq0$ **답** ×

17 $2\times(-2)^2-5\times(-2)-2\neq0$ **답** ×

18 $7^2-3\times7-28=0$ 답 ○

19 $4^2-10\times4+24=0$ 답 ○

20 $2\times\left(\dfrac{1}{2}\right)^2-3\times\dfrac{1}{2}+1=0$ 답 ○

21 $x=-2$

22 $x=0$ 또는 $x=1$

23 $x=1$ 또는 $x=2$

24 $3^2+a\times3+3=0$에서 $3a+12=0$
$\therefore a=-4$ 답 -4

25 $(-3)^2+2\times(-3)+a=0$에서 $3+a=0$
$\therefore a=-3$ 답 -3

26 (ㄱ) $ab=-3$ (ㄴ) $ab=0$
(ㄷ) $ab=0$ (ㄹ) $ab=0$
         답 (ㄴ), (ㄷ), (ㄹ)

27 $x=3$ 또는 $x=8$

28 $x=0$ 또는 $x=8$

29 $x=-3$ 또는 $x=-9$

30 $x=-\dfrac{3}{2}$ 또는 $x=-1$

31 $x=4$ 또는 $x=\dfrac{5}{2}$

32 $x=\dfrac{1}{3}$ 또는 $x=-\dfrac{3}{2}$

33 $x(x-3)=0$ $\therefore x=0$ 또는 $x=3$ ··· 답

34 $(x+7)(x-7)=0$
$\therefore x=-7$ 또는 $x=7$ ··· 답

35 $(x+1)(x+3)=0$
$\therefore x=-1$ 또는 $x=-3$ ··· 답

36 $(x-2)(x-3)=0$
$\therefore x=2$ 또는 $x=3$ ··· 답

37 $(x-4)(x+3)=0$
$\therefore x=4$ 또는 $x=-3$ ··· 답

38 $(x-7)(x+1)=0$
$\therefore x=7$ 또는 $x=-1$ ··· 답

39 $(2x-1)(x-3)=0$
$\therefore x=\dfrac{1}{2}$ 또는 $x=3$ ··· 답

40 $(3x-5)(3x+1)=0$
$\therefore x=\dfrac{5}{3}$ 또는 $x=-\dfrac{1}{3}$ ··· 답

41 $x^2+3x-5x-24=0$, $x^2-2x-24=0$
$(x-6)(x+4)=0$
$\therefore x=6$ 또는 $x=-4$ ··· 답

42 $2x^2-12x=x^2-6x+9-17$
$x^2-6x+8=0$, $(x-2)(x-4)=0$
$\therefore x=2$ 또는 $x=4$ ··· 답

43 $x^2+6x+9-4x-12-5=0$
$x^2+2x-8=0$, $(x+4)(x-2)=0$
$\therefore x=-4$ 또는 $x=2$ ··· 답

44 $2(x^2-4x-5)=x^2-2x-15$
$2x^2-8x-10=x^2-2x-15$
$x^2-6x+5=0$, $(x-1)(x-5)=0$
$\therefore x=1$ 또는 $x=5$ ··· 답

45 중근

46 $x=-\dfrac{9}{2}$(중근)

47 $(x+1)^2=0$ $\therefore x=-1$(중근) ··· 답

48 $(2x-1)^2=0$ $\therefore x=\dfrac{1}{2}$(중근) ··· 답

49 $x^2-12x+36=0$에서 $(x-6)^2=0$
$\therefore x=6$(중근) ··· 답

50 $2x^2+8x-x^2+8x+64=0$
$x^2+16x+64=0, \ (x+8)^2=0$
$\therefore \ x=-8(중근) \cdots$ **답**

51 $x^2+15x=5x-25, \ x^2+10x+25=0$
$(x+5)^2=0 \qquad \therefore \ x=-5(중근) \cdots$ **답**

52 이차방정식이 중근을 가지려면 (완전제곱식)=0
의 꼴이어야 하므로 $x^2+6x+k+3$이 완전제곱
식이어야 한다.
$\therefore \ k+3=\left(6\times\dfrac{1}{2}\right)^2=9 \qquad \therefore \ k=6 \qquad$ **답** 6

53 $x^2-2x-a+4x+8=0$, 즉 $x^2+2x-a+8=0$
이 중근을 가지려면
$-a+8=\left(2\times\dfrac{1}{2}\right)^2=1 \qquad \therefore \ a=7$
$a=7$을 주어진 이차방정식에 대입하면
$x^2+2x+1=0, \ (x+1)^2=0$
이므로 중근은 $x=-1$
답 $a=7$, 중근 $x=-1$

54 $x=\pm 6$

55 $x^2=8 \qquad \therefore \ x=\pm 2\sqrt{2} \cdots$ **답**

56 $x^2=3 \qquad \therefore \ x=\pm\sqrt{3} \cdots$ **답**

57 $x^2=12 \qquad \therefore \ x=\pm 2\sqrt{3} \cdots$ **답**

58 $x^2=\dfrac{9}{16} \qquad \therefore \ x=\pm\dfrac{3}{4} \cdots$ **답**

59 $x^2=\dfrac{19}{4} \qquad \therefore \ x=\pm\dfrac{\sqrt{19}}{2} \cdots$ **답**

60 $x^2=\dfrac{11}{9} \qquad \therefore \ x=\pm\dfrac{\sqrt{11}}{3} \cdots$ **답**

61 $x^2=\dfrac{7}{6} \qquad \therefore \ x=\pm\dfrac{\sqrt{42}}{6} \cdots$ **답**

62 $x^2-2x+\boxed{1}=2+\boxed{1}$
$(x-\boxed{1})^2=\boxed{3}$

63 $x^2+10x+\boxed{25}=6+\boxed{25}$
$(x+\boxed{5})^2=\boxed{31}$

64 $x^2+3x+\boxed{\dfrac{9}{4}}=2+\boxed{\dfrac{9}{4}}$
$\left(x+\boxed{\dfrac{3}{2}}\right)^2=\boxed{\dfrac{17}{4}}$

65 $x^2-5x+\boxed{\dfrac{25}{4}}=1+\boxed{\dfrac{25}{4}}$
$\left(x-\boxed{\dfrac{5}{2}}\right)^2=\boxed{\dfrac{29}{4}}$

66 $x^2-6x=-3, \ x^2-6x+9=-3+9$
$\therefore \ (x-3)^2=6 \cdots$ **답**

67 $x^2+2x-\dfrac{11}{2}=0, \ x^2+2x=\dfrac{11}{2}$
$x^2+2x+1=\dfrac{11}{2}+1$
$\therefore \ (x+1)^2=\dfrac{13}{2} \cdots$ **답**

68 $x^2-3x=-1, \ x^2-3x+\dfrac{9}{4}=-1+\dfrac{9}{4}$
$\therefore \ \left(x-\dfrac{3}{2}\right)^2=\dfrac{5}{4} \cdots$ **답**

69 $x^2-7x=3, \ x^2-7x+\dfrac{49}{4}=3+\dfrac{49}{4}$
$\therefore \ \left(x-\dfrac{7}{2}\right)^2=\dfrac{61}{4} \cdots$ **답**

70 $x^2-4x+\boxed{4}=-2+\boxed{4}$
$(x-\boxed{2})^2=2$
$x-\boxed{2}=\boxed{\pm\sqrt{2}} \qquad \therefore \ x=\boxed{2\pm\sqrt{2}}$

71 $x^2+6x=2, \ x^2+6x+9=11$
$(x+3)^2=11 \qquad \therefore \ x=-3\pm\sqrt{11} \cdots$ **답**

72 $x^2+8x=10, \ x^2+8x+16=26$
$(x+4)^2=26 \qquad \therefore \ x=-4\pm\sqrt{26} \cdots$ **답**

73 $x^2-6x=-7, \ x^2-6x+9=2$
$(x-3)^2=2 \qquad \therefore \ x=3\pm\sqrt{2} \cdots$ **답**

74 $x^2+x=1, \ x^2+x+\dfrac{1}{4}=\dfrac{5}{4}$
$\left(x+\dfrac{1}{2}\right)^2=\dfrac{5}{4}, \ x+\dfrac{1}{2}=\pm\dfrac{\sqrt{5}}{2}$
$\therefore \ x=\dfrac{-1\pm\sqrt{5}}{2} \cdots$ **답**

75 $x^2+7x=3$, $x^2+7x+\dfrac{49}{4}=3+\dfrac{49}{4}$

$\left(x+\dfrac{7}{2}\right)^2=\dfrac{61}{4}$, $x+\dfrac{7}{2}=\pm\dfrac{\sqrt{61}}{2}$

$\therefore x=\dfrac{-7\pm\sqrt{61}}{2}$ … **답**

76 $x^2-5x=-3$, $x^2-5x+\dfrac{25}{4}=-3+\dfrac{25}{4}$

$\left(x-\dfrac{5}{2}\right)^2=\dfrac{13}{4}$, $x-\dfrac{5}{2}=\pm\dfrac{\sqrt{13}}{2}$

$\therefore x=\dfrac{5\pm\sqrt{13}}{2}$ … **답**

77 $x^2-3x=2$, $x^2-3x+\dfrac{9}{4}=2+\dfrac{9}{4}$

$\left(x-\dfrac{3}{2}\right)^2=\dfrac{17}{4}$, $x-\dfrac{3}{2}=\pm\dfrac{\sqrt{17}}{2}$

$\therefore x=\dfrac{3\pm\sqrt{17}}{2}$ … **답**

78 $x^2+2x=\dfrac{1}{3}$, $x^2+2x+1=\dfrac{1}{3}+1$

$(x+1)^2=\dfrac{4}{3}$, $x+1=\pm\dfrac{2\sqrt{3}}{3}$

$\therefore x=\dfrac{-3\pm2\sqrt{3}}{3}$ … **답**

79 $x^2+2x=\dfrac{1}{2}$, $x^2+2x+1=\dfrac{1}{2}+1$

$(x+1)^2=\dfrac{3}{2}$, $x+1=\pm\dfrac{\sqrt{6}}{2}$

$\therefore x=\dfrac{-2\pm\sqrt{6}}{2}$ … **답**

80 $x^2-4x=-\dfrac{9}{4}$, $x^2-4x+4=-\dfrac{9}{4}+4$

$(x-2)^2=\dfrac{7}{4}$, $x-2=\pm\dfrac{\sqrt{7}}{2}$

$\therefore x=\dfrac{4\pm\sqrt{7}}{2}$ … **답**

P. 90~91

Step**2** 개념탄탄

01 ① $4x^2-4x=0$

② $x^2+6x+9=5-3x+x^2$

$\qquad \therefore 9x+4=0$

③ $x^2-2x=x^2+3$ $\quad \therefore 2x+3=0$

④ $2x^2+8x=0$

⑤ $3x^2-1=2x^2+7x-4$ $\qquad \therefore x^2-7x+3=0$

답 ②, ③

02 $4x^2+4x+1=x^2-2x$에서

$3x^2+6x+1=0$이므로 $a=6$, $b=1$

$\therefore a-b=5$ **답** 5

03 ax^2+bx+c가 x에 대한 이차식이어야 하므로

$a\neq0$ **답** ③

04 ① $3(3-3)=0$

② $(-2)^2-2\times(-2)-3\neq0$

③ $(-1)^2-2\times(-1)+1\neq0$

④ $7^2-6\times7-7=0$

⑤ $2\times3^2-5\times3-3=0$ **답** ②, ③

05 ① $(-2)^2+3\times(-2)-10\neq0$

② $2\times(-2)^2+(-2)-1\neq0$

③ $3\times(-2)^2\neq15$

④ (좌변)$=(-2)\times\{2\times(-2)+1\}=6$,

$\quad$ (우변)$=-(-2)=2$

⑤ (좌변)$=\{3\times(-2)+4\}^2=4$,

$\quad$ (우변)$=(-2)^2=4$ **답** ⑤

06 x의 값이 -2, -1, 0, 1, 2이므로

$(-2)^2-3\times(-2)+2\neq0$

$(-1)^2-3\times(-1)+2\neq0$

$0^2-3\times0+2\neq0$

$1^2-3\times1+2=0$

$2^2-3\times2+2=0$

따라서 주어진 이차방정식의 해는

$x=1$ 또는 $x=2$ … **답**

07 $6^2-10\times6+a=0$, $36-60+a=0$

$\therefore a=24$ **답** ④

08 ②

09 (완전제곱식)$=0$의 꼴이 아닌 것을 찾으면 된다.

① $(x-4)^2=0$ $\qquad$ ④ $2(x-1)^2=0$

⑤ $(x+2)^2=0$ **답** ③

10 $x^2-5x-24=0$에서 $(x+3)(x-8)=0$

$\therefore x=-3$ 또는 $x=8$

$3x^2+8x-3=0$에서 $(x+3)(3x-1)=0$

$\therefore x=-3$ 또는 $x=\dfrac{1}{3}$

따라서 공통인 근은 $x=-3$ … 답

11 $(x+2)^2=5$에서 $x+2=\pm\sqrt{5}$

$\therefore x=-2\pm\sqrt{5}$

$\therefore a=-2,\ b=5$ 답 ③

12 양변을 $\boxed{2}$로 나누면

$x^2-x-\dfrac{5}{2}=0,\ x^2-x=\dfrac{5}{2}$

$x^2-x+\boxed{\dfrac{1}{4}}=\dfrac{5}{2}+\boxed{\dfrac{1}{4}}$

$\left(x-\boxed{\dfrac{1}{2}}\right)^2=\boxed{\dfrac{11}{4}}$　　$\therefore x=\boxed{\dfrac{1\pm\sqrt{11}}{2}}$

답 ②

P. 92~95

Step**3** 개념탄탄

1 ① $4x^2-2x=4x^2-1$　　$\therefore 2x-1=0$

② $2x-1=0$

③ $2x^2=2x^2+x-3$　　$\therefore x-3=0$

④ $x^2-3x-4=0$

⑤ $x^2-1=x^2+6x+5$　　$\therefore 6x+6=0$

답 ④

2 $2(x^2+2x+1)+4x+1-5=0$에서

$2x^2+8x-2=0$이므로 $x^2+4x-1=0$

따라서 $a=4,\ b=-1$이므로

$a-b=5$ 답 5

3 $ax^2-ax+x-1=4x^2-1$, 즉

$(a-4)x^2+(1-a)x=0$이 이차방정식이 되려

면 $a-4\ne0$　　$\therefore a\ne4$ 답 ⑤

4 ① $8^2-16\ne0$　　② $3^2-3-12\ne0$

③ $5^2+5\times5\ne0$　　④ $(-2)^2+4\times(-2)\ne12$

⑤ $(-1)^2-6\times(-1)=7$ 답 ⑤

5 $2^2+2a\times2-3a^2=0$에서 $3a^2-4a-4=0$

$(a-2)(3a+2)=0$　　$\therefore a=2\ (\because a>0)$

$a=2$를 대입하면 $x^2+4x-12=0$

$(x-2)(x+6)=0$

$\therefore x=2$ 또는 $x=-6$ 답 ②

6 $x=-3$을 대입하면 $9+3m-n=0$

$\therefore 3m-n=-9$　　……㉠

$x=2$를 대입하면 $4-2m-n=0$

$\therefore 2m+n=4$　　……㉡

㉠+㉡을 하면 $5m=-5$　　$\therefore m=-1$

$m=-1$을 ㉡에 대입하면 $n=6$

$\therefore m+n=5$ 답 5

채점 기준

$x=-3$을 주어진 이차방정식에 대입하기	30%
$x=2$를 주어진 이차방정식에 대입하기	30%
답 구하기	40%

7 $x=a$를 대입하면 $a^2-3a-1=0$

$a-3-\dfrac{1}{a}=0$　　$\therefore a-\dfrac{1}{a}=3$

$a^2+\dfrac{1}{a^2}=\left(a-\dfrac{1}{a}\right)^2+2=3^2+2=11$

$\therefore a^2+a-\dfrac{1}{a}+\dfrac{1}{a^2}=11+3=14$ 답 ④

8 $x=a$를 $3x^2-5x-1=0$에 대입하면

$3a^2-5a-1=0$　　$\therefore 3a^2-5a=1$

$x=b$를 $x^2+2x-4=0$에 대입하면

$b^2+2b-4=0$　　$\therefore b^2+2b=4$

$\therefore\ 3a^2-2b^2-5a-4b+8$

$=(3a^2-5a)-2(b^2+2b)+8$

$=1-2\times4+8=1$ 답 1

9 ②

10 $(x-6)(x+3)=0$에서 $x=6$ 또는 $x=-3$

$(x+6)(x+3)\ne0$에서 $x\ne-6$이고 $x\ne-3$

따라서 모두 만족하는 x의 값은 $x=6$

답 6

11 $2(x^2-x-2)=x^2+x-6$

$x^2-3x+2=0,\ (x-1)(x-2)=0$

$\therefore x=1$ 또는 $x=2$ 답 ②

12 $(x-5)(2x-1)=0$에서

$x=5$ 또는 $x=\dfrac{1}{2}$

따라서 $p=5$, $q=\dfrac{1}{2}$이므로

$p-q=\dfrac{9}{2}$ 답 ⑤

13 $3\times3^2+3a-3=0$, $3a+24=0$

$\therefore a=-8$

$3x^2-8x-3=0$에서 $(x-3)(3x+1)=0$

$\therefore x=3$ 또는 $x=-\dfrac{1}{3}$

따라서 $b=-\dfrac{1}{3}$이므로

$a+b=-\dfrac{25}{3}$ 답 $-\dfrac{25}{3}$

14 $x=-2$를 대입하면

$4a-2(a-1)\times(-2)+a^2-5a=0$

$4a+4a-4+a^2-5a=0$, $a^2+3a-4=0$

$(a+4)(a-1)=0$ $\therefore a=-4$ 또는 $a=1$

$a<0$이므로 $a=-4$

$-4x^2-2\times(-5)x+(-4)^2-5\times(-4)=0$

$-4x^2+10x+36=0$, $2x^2-5x-18=0$

$(x+2)(2x-9)=0$ $\therefore x=-2$ 또는 $x=\dfrac{9}{2}$

따라서 $b=\dfrac{9}{2}$이므로

$ab=(-4)\times\dfrac{9}{2}=-18$ 답 -18

15 $x^2-7x+10=0$, $(x-2)(x-5)=0$

$\therefore x=2$ 또는 $x=5$

$x=2$가 $x^2-ax+a=0$의 근이므로

$4-2a+a=0$ $\therefore a=4$ 답 ③

16 $3x^2-4x-4=0$에서 $(x-2)(3x+2)=0$

$\therefore x=2$ 또는 $x=-\dfrac{2}{3}$

$p=2$, $q=-\dfrac{2}{3}$라 하면 $\dfrac{1}{p}=\dfrac{1}{2}$, $\dfrac{1}{q}=-\dfrac{3}{2}$

즉, $\dfrac{1}{2}$, $-\dfrac{3}{2}$이 $x^2+kx+m=0$의 두 근이므로

$\dfrac{1}{4}+\dfrac{1}{2}k+m=0$, $\dfrac{9}{4}-\dfrac{3}{2}k+m=0$

따라서 $2k+4m=-1$, $-6k+4m=-9$를 연립하여 풀면 $k=1$, $m=-\dfrac{3}{4}$

$\therefore k+m=\dfrac{1}{4}$ 답 $\dfrac{1}{4}$

채점 기준	
$3x^2-4x-4=0$의 두 근 구하기	20%
$x^2+kx+m=0$에 근을 대입하여 식 세우기	60%
답 구하기	20%

17 $\dfrac{1}{4}+\dfrac{1}{2}a+b=0$에서 $2a+4b=-1$ ······ ㉠

$\dfrac{1}{9}+\dfrac{1}{3}a+b=0$에서 $3a+9b=-1$ ······ ㉡

㉠, ㉡을 연립하여 풀면 $a=-\dfrac{5}{6}$, $b=\dfrac{1}{6}$

$\dfrac{1}{6}x^2-\dfrac{5}{6}x+1=0$에서 $x^2-5x+6=0$

$(x-2)(x-3)=0$

$\therefore x=2$ 또는 $x=3$ ··· 답

채점 기준	
두 근이 $\dfrac{1}{2}$, $\dfrac{1}{3}$임을 이용하여 식 세우기	40%
a, b의 값 구하기	30%
이차방정식 $bx^2+ax+1=0$의 근 구하기	30%

18 ③ $-6+x^2=12x-42$,

$x^2-12x+36=0$ $\therefore (x-6)^2=0$ 답 ③

19 $4x^2+4x-k$이 완전제곱식이어야 하므로

$4\left(x^2+x-\dfrac{k}{4}\right)$에서 $-\dfrac{k}{4}=\left(\dfrac{1}{2}\right)^2$

$\therefore k=-1$

$(-1-1)x^2+3x-1=0$, $-2x^2+3x-1=0$

$2x^2-3x+1=0$, $(x-1)(2x-1)=0$

$\therefore x=1$ 또는 $x=\dfrac{1}{2}$ ··· 답

20 $x=1$을 대입하면

$1+3\times1+a=0$ $\therefore a=-4$

$1-2\times1+b=0$ $\therefore b=1$

$\therefore ab=-4$ 답 ②

21 $x^2-10x=-1$, $x^2-10x+25=24$

$(x-5)^2=24$ $\therefore x=5\pm\sqrt{24}$

따라서 $a=5$, $b=24$이므로

$a+b=29$ 답 29

22 $(x-a)^2=b$가 해를 가지려면 b의 제곱근이 존재해야 하므로 $b \geq 0$ **답** ④

23 ④

24 $a=\left(\dfrac{5}{2}\right)^2=\dfrac{25}{4}$이므로

$\left(x+\dfrac{5}{2}\right)^2=\dfrac{37}{4}$

따라서 $b=\dfrac{5}{2}$, $c=\dfrac{37}{4}$이므로

$a-b+c=\dfrac{25}{4}-\dfrac{5}{2}+\dfrac{37}{4}=13$ **답** ②

25 $x=a$를 대입하면

$a^2-(a-2)a+6b=0$ $\therefore a=-3b$

또, 다른 한 근이 $x=b$이므로

$b^2-(a-2)b+6b=0$에서 $b^2-ab+8b=0$

$\qquad\qquad\qquad\qquad\qquad\qquad \cdots\cdots$ ㉠

㉠에 $a=-3b$를 대입하면

$b^2+3b^2+8b=0$, $b^2+2b=0$

$b(b+2)=0$ $\therefore b=0$ 또는 $b=-2$

$b=0$일때 $a=0$, $b=-2$일 때 $a=6$

$a \neq b$이므로 $a=6$, $b=-2$ $\cdots$ **답**

채점 기준	
$x=a$를 대입하여 a, b의 관계식 얻기	30%
$x=b$를 대입하여 a, b의 관계식 얻기	30%
두 식을 연립하여 a, b의 값 구하기	30%
답 구하기	10%

1-1 $(-2+3)^2=a\times(-2)+9$

$1=-2a+9$ $\therefore a=4$ **답** 4

1-2 $9+3a-3=0$ $\therefore a=-2$

$x^2-2x-3=0$, $(x+1)(x-3)=0$

$\therefore x=-1$ 또는 $x=3$

따라서 $x=-1$이 $3x^2-8x+b=0$의 근이므로

$3\times(-1)^2-8\times(-1)+b=0$ $\therefore b=-11$

$\therefore ab=(-2)\times(-11)=22$ **답** 22

2 $4m+5=\left(\dfrac{2m}{2}\right)^2$에서

$m^2-4m-5=0$, $(m+1)(m-5)=0$

$\therefore m=-1$ 또는 $m=5$ $\cdots$ **답**

2-1 $x^2+2x+a+8=0$이 중근을 가지려면

$a+8=\left(\dfrac{2}{2}\right)^2=1$ $\therefore a=-7$ **답** -7

2-2 $x^2-2x-2a+7=0$이 중근을 가지려면

$-2a+7=\left(\dfrac{-2}{2}\right)^2$ $\therefore a=3$

$a=3$을 주어진 이차방정식에 대입하면

$x^2-2x+1=0$, $(x-1)^2=0$

$\therefore x=1$

따라서 중근은 $x=1$이므로 $b=1$

$\therefore a-b=2$ **답** 2

P. 96

Step4 유형클리닉

1 $x^2-x-2=0$에서 $(x+1)(x-2)=0$

$\therefore x=-1$ 또는 $x=2$

두 근의 합이 1이므로 $x^2+3x-k=0$에 $x=1$을 대입하면

$1+3\times1-k=0$ $\therefore k=4$ **답** 4

P. 97

Step5 서술형 만점 대비

1 $x=-1$을 $x^2+3x+a=0$에 대입하면

$1-3+a=0$ $\therefore a=2$

$x=-1$을 $x^2-bx-3=0$에 대입하면

$1+b-3=0$ $\therefore b=2$

$\therefore a-b=0$ **답** 0

2 $x^2-x-12=0$에서 $(x+3)(x-4)=0$

$\therefore x=-3$ 또는 $x=4$

따라서 $x=-3$이 $x^2+2ax+3=0$의 근이므로

$9-6a+3=0$　　$\therefore a=2$　　**답** 2

3 $x=a$를 주어진 이차방정식에 대입하면

$2a^2-a^2-2a=0,\ a^2-2a=0$

$a(a-2)=0$　　$\therefore a=2\ (\because a$는 양수$)$

따라서 주어진 이차방정식은 $2x^2-2x-4=0$,

$x^2-x-2=0,\ (x+1)(x-2)=0$

$\therefore x=-1$ 또는 $x=2$

즉, 다른 한 근은 $x=-1$이다.

답 $a=2,\ x=-1$

4 $x^2+3x=1$에서 $x^2+3x+\dfrac{9}{4}=\dfrac{13}{4}$

$\left(x+\dfrac{3}{2}\right)^2=\dfrac{13}{4}$

따라서 $a=-\dfrac{3}{2},\ b=\dfrac{13}{4}$이므로

$4(a+b)=4\times\dfrac{7}{4}=7$　　**답** 7

04 근의 공식과 이차방정식의 활용

P. 98~101

Step 1 교과서 이해

01 $x^2+\dfrac{b}{a}x+\left(\boxed{\dfrac{b}{2a}}\right)^2=-\dfrac{c}{a}+\left(\boxed{\dfrac{b}{2a}}\right)^2$

$\left(x+\boxed{\dfrac{b}{2a}}\right)^2=\dfrac{b^2-4ac}{4a^2}$

$x+\boxed{\dfrac{b}{2a}}=\pm\dfrac{\sqrt{b^2-4ac}}{2a}$

$\therefore x=\dfrac{\boxed{-b}\pm\sqrt{\boxed{b^2-4ac}}}{2a}$

02 $x=\dfrac{-7\pm\sqrt{7^2-4\times2\times1}}{4}=\dfrac{-7\pm\sqrt{41}}{4}$

03 $x=\dfrac{-1\pm\sqrt{1^2-4\times3\times(-1)}}{6}=\dfrac{-1\pm\sqrt{13}}{6}$

04 $x=\dfrac{-3\pm\sqrt{3^2-4\times5\times(-2)}}{10}=\dfrac{-3\pm7}{10}$

$\therefore x=-1$ 또는 $x=\dfrac{2}{5}$ … **답**

05 $x=\dfrac{7\pm\sqrt{(-7)^2-4\times2\times1}}{4}=\dfrac{7\pm\sqrt{41}}{4}$

06 $x=\dfrac{3\pm\sqrt{(-3)^2-4\times5\times(-2)}}{10}=\dfrac{3\pm7}{10}$

$\therefore x=1$ 또는 $x=-\dfrac{2}{5}$ … **답**

07 $x=\dfrac{5\pm\sqrt{(-5)^2-4\times3\times(-2)}}{6}=\dfrac{5\pm7}{6}$

$\therefore x=2$ 또는 $x=-\dfrac{1}{3}$ … **답**

08 $2x^2-2x=x+9,\ 2x^2-3x-9=0$

$x=\dfrac{3\pm\sqrt{9+72}}{4}=\dfrac{3\pm9}{4}$

$\therefore x=3$ 또는 $x=-\dfrac{3}{2}$ … **답**

09 $2(x^2-2x+1)=x^2+3$
$x^2-4x-1=0$
$x=\dfrac{4\pm\sqrt{16+4}}{2}=\dfrac{4\pm2\sqrt{5}}{2}$
$=2\pm\sqrt{5}\cdots$ 답

10 $x^2-7x+12=13,\ x^2-7x-1=0$
$x=\dfrac{7\pm\sqrt{49+4}}{2}=\dfrac{7\pm\sqrt{53}}{2}\cdots$ 답

11 $2(x^2-25)=x^2-12x+36$
$x^2+12x-86=0$
$\therefore x=\dfrac{-12\pm\sqrt{144+344}}{2}=\dfrac{-12\pm\sqrt{488}}{2}$
$=\dfrac{-12\pm2\sqrt{122}}{2}=-6\pm\sqrt{122}\cdots$ 답

12 $20x^2-72x+36=0,\ 5x^2-18x+9=0$
$(5x-3)(x-3)=0$
$\therefore x=\dfrac{3}{5}$ 또는 $x=3\cdots$ 답

13 $x^2-12x+8=0$
$\therefore x=\dfrac{12\pm\sqrt{144-32}}{2}=\dfrac{12\pm\sqrt{112}}{2}$
$=\dfrac{12\pm4\sqrt{7}}{2}=6\pm2\sqrt{7}\cdots$ 답

14 $4x^2-10x-3=0$
$\therefore x=\dfrac{10\pm\sqrt{100+48}}{8}=\dfrac{10\pm2\sqrt{37}}{8}$
$=\dfrac{5\pm\sqrt{37}}{4}\cdots$ 답

15 양변에 12를 곱하면 $5x^2-10x=6x$
$5x^2-16x=0,\ x(5x-16)=0$
$\therefore x=0$ 또는 $x=\dfrac{16}{5}\cdots$ 답

16 양변에 12를 곱하면 $6x^2+2=9x$
$6x^2-9x+2=0$
$\therefore x=\dfrac{9\pm\sqrt{81-48}}{12}=\dfrac{9\pm\sqrt{33}}{12}\cdots$ 답

17 양변에 15를 곱하면 $3(x^2-x)=5(x^2-2x-3)$
$2x^2-7x-15=0,\ (x-5)(2x+3)=0$
$\therefore x=5$ 또는 $x=-\dfrac{3}{2}\cdots$ 답

18 양변에 12를 곱하면
$3(x^2-2x-3)=4(x^2+2x)$
$x^2+14x+9=0$
$\therefore x=\dfrac{-14\pm\sqrt{196-36}}{2}=\dfrac{-14\pm4\sqrt{10}}{2}$
$=-7\pm2\sqrt{10}\cdots$ 답

19 양변에 4를 곱하면 $16x-x^2-1=12x-12$
$x^2-4x-11=0$
$\therefore x=\dfrac{4\pm\sqrt{16+44}}{2}=\dfrac{4\pm\sqrt{60}}{2}$
$=2\pm\sqrt{15}\cdots$ 답

20 b^2-4ac (1) 2 (2) 1 (3) 0

21 $b^2-4ac=4^2-4\times3\times(-2)=40$
근의 개수 : 2

22 $b^2-4ac=8^2-4\times4\times4=0$
근의 개수 : 1

23 $b^2-4ac=4^2-4\times1\times6=-8$
근의 개수 : 0

24 $(-3)^2-4\times6\times2=9-48=-39<0$ 이므로
근의 개수는 0이다. 답 0

25 $(-5)^2-4\times3\times(-2)=49>0$ 이므로 근의 개수는 2이다. 답 2

26 $12^2-4\times3\times12=144-144=0$ 이므로 근의 개수는 1이다. 답 1

27 $(-3)^2-4\times2\times2=9-16=-7<0$ 이므로 근의 개수는 0이다. 답 0

28 $-\dfrac{b}{a},\ \dfrac{c}{a}$

29 합 : 6, 곱 : -8

30 합 : $-\dfrac{5}{2}$, 곱 : $-\dfrac{1}{2}$

31 합 : 2, 곱 : $\dfrac{2}{3}$

32 합 : $\dfrac{2}{5}$, 곱 : $-\dfrac{3}{5}$

33 $\alpha+\beta=2$, $\alpha\beta=-5$이므로
$$\begin{aligned}\alpha^2+\beta^2&=(\alpha+\beta)^2-2\alpha\beta\\&=2^2-2\times(-5)=14\end{aligned}$$
답 14

34 $\alpha+\beta=\dfrac{5}{2}$, $\alpha\beta=-1$이므로
$$\begin{aligned}\dfrac{\beta}{\alpha}+\dfrac{\alpha}{\beta}&=\dfrac{\alpha^2+\beta^2}{\alpha\beta}=-(\alpha^2+\beta^2)\\&=-\{(\alpha+\beta)^2-2\alpha\beta\}\\&=-\left(\dfrac{25}{4}+2\right)=-\dfrac{33}{4}\end{aligned}$$
답 $-\dfrac{33}{4}$

35 $p-q\sqrt{m}$

36 $2-\sqrt{3}$

37 $4+\sqrt{5}$

38 $-1-2\sqrt{2}$

39 $3+3\sqrt{5}$

40 $-2-\sqrt{32}=-2-4\sqrt{2}$

41 $3+\sqrt{27}=3+3\sqrt{3}$

42 $(x-3)(x-5)=0$
$\therefore x^2-8x+15=0$ … 답

43 $(x+2)(x-6)=0$
$\therefore x^2-4x-12=0$ … 답

44 $(x+5)^2=0$ $\therefore x^2+10x+25=0$ … 답

45 $(x+4)(x+10)=0$
$\therefore x^2+14x+40=0$ … 답

46 $\left(x+\dfrac{3}{2}\right)\left(x-\dfrac{3}{2}\right)=0$
$\therefore x^2-\dfrac{9}{4}=0$ … 답

47 $\left(x-\dfrac{3}{5}\right)x=0$ $\therefore x^2-\dfrac{3}{5}x=0$ … 답

48 $6\left(x+\dfrac{1}{2}\right)\left(x-\dfrac{1}{3}\right)=0$
$\therefore 6x^2+x-1=0$ … 답

49 $16\left(x-\dfrac{1}{4}\right)^2=0$
$\therefore 16x^2-8x+1=0$ … 답

50 $x^2-(-2)x-4=0$
$\therefore x^2+2x-4=0$ … 답

51 $x^2-\left(-\dfrac{7}{3}\right)x+1=0$
$\therefore 3x^2+7x+3=0$ … 답

52 $60x-5x^2=\boxed{175}$, $x^2-\boxed{12}x+\boxed{35}=0$
$(x-\boxed{5})(x-\boxed{7})=0$
$\therefore x=\boxed{5}$ 또는 $x=\boxed{7}$
처음으로 높이 175m에 도달하는 데 걸리는 시간을 구해야 하므로 $x=\boxed{5}$

53 $2x+1$

54 $(2x-1)(2x+1)=63$
$4x^2-1=63$, $x^2=16$
$\therefore x=4(\because x$는 자연수$)$
답 4

55 $2\times4-1$, $2\times4+1$이므로 7, 9이다.
답 7, 9

56 연속하는 두 짝수를 $2x$, $2x+2(x$는 자연수$)$라 하면
$$(2x)^2+(2x+2)^2=340$$
$$4x^2+4x^2+8x+4=340$$
$$8x^2+8x-336=0,\ x^2+x-42=0$$
$$(x+7)(x-6)=0$$
x는 자연수이므로 $x=6$
따라서 두 짝수는 12, 14이다. 답 12, 14

57 t초 후에 높이가 100m가 된다고 하면
$$35t-5t^2+40=100,\ t^2-7t+12=0$$
$$(t-3)(t-4)=0 \quad \therefore t=3 \text{ 또는 } t=4$$
답 3초 또는 4초 후

58 지면에 떨어질 때는 높이가 $0\,\mathrm{m}$이므로

$35t-5t^2+40=0,\ t^2-7t-8=0$

$(t+1)(t-8)=0$

$t>0$이므로 $t=8$ 　　　　　**답** 8초

59 삼각형의 밑변의 길이를 $x\,\mathrm{cm}$라 하면 높이는 $(x+2)\mathrm{cm}$이므로

$\dfrac{1}{2}\times x\times(x+2)=40,\ x^2+2x-80=0$

$(x+10)(x-8)=0$ 　　$\therefore x=8\ (\because x>0)$

답 밑변의 길이 : $8\,\mathrm{cm}$, 높이 : $10\,\mathrm{cm}$

60 작은 정사각형의 한 변의 길이를 $x\,\mathrm{cm}$라 하면 큰 정사각형의 한 변의 길이는 $(x+6)\mathrm{cm}$이므로

$x^2+(x+6)^2=468,\ x^2+6x-216=0$

$(x-12)(x+18)=0$

$x>0$이므로 $x=12$

답 $12\,\mathrm{cm},\ 18\,\mathrm{cm}$

61 처음 정사각형의 한 변의 길이를 x라 하면

$(x+1)(x-2)=40$

$x^2-x-42=0,\ (x+6)(x-7)=0$

$x>0$이므로 $x=7$ 　　　　　**답** 7

P. 102~103

Step2 개념탄탄

01 $x=\dfrac{-7\pm\sqrt{49-32}}{8}=\dfrac{-7\pm\sqrt{17}}{8}$

02 $x=\dfrac{4\pm\sqrt{16+24}}{6}=\dfrac{4\pm2\sqrt{10}}{6}=\dfrac{2\pm\sqrt{10}}{3}$

03 $x=\dfrac{6\pm\sqrt{36-24}}{6}=\dfrac{6\pm2\sqrt{3}}{6}=\dfrac{3\pm\sqrt{3}}{3}$

$\therefore a=3,\ b=3$ 　　　　　**답** ④

04 양변에 10을 곱하면

$5(x^2-3x)-3(x^2-4x+4)=-2$

$2x^2-3x-10=0$

$\therefore x=\dfrac{3\pm\sqrt{9+80}}{4}=\dfrac{3\pm\sqrt{89}}{4}$ ··· **답**

05 $x=\dfrac{10\pm\sqrt{100-60}}{6}=\dfrac{10\pm2\sqrt{10}}{6}$

$\qquad =\dfrac{5\pm\sqrt{10}}{3}$ 　　　　　**답** ③

06 ① $(-1)^2-4\times2\times(-2)=17>0$

② $(-4)^2-4\times4\times1=0$

③ $5^2-4\times1\times3=13>0$

④ $(-1)^2-4\times1\times2=-7<0$

⑤ $1^2-4\times3\times(-1)=13>0$ 　　**답** ④

07 $(-2)^2-4\times4\times k>0$ 　　$\therefore k<\dfrac{1}{4}$ ··· **답**

08 $4-16k=0$ 　　$\therefore k=\dfrac{1}{4}$ ··· **답**

09 $4-16k<0$ 　　$\therefore k>\dfrac{1}{4}$ ··· **답**

10 $\alpha+\beta=2,\ \alpha\beta=-1$이므로

$\alpha^2+\beta^2=(\alpha+\beta)^2-2\alpha\beta=4+2=6$

답 6

11 $\dfrac{1}{\alpha}+\dfrac{1}{\beta}=\dfrac{\alpha+\beta}{\alpha\beta}=\dfrac{2}{-1}=-2$ 　　**답** -2

12 $\dfrac{\beta}{\alpha}+\dfrac{\alpha}{\beta}=\dfrac{\alpha^2+\beta^2}{\alpha\beta}=\dfrac{6}{-1}=-6$ 　　**답** -6

13 $a=-\dfrac{-5}{3}=\dfrac{5}{3},\ b=\dfrac{-1}{3}=-\dfrac{1}{3}$

$\therefore 9(a+b)=9\times\dfrac{4}{3}=12$ 　　**답** ④

14 $\alpha+\beta=3,\ \alpha\beta=-2$이므로

$(\alpha-\beta)^2=(\alpha+\beta)^2-4\alpha\beta$

$\qquad\qquad =9-4\times(-2)=17$ 　　**답** 17

15 (두 근의 합)$=6$, (두 근의 곱)$=9-3=6$이므로

$x^2-6x+6=0$ ··· **답**

16 (두 근의 합)$=-\dfrac{a}{3}=\dfrac{-1+\sqrt{5}}{2}+\dfrac{-1-\sqrt{5}}{2}$

즉, $-\dfrac{a}{3}=-1$에서 $a=3$

(두 근의 곱)$=\dfrac{b}{3}=\dfrac{-1+\sqrt{5}}{2}\times\dfrac{-1-\sqrt{5}}{2}$

즉, $\dfrac{b}{3}=-1$에서 $b=-3$

$\therefore a+b=0$ **답** ③

17 $\dfrac{n(n-3)}{2}=35$, $n(n-3)=70$

$n^2-3n-70=0$, $(n-10)(n+7)=0$

$\therefore n=10\ (\because n>3)$ **답** 십각형

P. 104~107

Step**3** 실력완성

1 $2x^2-2x-6=x^2$에서 $x^2-2x-6=0$

$\therefore x=\dfrac{2\pm\sqrt{4+24}}{2}=\dfrac{2\pm2\sqrt{7}}{2}=1\pm\sqrt{7}$

따라서 $a=1$, $b=7$이므로

$a+b=8$ **답** ⑤

2 $x^2=2x+7$에서 $x^2-2x-7=0$

$\therefore x=\dfrac{2\pm\sqrt{4+28}}{2}=\dfrac{2\pm4\sqrt{2}}{2}$

$=1\pm2\sqrt{2}$ ······ ㉠

$4x+1>x-3$에서 $3x>-4$

$\therefore x>-\dfrac{4}{3}$ ······ ㉡

$1-2\sqrt{2}-\left(-\dfrac{4}{3}\right)=\dfrac{7}{3}-2\sqrt{2}=\sqrt{\dfrac{49}{9}}-\sqrt{8}<0$

따라서 $1-2\sqrt{2}<-\dfrac{4}{3}$이므로 ㉠, ㉡을 동시에

만족하는 x의 값은 $a=1+2\sqrt{2}$

$\therefore a-1=2\sqrt{2}$ **답** ②

---

3 주어진 이차방정식의 양변에 3을 곱하면

$4x+2-3x=3(1-x^2)$

$3x^2+x-1=0$

$\therefore x=\dfrac{-1\pm\sqrt{1+12}}{6}=\dfrac{-1\pm\sqrt{13}}{6}$

따라서 $a=-1$, $b=13$이므로

$a+b=12$ **답** ③

4 양변에 6을 곱하면

$2(x^2+2x+1)-7(x+1)+3=0$

$2x^2-3x-2=0$

$(x-2)(2x+1)=0$

따라서 $\alpha=-\dfrac{1}{2}$, $\beta=2$이므로

$2\alpha-\beta=-1-2=-3$ **답** -3

5 $x-2=A$로 놓으면 $\dfrac{A^2}{3}-4A+12=0$

$A^2-12A+36=0$, $(A-6)^2=0$

즉, $A=6$에서 $x-2=6$

$\therefore x=8$(중근)   **답** ⑤

6 ㈀ $(-1)^2-4\times6\times(-5)=121>0$

㈁ $(-2)^2-4\times4\times3=-44<0$

㈂ $2^2-4\times\dfrac{1}{2}\times2=0$

㈃ $\left(\dfrac{1}{6}\right)^2-4\times1\times\left(-\dfrac{1}{3}\right)=\dfrac{49}{36}>0$ **답** ③

7 $(-6)^2-4\times1\times(2k-3)<0$

$36-8k+12<0$

$8k>48$ $\therefore k>6$

따라서 자연수 k의 최솟값은 7이다.

채점 기준	
이차방정식이 근을 갖지 않을 조건 알기	60%
답 구하기	40%

8 $(-2m)^2-4\times1\times(2m+3)=0$

$4m^2-8m-12=0$, $m^2-2m-3=0$

$(m-3)(m+1)=0$

$\therefore m=3$ 또는 $m=-1$

따라서 m의 값의 합은 2이다.   **답** ⑤

9 $x=\dfrac{6\pm\sqrt{36+8}}{2}=\dfrac{6\pm2\sqrt{11}}{2}=3\pm\sqrt{11}$

에서 $\alpha=3+\sqrt{11}$, $\beta=3-\sqrt{11}$

④ $\beta=3-\sqrt{11}=\sqrt{9}-\sqrt{11}<0$ 　　**답** ④

10 $4x^2+ax+9=0$이 중근을 가지므로

$a^2-4\times4\times9=0$, $a^2=144$

$\therefore a=\pm12$

$a=12$이면 $(2x+3)^2=0$이므로 $x=-\dfrac{3}{2}$

$a=-12$이면 $(2x-3)^2=0$이므로 $x=\dfrac{3}{2}$

주어진 이차방정식의 근이 음수이므로

$a=12$ 　　**답** 12

11 $x^2-2x+p=0$의 두 근의 합은 2, 곱은 p이다.

즉, $x^2-qx-12=0$의 두 근이 2, p이므로 근과 계수의 관계에서

$2+p=q$, $2\times p=-12$

따라서 $p=-6$, $q=-4$이므로

$p+q=-10$ 　　**답** -10

채점 기준	
이차방정식 $x^2-2x+p=0$의 두 근의 합과 곱 구하기	30%
근과 계수의 관계를 이용하여 p, q의 관계식 얻기	60%
답 구하기	10%

12 $\alpha+\beta=-4$, $\alpha\beta=-2$이므로

① $\dfrac{1}{\alpha+\beta}=-\dfrac{1}{4}$

② $\dfrac{1}{\alpha}+\dfrac{1}{\beta}=\dfrac{\alpha+\beta}{\alpha\beta}=\dfrac{-4}{-2}=2$

③ $\dfrac{\beta}{\alpha}+\dfrac{\alpha}{\beta}=\dfrac{\alpha^2+\beta^2}{\alpha\beta}=\dfrac{(-4)^2-2\times(-2)}{-2}$
$\qquad\qquad=-10$

④ $\alpha^2+\beta^2=(\alpha+\beta)^2-2\alpha\beta$
$\qquad\qquad=(-4)^2-2\times(-2)=20$

⑤ $(\alpha-\beta)^2=(\alpha+\beta)^2-4\alpha\beta$
$\qquad\qquad=(-4)^2-4\times(-2)=24$

답 ②

13 $\alpha+\beta=3$, $\alpha\beta=1$이고

$x^2+px+q=0$의 두 근이 $\alpha-2$, $\beta-2$이므로

$\alpha-2+\beta-2=-p$, $(\alpha-2)(\beta-2)=q$

$\alpha+\beta-4=-p$에서 $3-4=-p$ 　$\therefore p=1$

$\alpha\beta-2(\alpha+\beta)+4=q$에서 $1-2\times3+4=q$

$\therefore q=-1$

$\therefore pq=-1$ 　　**답** ②

14 한 근을 α라 하면 다른 근은 3α이므로 근과 계수의 관계에서

$\alpha+3\alpha=-2k$ 　$\therefore 2\alpha=-k$ 　　$\cdots\cdots$ ㉠

$\alpha\times3\alpha=3k$ 　$\therefore \alpha^2=k$ 　　$\cdots\cdots$ ㉡

㉠에서 $\alpha=-\dfrac{k}{2}$이므로 ㉡에 대입하면

$\left(-\dfrac{k}{2}\right)^2=k$, $k^2-4k=0$, $k(k-4)=0$

$\therefore k=4(\because k>0)$ 　　**답** 4

채점 기준	
이차방정식의 두 근을 한 문자로 나타내기	40%
근과 계수의 관계 이용하기	40%
답 구하기	20%

15 k가 유리수이므로 다른 한 근은 $4+\sqrt{5}$이다.

$(4-\sqrt{5})(4+\sqrt{5})=k-1$, $11=k-1$

$\therefore k=12$ 　　**답** ④

16 $\dfrac{3}{2}+2=-\dfrac{p}{2}$ 　　$\therefore p=-7$

$\dfrac{3}{2}\times2=\dfrac{q}{2}$ 　　$\therefore q=6$

따라서 -7, 6을 두 근으로 하고 x^2의 계수가 1인 이차방정식은

$(x+7)(x-6)=0$ 　　$\therefore x^2+x-42=0$

답 ②

17 $x^2-6x+8=0$에서 $(x-2)(x-4)=0$

$\therefore x=2$ 또는 $x=4$

즉, $3x^2+ax+b=0$의 두 근은 4, 8이므로

$4+8=-\dfrac{a}{3}$ 　$\therefore a=-36$

$4\times8=\dfrac{b}{3}$ 　$\therefore b=96$

$\therefore a+b=60$ 　　**답** 60

채점 기준	
이차방정식 $x^2-6x+8=0$ 풀기	20%
$3x^2+ax+b=0$의 두 근 알기	20%
근과 계수의 관계를 이용하여 a, b의 값 구하기	40%
답 구하기	20%

18 갑이 푼 이차방정식은 $(x+4)(x-3)=0$

즉, $x^2+x-12=0$

을이 푼 이차방정식은 $(x+2)(x-3)=0$

즉, $x^2-x-6=0$

갑은 상수항을, 을은 일차항의 계수를 바르게 보

았으므로 올바른 이차방정식은

$x^2-x-12=0$, $(x+3)(x-4)=0$

∴ $x=-3$ 또는 $x=4$ ⋯ **답**

채점 기준

갑이 푼 이차방정식 구하기	30%
을이 푼 이차방정식 구하기	30%
올바른 이차방정식 구하기	30%
답 구하기	10%

19 $\dfrac{n(n+1)}{2}=253$, $n^2+n=506$

$n^2+n-506=0$, $(n-22)(n+23)=0$

n은 자연수이므로 $n=22$ **답** ④

20 연속하는 세 자연수를 n, $n+1$, $n+2$라 하면

$(n+1)^2=(n+2)^2-n^2$

$n^2+2n+1=n^2+4n+4-n^2$

$n^2-2n-3=0$, $(n+1)(n-3)=0$

n은 자연수이므로 $n=3$

따라서 가장 큰 수는 5이다. **답** 5

21 지면의 높이는 $0\,\mathrm{m}$이므로 t초 후에 지면에 떨어

진다고 하면

$-5t^2+50t+120=0$, $t^2-10t-24=0$

$(t+2)(t-12)=0$

$t>0$이므로 $t=12$ **답** ④

22 처음 직사각형의 세로

의 길이를 $x\,\mathrm{cm}$라 하면

가로의 길이는

$(x+3)\,\mathrm{cm}$이다.

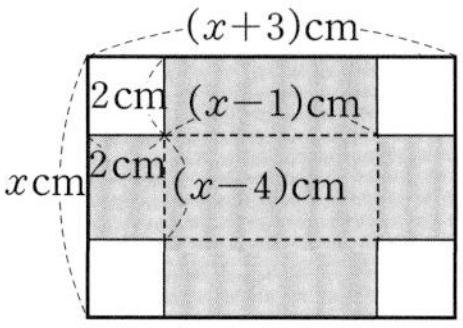

상자의 부피가 $36\,\mathrm{cm}^3$이므로

$(x-1)(x-4)\times2=36$

$x^2-5x+4=18$, $x^2-5x-14=0$

$(x+2)(x-7)=0$

$x>0$이므로 $x=7$

따라서 처음 직사각형의 가로의 길이는 $10\,\mathrm{cm}$

이다. **답** ③

23 가장 작은 반원의 반지름의 길이를 $r\,\mathrm{cm}$라 하면

크기가 두 번째로 큰 반원의 반지름의 길이는

$(5-r)\,\mathrm{cm}$이므로

$\dfrac{1}{2}\pi\times5^2-\dfrac{1}{2}\pi r^2-\dfrac{1}{2}\pi(5-r)^2=6\pi$

$25-r^2-(5-r)^2=12$

$2r^2-10r+12=0$, $r^2-5r+6=0$

$(r-2)(r-3)=0$

$r<5-r$이므로 $r=2$ **답** $2\,\mathrm{cm}$

24 도로의 폭을 $x\,\mathrm{m}$라

고 하면 도로를 제

외한 나머지 부분의

넓이는 오른쪽 그림

에서 어두운 직사각형의 넓이와 같다.

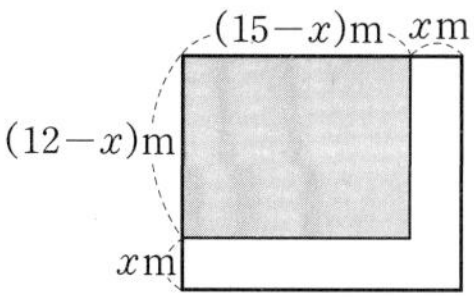

$(15-x)(12-x)=130$

$x^2-27x+50=0$, $(x-2)(x-25)=0$

$0<x<12$이므로 $x=2$ **답** $2\,\mathrm{m}$

P. 108

Step 4 유형클리닉

1 $a^2-4(a-1)\times(-2)=0$

$a^2+8a-8=0$

∴ $a=\dfrac{-8\pm\sqrt{64+32}}{2}=\dfrac{-8\pm\sqrt{96}}{2}$

$\quad=\dfrac{-8\pm4\sqrt{6}}{2}=-4\pm2\sqrt{6}$

답 $-4\pm2\sqrt{6}$

1-1 $4^2-4\times1\times(k-5)>0$

$16-4k+20>0$, $4k<36$

$\therefore k<9$ 　　　　　　　　　답 $k<9$

1-2 $ax^2-4x+2=0$이 중근을 가지므로

$(-4)^2-4\times a\times2=0$, $8a=16$

$\therefore a=2$

따라서 $x^2-2x-7=0$의 두 근이 p, q이므로

$p+q=2$, $pq=-7$

$\therefore \dfrac{1}{p}+\dfrac{1}{q}=\dfrac{p+q}{pq}=\dfrac{2}{-7}=-\dfrac{2}{7}$

답 $-\dfrac{2}{7}$

2 $\angle BAC=\dfrac{1}{2}\times(180°-36°)=72°$이므로

$\angle BAD=\angle CAD=36°$, $\angle ADB=72°$

$\therefore \overline{AB}=\overline{AD}=\overline{CD}$

$\overline{AB}=x$cm라 하면 $\overline{AB}:\overline{AC}=\overline{BD}:\overline{CD}$이므로 $x:4=(4-x):x$

$x^2=16-4x$, $x^2+4x-16=0$

$\therefore x=-2\pm2\sqrt{5}$

$0<x<4$이므로 $x=-2+2\sqrt{5}$

답 $(-2+2\sqrt{5})$cm

2-1 직사각형의 가로의 길이를 $x$cm라 하면

세로의 길이는 $(9-x)$cm이므로

$x(9-x)=20$, $x^2-9x+20=0$

$(x-4)(x-5)=0$

$\therefore x=4$ 또는 $x=5$

답 4cm 또는 5cm

2-2 원 A의 반지름의 길이를 $x$cm라 하면

원 B의 반지름의 길이는 $(x+2)$cm이므로

$\pi(x+2)^2-\pi x^2=8\pi x^2$

$(x+2)^2-x^2=8x^2$, $2x^2-x-1=0$

$(x-1)(2x+1)=0$

$x>0$이므로 $x=1$ 　　　　　답 1cm

P. 109

Step5 서술형 만점 대비

1 주어진 이차방정식의 양변에 5를 곱하면

$x^2-3x+5(1-k)=0$

두 근이 α, β이므로 $\alpha+\beta=3$, $\alpha\beta=5(1-k)$

$\dfrac{\beta}{\alpha}+\dfrac{\alpha}{\beta}=\dfrac{\alpha^2+\beta^2}{\alpha\beta}=\dfrac{(\alpha+\beta)^2-2\alpha\beta}{\alpha\beta}$

　　　　$=\dfrac{9-2\times5(1-k)}{5(1-k)}$

즉, $\dfrac{9-10(1-k)}{5(1-k)}=7$에서

$-1+10k=35-35k$

$45k=36$ 　　$\therefore k=\dfrac{4}{5}$ 　　답 $\dfrac{4}{5}$

채점 기준	
$\alpha+\beta$, $\alpha\beta$의 값 구하기	30%
$\dfrac{\beta}{\alpha}+\dfrac{\alpha}{\beta}$ 를 k에 관한 식으로 나타내기	40%
답 구하기	30%

2 주어진 이차방정식의 두 근을 n, $n+1$이라 하면 근과 계수의 관계에서

$n+(n+1)=-p$ 　　　　　…… ㉠

$n\times(n+1)=q$ 　　　　　…… ㉡

두 근의 제곱의 차가 9이므로

$(n+1)^2-n^2=9$, $2n+1=9$ 　　$\therefore n=4$

$n=4$를 ㉠, ㉡에 대입하면

$p=-9$, $q=20$

$\therefore p+q=11$ 　　　　　답 11

채점 기준	
연속하는 두 자연수를 n, $n+1$로 놓기	20%
근과 계수의 관계 이용하기	20%
두 근의 제곱의 차가 9임을 이용하여 n의 값 구하기	30%
답 구하기	30%

3 $x^2-2x-1=0$의 두 근이 α, β이므로

$\alpha+\beta=2$, $\alpha\beta=-1$

$\therefore (\alpha+2)+(\beta+2)=\alpha+\beta+4=6$,

$(\alpha+2)\times(\beta+2)=\alpha\beta+2(\alpha+\beta)+4$

　　　　　　　　$=-1+2\times2+4=7$

따라서 $\alpha+2$, $\beta+2$를 두 근으로 하고, x^2의 계수가 1인 이차방정식은

$x^2-6x+7=0$ … **답**

채점 기준

$\alpha+\beta$, $\alpha\beta$의 값 구하기	30%
두 수 $\alpha+2$, $\beta+2$의 합과 곱 구하기	40%
답 구하기	30%

4 직사각형의 세로의 길이를 $x\,\text{cm}$라 하면
가로의 길이는 $(x+4)\,\text{cm}$이므로

$x(x+4)=20$, $x^2+4x-20=0$

$\therefore x=\dfrac{-4\pm\sqrt{16+80}}{2}=-2\pm2\sqrt{6}$

$x>0$이므로 $x=-2+2\sqrt{6}$

따라서 직사각형의 둘레의 길이는

$2(x+x+4)=4x+8$
$\qquad\qquad\quad=4(-2+2\sqrt{6})+8$
$\qquad\qquad\quad=8\sqrt{6}\,(\text{cm})$ **답** $8\sqrt{6}\,\text{cm}$

채점 기준

직사각형의 가로의 길이와 세로의 길이를 x에 대한 식으로 나타내기	20%
이차방정식 세우기	20%
x의 값 구하기	30%
답 구하기	30%

P. 110~112

Step6 도전 1등급

1 x^2+ax+b가 완전제곱식이 되려면

$b=\left(\dfrac{a}{2}\right)^2$ $\quad\therefore a^2=4b$

a, b는 주사위의 눈의 수이므로 $a^2=4b$를 만족하는 순서쌍 $(a,\ b)$는 $(2,\ 1)$, $(4,\ 4)$의 2개이다.
따라서 구하는 확률은

$\dfrac{2}{36}=\dfrac{1}{18}$ **답** ②

2 (주어진 식)

$=\left(1-\dfrac{1}{2}\right)\left(1+\dfrac{1}{2}\right)\times\left(1-\dfrac{1}{3}\right)\left(1+\dfrac{1}{3}\right)$

$\quad\times\left(1-\dfrac{1}{4}\right)\left(1+\dfrac{1}{4}\right)\times\cdots\times\left(1-\dfrac{1}{99}\right)\left(1+\dfrac{1}{99}\right)$

$=\dfrac{1}{2}\times\dfrac{3}{2}\times\dfrac{2}{3}\times\dfrac{4}{3}\times\dfrac{3}{4}\times\dfrac{5}{4}\times\cdots\times\dfrac{98}{99}\times\dfrac{100}{99}$

$=\dfrac{1}{2}\times\dfrac{100}{99}=\dfrac{50}{99}$ **답** $\dfrac{50}{99}$

3 도로의 한가운데를 지나는 원의 반지름의 길이를 $r\,\text{m}$라 하면

$2\pi r=24\pi$ $\quad\therefore r=12$

도로의 넓이가 $96\pi\,\text{m}^2$이므로

$\pi(12+x)^2-\pi(12-x)^2=96\pi$

$(12+x+12-x)(12+x-12+x)=96$

$24\times2x=96$ $\quad\therefore x=2$ **답** 2

4 $x^2+x-4=0$에서 $x^2-4=-x$

$\therefore$ (주어진 식) $=\dfrac{x^3-x}{x-1}=\dfrac{x(x^2-1)}{x-1}$

$\qquad\qquad\qquad=\dfrac{x(x+1)(x-1)}{x-1}$

$\qquad\qquad\qquad=x(x+1)=x^2+x$

$\qquad\qquad\qquad=4(\because x^2+x-4=0)$ **답** 4

5 $a^2-\sqrt{5}a-1=0$에서 양변을 a로 나누면

$a-\sqrt{5}-\dfrac{1}{a}=0$ $\quad\therefore a-\dfrac{1}{a}=\sqrt{5}a$

$\therefore a^2+\dfrac{1}{a^2}=\left(a-\dfrac{1}{a}\right)^2+2$

$\qquad\qquad=(\sqrt{5})^2+2=7$ **답** 7

6 $y=ax+2a-1$의 그래프가 점 $(a-1,\ 2a+1)$
을 지나므로 $2a+1=a(a-1)+2a-1$

$2a+1=a^2-a+2a-1$

$a^2-a-2=0,\ (a-2)(a+1)=0$

$\therefore a=2$ 또는 $a=-1$

$y=ax+2a-1$의 그래프가 제4사분면을 지나
지 않으려면

$a>0,\ 2a-1\geq0$ $\quad\therefore a\geq\dfrac{1}{2}$

따라서 a의 값은 2이다. **답** 2

7 $\alpha+\beta=-a,\ \alpha\beta=b$

$2x^2-5x+a=0$의 두 근이 $\dfrac{\beta}{\alpha},\ \dfrac{\alpha}{\beta}$ 이므로

$\dfrac{\beta}{\alpha}+\dfrac{\alpha}{\beta}=\dfrac{5}{2},\ \dfrac{\alpha^2+\beta^2}{\alpha\beta}=\dfrac{5}{2}$

$\dfrac{(\alpha+\beta)^2-2\alpha\beta}{\alpha\beta}=\dfrac{5}{2},\ \dfrac{(-a)^2-2b}{b}=\dfrac{5}{2}$

$2a^2-4b=5b$ $\quad\therefore 2a^2=9b$ $\quad\cdots\cdots\ \bigcirc$

$\dfrac{\beta}{\alpha}\times\dfrac{\alpha}{\beta}=\dfrac{a}{2},\ 1=\dfrac{a}{2}$ $\quad\therefore a=2$

$a=2$를 $\bigcirc$에 대입하면 $b=\dfrac{8}{9}$

$\therefore a-b=\dfrac{10}{9}$ **답** $\dfrac{10}{9}$

8 $x^2-4x-2=0$의 두 근이 $a,\ b$이므로

$a+b=4,\ ab=-2$

$x^2-5x+3=0$의 두 근이 $c,\ d$이므로

$c+d=5,\ cd=3$

$\therefore \dfrac{1}{ac}+\dfrac{1}{ad}+\dfrac{1}{bc}+\dfrac{1}{bd}$

$=\dfrac{bd+bc+ad+ac}{abcd}$

$=\dfrac{(a+b)(c+d)}{abcd}$

$=\dfrac{a+b}{ab}\times\dfrac{c+d}{cd}$

$=\dfrac{4}{-2}\times\dfrac{5}{3}=-\dfrac{10}{3}$ **답** $-\dfrac{10}{3}$

9 $3\leq x<4$이므로 $[x]=3$

따라서 주어진 방정식은

$(3-1)x^2-5x-7=0,\ 2x^2-5x-7=0$

$(x+1)(2x-7)=0$

$\therefore x=-1$ 또는 $x=\dfrac{7}{2}$

$3\leq x<4$이므로 $x=\dfrac{7}{2}$ **답** $x=\dfrac{7}{2}$

10 $\overline{AH}=x$cm라 하면 $\overline{DH}=(10-x)$cm이고

$\triangle AEH\equiv\triangle BFE\equiv\triangle CGF\equiv\triangle DHG$

따라서 $\square ABCD=\square EFGH+4\triangle AEH$이므로

$10^2=8^2+4\times\dfrac{1}{2}x(10-x)$

$100=64+20x-2x^2,\ x^2-10x+18=0$

$\therefore x=\dfrac{10\pm\sqrt{100-72}}{2}=5\pm\sqrt{7}$

$\overline{AH}<\overline{AE}$에서 $x<10-x$이므로 $x<5$

$\therefore x=5-\sqrt{7}$ **답** $(5-\sqrt{7})$cm

11 $\triangle ABC=\dfrac{1}{2}\times6\times6=18$(cm^2)

$\overline{BD}=x$cm라 하면 $\overline{AD}=(6-x)$cm이고,

$\triangle DBE,\ \triangle ADF$도 직각이등변삼각형이므로

$\triangle ABC=\triangle DBE+\triangle ADF+\square DECF$

즉, $18=\dfrac{1}{2}x^2+\dfrac{1}{2}(6-x)^2+8$에서

$20=x^2+36-12x+x^2$

$x^2-6x+8=0,\ (x-2)(x-4)=0$

$\therefore x=2$ 또는 $x=4$

답 2cm 또는 4cm

12 타일의 짧은 변의 길이를 $x$cm라 하면 긴 변의
길이는

$\dfrac{4x-12}{2}=2x-6$(cm)

벽면의 넓이가 960cm^{2}이므로

$4x(2x-6+x)=960$

$12x^2-24x=960,\ x^2-2x-80=0$

$(x+8)(x-10)=0$

$x>0$이므로 $x=10$ **답** 10cm

Step**7** 대단원 성취도 평가

1 ① $(x+3)^2-4(x+3)+4$
$=A^2-4A+4 \ (x+3=A)$
$=(A-2)^2$
$=(x+3-2)^2=(x+1)^2$

② $(x+10)^2-2(x+10)-3$
$=A^2-2A-3 \ (x+10=A)$
$=(A-3)(A+1)$
$=(x+10-3)(x+10+1)$
$=(x+7)(x+11)$

③ $(a+2b)^2-(b-c)^2$
$=\{(a+2b)+(b-c)\}\{(a+2b)-(b-c)\}$
$=(a+3b-c)(a+b+c)$

④ $(a+b)^2-a(a+b)-2a^2$
$=X^2-aX-2a^2 \ (a+b=X)$
$=(X-2a)(X+a)$
$=(a+b-2a)(a+b+a)$
$=-(a-b)(2a+b)$

⑤ $(x^2-x+1)(x^2-x+2)-12$
$=(A+1)(A+2)-12 \ (x^2-x=A)$
$=A^2+3A-10$
$=(A+5)(A-2)$
$=(x^2-x+5)(x^2-x-2)$
$=(x^2-x+5)(x-2)(x+1)$

답 ⑤

2 $x^2-xy+\dfrac{1}{4}y^2=\left(x-\dfrac{1}{2}y\right)^2$ 답 ⑤

3 (주어진 식)$=\sqrt{(x-3)^2}-\sqrt{(x+2)^2}$이고
$-2<x<3$이므로 $x-3<0, \ x+2>0$
$\therefore$ (주어진 식)$=-(x-3)-(x+2)$
$\qquad\qquad\qquad =-2x+1$ 답 ⑤

4 $x-2y=A$로 놓으면
$(x-2y)^2-(x-2y+5)-a$
$=A^2-A-5-a=(A-1)(A+m)$

$-1=-1+m, \ -5-a=-m$
$\therefore m=0, \ a=-5$
$\ \ (x-2y)(x-2y-2)+b$
$=A(A-2)+b$
$=A^2-2A+b=(A-1)(A+n)$
$-2=-1+n, \ b=-n$
$\therefore n=-1, \ b=1$
$\therefore a+b=-4$ 답 ②

5 $3x^2+ax-21=(x-3)(bx+7)$에서
$3=b, \ a=-3b+7$이므로 $a=-2$
$\therefore ab=-6$ 답 ①

6 ⑤ $-6x^2+5x-1=-(6x^2-5x+1)$
$\qquad\qquad\qquad\quad =-(2x-1)(3x-1)$
답 ⑤

7 ① $x^2-25=2x^2 \qquad \therefore x^2+25=0$
② $x^2+20x+100=x+10$
$\quad \therefore x^2+19x+90=0$
④ $4x^2-5x=4x^2-1 \qquad \therefore 5x-1=0$
⑤ $x^2-1=2x^2-x-1 \qquad \therefore x^2-x=0$
답 ④

8 ① $0^2-4\times5\times(-5)=100$
② $x^2-5x=0$에서 $(-5)^2-4\times1\times0=25$
③ $x^2+6x+9=0$에서 $6^2-4\times1\times9=0$
④ $x^2-2x=0$에서 $(-2)^2-4\times1\times0=4$
⑤ $(-10)^2-4\times1\times100=-300$ 답 ③

9 $x+5=A$로 놓으면 $A^2-3A-28=0$
$(A+4)(A-7)=0$
$(x+5+4)(x+5-7)=0$
$(x+9)(x-2)=0 \qquad \therefore x=-9$ 또는 $x=2$
답 ③

10 $a+b=6, \ ab=2$이므로
$(a+1)(b+1)=ab+a+b+1$
$\qquad\qquad\quad =2+6+1=9$ 답 ④

11 $x=-1$이 해이므로 $(-1)^2-a\times(-1)-5=0$

$1+a-5=0$ $\therefore a=4$

따라서 주어진 방정식은 $x^2-4x-5=0$

즉 $(x+1)(x-5)=0$이므로 $b=5$

$\therefore ab=20$ 답 ⑤

12 $x=\dfrac{3\pm\sqrt{9+8}}{4}=\dfrac{3\pm\sqrt{17}}{4}$

따라서 $a=3$, $b=17$이므로

$b-a=14$ 답 ④

13 연속하는 두 자연수를 n, $n+1$이라 하면

$3n^2=2(n+1)^2+3$, $3n^2=2(n^2+2n+1)+3$

$n^2-4n-5=0$, $(n+1)(n-5)=0$

n은 자연수이므로 $n=5$

따라서 두 자연수는 5, 6이므로 합은 11이다.

답 ③

14 $9999=a$로 놓으면

$\quad 9998\times9995+9998\times5$

$=(a-1)(a-4)+5(a-1)$

$=(a-1)(a+1)$

$\therefore$ (주어진 식)$=\dfrac{(a-1)(a+1)}{a^2-1}$

$\qquad\qquad\quad =\dfrac{(a-1)(a+1)}{(a-1)(a+1)}=1$ 답 1

15 $x+y=2\sqrt{3}$, $x-y=2\sqrt{2}$이므로

(주어진 식)$=2(x^2-y^2)+4(x+y)$

$\qquad\qquad =2(x+y)(x-y)+4(x+y)$

$\qquad\qquad =2\times2\sqrt{3}\times2\sqrt{2}+4\times2\sqrt{3}$

$\qquad\qquad =8\sqrt{6}+8\sqrt{3}$ 답 $8\sqrt{6}+8\sqrt{3}$

16 $x=2+\sqrt{6}$이 근이므로

$(2+\sqrt{6})^2-4(2+\sqrt{6})+k=0$

$10+4\sqrt{6}-8-4\sqrt{6}+k=0$ $\therefore k=-2$

답 -2

17 처음 정사각형의 길이를 $x$cm라 하면

$(x-4)(x+6)=144$

$x^2+2x-168=0$, $(x-12)(x+14)=0$

$x>0$이므로 $x=12$ 답 12cm

18 $x^2+ax+b=0$의 두 근의 합은 $-a$, 곱은 b이다.

따라서 $-a$와 b가 $x^2-(b+3)x+2a=0$의 두 근이므로

$-a+b=b+3$, $-ab=2a$

$\therefore a=-3$, $b=-2$

$\therefore ab=6$ 답 6

채점 기준	
$x^2+ax+b=0$의 두 근의 합과 곱 구하기	2점
$x^2-(b+3)x+2a=0$에서 근과 계수의 관계 적용하기	2점
답 구하기	1점

19 $\overline{AB}=x$cm라고 하면

$\dfrac{1}{2}(x+x+12)\times x=55$

$(x+6)\times x=55$, $x^2+6x-55=0$

$(x-5)(x+11)=0$

$x>0$이므로 $x=5$ 답 5cm

채점 기준	
$\overline{AB}=x$cm로 놓기	1점
이차방정식 세우기	2점
이차방정식 풀기	2점
답 구하기	1점

3000제 꿀꺽수학

01 이차함수의 그래프(1)

P. 118~121

Step 1 교과서 이해

01 이차함수

02 ×   **03** ○

04 ×   **05** ○

06 ○   **07** ×

08 ×   **09** ○

10 ○   **11** ×

12 ×   **13** ×

14 $y=\pi x^2$, 이차함수이다.

15 $y=60x$, 이차함수가 아니다.

16 $y=x^3$, 이차함수가 아니다.

17 $y=x(x-3)$, 이차함수이다.

18 $y=-x+90$, 이차함수가 아니다.

19 (가로의 길이)$=(10-x)$cm이므로
$y=x(10-x)$, 이차함수이다.

20 $y=\dfrac{1}{3}\pi x^2\times 10=\dfrac{10}{3}\pi x^2$, 이차함수이다.

21 5

22 -1

23 -1

24 포물선, 축, 꼭짓점

25 ○   **26** ×

27 ×   **28** ○

29 $x>0$, $x<0$

30 $(0,\ 0)$ **31** $x=0$

32 $y=\dfrac{3}{4}x^2$

33 (ㄱ), (ㄷ), (ㄹ), (ㅅ)

34 (ㄴ), (ㅅ)

35 (ㄱ)과 (ㅇ), (ㄴ)과 (ㅅ), (ㄹ)과 (ㅁ)

36 (ㄹ)   **37** (ㄷ)

38 (ㄴ)   **39** (ㄱ)

40 $\dfrac{1}{2}<a<2$

41 $y=x^2+4$

42 $y=3x^2-2$

43 $y=-4x^2-5$

44 $y=-x^2+4$

45 꼭짓점 : $(0,\ 3)$, 축의 방정식 : $x=0$

46 꼭짓점 : $(0,\ -1)$, 축의 방정식 : $x=0$

47 꼭짓점 : $(0,\ -3)$, 축의 방정식 : $x=0$

48 꼭짓점 : $(0,\ 2)$, 축의 방정식 : $x=0$

49 아래로 볼록하므로 $a>0$
꼭짓점이 x축의 아래쪽에 있으므로 $q<0$
답 $a>0,\ q<0$

50 위로 볼록하므로 $a<0$
꼭짓점이 x축의 위쪽에 있으므로 $q>0$
답 $a<0,\ q>0$

51 $y=-(x-3)^2$

52 $y=3(x+2)^2$

53 $y=-\dfrac{1}{4}(x+5)^2$

54 $y=2(x-4)^2$

55 꼭짓점 : $(1,\ 0)$, 축의 방정식 : $x=1$

56 꼭짓점 : $(-4,\ 0)$, 축의 방정식 : $x=-4$

57 꼭짓점 : $(-2,\ 0)$, 축의 방정식 : $x=-2$

58 꼭짓점 : $(5,\ 0)$, 축의 방정식 : $x=5$

59 아래로 볼록하므로 $a>0$
꼭짓점이 y축의 왼쪽에 있으므로 $p<0$
답 $a>0,\ p<0$

60 위로 볼록하므로 $a<0$
꼭짓점이 y축의 오른쪽에 있으므로 $p>0$
답 $a<0,\ p>0$

61 $y=(x-5)^2+7$

62 $y=3(x+5)^2-7$

63 $y=-2(x-3)^2-4$

64 꼭짓점 : $(1,\ 5)$, 축의 방정식 : $x=1$

65 꼭짓점 : $(-1,\ -4)$, 축의 방정식 : $x=-1$

66 꼭짓점 : $(-4,\ -3)$, 축의 방정식 : $x=-4$

67 꼭짓점 : $(2,\ 1)$, 축의 방정식 : $x=2$

68 위로 볼록하므로 $a<0$
꼭짓점 $(p,\ q)$가 제2사분면에 있으므로
$p<0,\ q>0$
답 $a<0,\ p<0,\ q>0$

P. 122~123

Step **2** 개념탄탄

01 (ㄷ), (ㄹ), (ㅂ)

02 ① $y=x(x-5)$ ② $y=x^2$
③ $y=x^3$ ④ $y=4\pi x^2$
⑤ $y=\dfrac{x}{100}\times 100=x$ 답 ③, ⑤

03 $f(0)=-0^2+2\times 0=0,$
$f(1)=-1^2+2\times 1=1$
$\therefore f(0)+f(1)=1$ 답 1

04 ② 축의 방정식은 $x=0$이다.
④ 점 $(-2,\ 4)$를 지난다.
⑤ $x<0$일 때 x의 값이 증가하면 y의 값은 감소한다.   답 ①, ③

05 (ㄱ), (ㄹ), (ㄴ), (ㄷ)

06 ③

07 $16=a\times 4^2$ $\therefore a=1$ 답 1

08 $k=3\times 1^2=3$ 답 3

09 $y=-2x^2+q$의 그래프가 점 $(2,\ -10)$을 지나므로
$-10=-2\times 2^2+q$ $\therefore q=-2$ 답 -2

10 $y=3(x-p)^2$의 그래프가 점 $(0,\ 12)$를 지나므로
$12=3p^2,\ p^2=4$ $\therefore p=2\ (\because p$는 양수$)$ 답 2

11 (1) $y=-2(x-3)^2+2$

(2) $(3,\ 2)$

(3) $x=3$

12 $y=2(x-1)^2+q$의 그래프가 점 $(-1,\ 10)$을 지나므로

$10=2\times(-1-1)^2+q$ $\therefore q=2$ **답** 2

13 ③

P. 124~127

Step3 실력완성

1 ①, ③

2 ① $y=2\pi x$ ② $y=900x$

③ $y=x^2$ ④ $y=3x$

⑤ $y=2(x+x+1)=4x+2$ **답** ③

3 $f(-1)=1+2+a=6$에서 $a=3$

따라서 $f(x)=x^2-2x+3$이므로

$f(4)=16-8+3=11$ $\therefore b=11$

$\therefore a+b=14$ **답** 14

채점 기준	
a의 값 구하기	40%
b의 값 구하기	40%
답 구하기	20%

4 ②

5 (ㄱ) 꼭짓점의 좌표는 $(0,\ 0)$이다.

(ㄴ) $y=-2x^2$의 그래프와 x축에 대칭이다.

   답 ⑤

6 ① $-9\neq-3\times(-3)^2$ ② $-14\neq-3\times(-2)^2$

③ $-2\neq-3\times(-1)^2$ ④ $-8\neq-3\times2^2$

⑤ $-27=-3\times3^2$ **답** ⑤

7 $\dfrac{1}{2}<a<2$ **답** ③

8 $a=3\times(-2)^2=12$

$y=3x^2$의 그래프와 x축에 대칭인 그래프의 식은

$y=-3x^2$이므로 $b=-3$

$\therefore a+b=9$ **답** 9

채점 기준	
a의 값 구하기	40%
b의 값 구하기	40%
답 구하기	20%

9 구하는 식을 $y=ax^2$이라 하면

$4=a\times3^2$ $\therefore a=\dfrac{4}{9}$ **답** ③

10 ① 축의 방정식은 $x=1$이다.

② 꼭짓점의 좌표는 $(1,\ 0)$이다.

③ $y=(x-1)^2$의 그래프와 x축에 대칭이다.

④ $y=-x^2$의 그래프를 x축의 방향으로 1만큼 평행이동한 것이다.   **답** ⑤

11 $y=-3x^2$의 그래프를 y축의 방향으로 2만큼 평행이동한 그래프의 식은 $y=-3x^2+2$이다.

따라서 꼭짓점은 $(0,\ 2)$, 축의 방정식은 $x=0$이므로 $p=0$, $q=2$, $m=0$

$\therefore p+q+m=2$ **답** 2

채점 기준	
평행이동한 그래프의 식 구하기	20%
꼭짓점의 좌표 구하기	30%
축의 방정식 구하기	30%
답 구하기	20%

12 ② $y=ax^2$의 그래프를 y축의 방향으로 q만큼 평행이동한 것이다.   **답** ②

13 $4=\dfrac{1}{2}\times(-2)^2+c$, $4=2+c$ $\therefore c=2$

따라서 $y=\dfrac{1}{2}x^2+2$의 그래프의 꼭짓점의 좌표는 $(0,\ 2)$이다.   **답** $(0,\ 2)$

14 $p=-1$이므로 $y=a(x+1)^2$

점 $(0,\ -2)$를 지나므로 $-2=a$

$\therefore a+p=-3$ **답** ②

15 $y=-4(x-1)^2+3$
$\quad\quad =-4x^2+8x-1$
의 그래프는 꼭짓점이 $(1,\ 3)$이
고 y축과 만나는 점의 좌표가
$(0,\ -1)$이므로 오른쪽 그림
과 같다.
따라서 제2사분면을 지나지 않는다. **답** ②

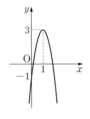

16 ⑤ $x=0$일 때 $y=-1$이므로 점 $(0,\ -1)$을 지
난다. **답** ⑤

17 평행이동한 그래프의 식은
$y=4(x-2+1)^2-1=4(x-1)^2-1$
따라서 축의 방정식이 $x=1$이므로 $x>1$인 범
위에서 x의 값이 증가할 때 y의 값도 증가한다.
답 ④

18 위로 볼록하므로 $a<0$
꼭짓점 $(p,\ q)$가 제1사분면 위의 점이므로
$p>0,\ q>0$ **답** ③

19 꼭짓점 $(-p+3,\ -3p+6)$이 제3사분면 위에
있으므로
$-p+3<0$ $\cdots\cdots$ ㉠, $-3p+6<0$ $\cdots\cdots$ ㉡
㉠에서 $p>3$, ㉡에서 $p>2$이므로
$p>3$ **답** ③

20 주어진 그래프에서 $a<0,\ p<0,\ q>0$
따라서 $y=q(x-a)^2+p$의 그래프는 아래로 볼
록하고, 꼭짓점 $(a,\ p)$는 제3사분면 위에 있으
므로 ④이다. **답** ④

21 $y=-\dfrac{1}{3}x^2$의 그래프와 모양이 같고 꼭짓점의
좌표가 $(-2,\ 6)$인 그래프의 식은
$y=-\dfrac{1}{3}(x+2)^2+6$
따라서 $a=-\dfrac{1}{3},\ p=2,\ q=6$이므로
$apq=-\dfrac{1}{3}\times2\times6=-4$ **답** -4

채점 기준	
이차함수의 식 구하기	30%
$a,\ p,\ q$의 값 구하기	60%
답 구하기	10%

22 평행이동한 그래프의 식은
$y=-2(x-m)^2-4$
점 $(-2,\ -6)$을 지나므로
$-6=-2(-2-m)^2-4$
$2(-2-m)^2=2,\ (-2-m)^2=1,$
$-2-m=\pm1$
$\therefore m=-3$ 또는 $m=-1$
답 -3 또는 -1

23 $y=2(x-3)^2+5$의 그래프의 꼭짓점 : $(3,\ 5)$
$\quad\quad\quad\quad\quad\quad\quad\quad\quad\quad\quad\quad\quad\quad$ $\cdots\cdots$ ㉠
$y=2(x+2)^2-3$의 그래프의 꼭짓점 :
$\quad\quad\quad\quad\quad\quad\quad\quad\quad\quad (-2,\ -3)$ $\cdots\cdots$ ㉡
㉠을 x축의 방향으로 -5만큼, y축의 방향으로
-8만큼 평행이동하면 ㉡과 일치하므로
$p=-5,\ q=-8$
$\therefore p+q=-13$ **답** -13

채점 기준	
두 그래프의 꼭짓점의 좌표를 비교하여 $p,\ q$의 값 구하기	80%
답 구하기	20%

P. 128

Step 4 유형 클리닉

1 $f(-2)=4a-3\times(-2)-2=-4$에서
$4a=-8$ $\quad\therefore a=-2$
따라서 $f(x)=-2x^2-3x-2$이므로
$f(1)=-2-3-2=-7$ $\quad\therefore b=-7$
$\therefore a+b=-9$ **답** -9

1-1 $f(2)=-3\times2^2+4\times2-1=-5$ **답** -5

1-2 $f(1)=a+b-3=-2$
$\quad\therefore a+b=1$ $\cdots\cdots$ ㉠
$f(2)=4a+2b-3=-3$
$\quad\therefore 2a+b=0$ $\cdots\cdots$ ㉡

⊙, ⓒ에서 $a=-1$, $b=2$

따라서 $f(x)=-x^2+2x-3$이므로

$f(-2)=-(-2)^2+2\times(-2)-3=-11$

$\fbox{답}$ -11

2 $a>0$, $p>0$이므로 일차함수
$y=ax+p$의 그래프는 기울
기와 y절편이 모두 양수이다.
따라서 $y=ax+p$의 그래프
는 오른쪽 그림과 같으므로 제1, 2, 3사분면을
지난다. $\fbox{답}$ 제1, 2, 3사분면

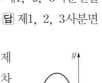

2-1 제2, 3, 4사분면을 지나고 제
1사분면을 지나지 않는 이차
함수의 그래프는 오른쪽 그림
과 같다.
위로 볼록하므로 $a<0$
꼭짓점 (p, q)가 제2사분면 위에 있으므로
$p<0$, $q>0$ $\fbox{답}$ $a<0$, $p<0$, $q>0$

2-2 (기울기)<0, (y절편)<0이므로
$a<0$, $b<0$
$y=a(x+b)^2$의 그래프는 위로 볼록하고
꼭짓점 $(-b, 0)$이 y축의 오른쪽에 있으므로
제3, 4사분면을 지난다.

$\fbox{답}$ 제3, 4사분면

P. 129

Step5 서술형 만점 대비

1 $y=2(x-1)^2+3$의 그래프의 꼭짓점 : $(1, 3)$
점 $(1, 3)$을 x축의 방향으로 2만큼, y축의 방향
으로 -1만큼 평행이동한 점은 $(3, 2)$이므로
평행이동한 그래프의 식은 $y=2(x-3)^2+2$
점 $(1, a)$를 지나므로
$a=2(1-3)^2+2=10$ $\fbox{답}$ 10

채점 기준	
꼭짓점을 평행이동하기	30%
평행이동한 그래프의 식 구하기	40%
답 구하기	30%

2 축의 방정식이 $x=-2$이고, 꼭짓점이 x축 위에
있으므로 꼭짓점의 좌표는 $(-2, 0)$
따라서 구하는 이차함수의 식을 $y=a(x+2)^2$
으로 나타낼 수 있고, 점 $(1, -9)$를 지나므로
$-9=a(1+2)^2$ ∴ $a=-1$
∴ $y=-(x+2)^2$ … $\fbox{답}$

채점 기준	
꼭짓점의 좌표 구하기	40%
이차함수의 식 구하기	60%

3 두 점 A, B가 $y=2x^2$의 그래프 위의 점이므로
$2p^2=8$, $p^2=4$ ∴ $p=2$ $(\because p>0)$
$2\times1^2=q$ ∴ $q=2$
따라서 A$(2, 8)$, B$(1, 2)$이므로 두 점 A, B
를 지나는 직선의 방정식은
$y-2=\dfrac{2-8}{1-2}(x-1)$ ∴ $y=6x-4$ … $\fbox{답}$

채점 기준	
p의 값 구하기	30%
q의 값 구하기	30%
두 점 A, B를 지나는 직선의 방정식 구하기	40%

4 점 $(1, 5)$를 지나므로
$5=(1-a)^2+b$ ……… ⊙
꼭짓점 (a, b)가 직선 $y=2x$ 위에 있으므로
$b=2a$ ……… ⓒ
ⓒ을 ⊙에 대입하면 $a^2-2a+1+2a=5$
$a^2=4$ ∴ $a=2$ $(\because a>0)$
ⓒ에서 $b=4$
∴ $a+b=6$ $\fbox{답}$ 6

채점 기준	
a, b의 관계식 구하기	40%
a, b의 값 구하기	40%
답 구하기	20%

02 이차함수의 그래프(2)

P. 130~131

Step **1** 교과서 이해

01 $y=2x^2+4x-3$
$=2(x^2+\boxed{2}x)-3$
$=2(x^2+\boxed{2}x+\boxed{1}-\boxed{1})-3$
$=2(x+\boxed{1})^2+\boxed{-5}$

02 $y=(x-1)^2+2$

03 $y=-2(x-3)^2+18$

04 $y=-\left(x-\dfrac{3}{2}\right)^2+\dfrac{1}{4}$

05 $y=\dfrac{1}{2}(x-3)^2-7$

06 $y=\dfrac{1}{5}(x+5)^2-5$

07 $y=\dfrac{1}{3}\left(x-\dfrac{3}{2}\right)^2-\dfrac{3}{4}$

08 $y=(x+3)^2-8$
답 꼭짓점 : $(-3,\ -8)$, 축의 방정식 : $x=-3$

09 $y=-\left(x+\dfrac{3}{2}\right)^2+\dfrac{17}{4}$
답 꼭짓점 : $\left(-\dfrac{3}{2},\ \dfrac{17}{4}\right)$, 축의 방정식 : $x=-\dfrac{3}{2}$

10 $y=3\left(x+\dfrac{5}{6}\right)^2-\dfrac{49}{12}$
답 꼭짓점 : $\left(-\dfrac{5}{6},\ -\dfrac{49}{12}\right)$, 축의 방정식 : $x=-\dfrac{5}{6}$

11 $y=(x+5)^2-25$
답 꼭짓점 : $(-5,\ -25)$, 축의 방정식 : $x=-5$

12 $y=2\left(x-\dfrac{1}{4}\right)^2+\dfrac{23}{8}$
답 꼭짓점 : $\left(\dfrac{1}{4},\ \dfrac{23}{8}\right)$, 축의 방정식 : $x=\dfrac{1}{4}$

13 $y=\dfrac{1}{2}(x+2)^2-1$
답 꼭짓점 : $(-2,\ -1)$, 축의 방정식 : $x=-2$

14 $y=-\dfrac{1}{2}(x-3)^2+\dfrac{17}{2}$
답 꼭짓점 : $\left(3,\ \dfrac{17}{2}\right)$, 축의 방정식 : $x=3$

15 $y=x^2-x-2=\left(x-\dfrac{1}{2}\right)^2-\dfrac{9}{4}$
답 꼭짓점 : $\left(\dfrac{1}{2},\ -\dfrac{9}{4}\right)$, 축의 방정식 : $x=\dfrac{1}{2}$

16 $y=-x^2+\dfrac{1}{6}x+\dfrac{1}{6}=-\left(x-\dfrac{1}{12}\right)^2+\dfrac{25}{144}$
답 꼭짓점 : $\left(\dfrac{1}{12},\ \dfrac{25}{144}\right)$, 축의 방정식 : $x=\dfrac{1}{12}$

17 $-2x^2-x+1=0$에서 $2x^2+x-1=0$이므로
$(x+1)(2x-1)=0$ ∴ $x=-1$ 또는 $x=\dfrac{1}{2}$
답 $-1,\ \dfrac{1}{2},\ \dfrac{1}{2},\ 0,\ \dfrac{1}{2},\ 1,\ 1,\ 1$

18 $x^2+4x+4=0$에서 $(x+2)^2=0$
∴ $x=-2$ 답 x절편 : -2, y절편 : 4

19 $-x^2+3x-2=0$에서 $x^2-3x+2=0$
$(x-1)(x-2)=0$ ∴ $x=1$ 또는 $x=2$
답 x절편 : $1,\ 2$, y절편 : -2

20 $>,\ >,\ >,\ >$

21 $<,\ <,\ >,\ <$

22 아래로 볼록하므로 $a>0$
축이 y축의 오른쪽에 있으므로 $ab<0$
∴ $b<0$
원점을 지나므로 $c=0$
답 $a>0,\ b<0,\ c=0$

23 아래로 볼록하므로 $a>0$
축이 y축의 오른쪽에 있으므로 $ab<0$
∴ $b<0$
y축과의 교점이 원점보다 위쪽에 있으므로 $c>0$
답 $a>0,\ b<0,\ c>0$

24 위로 볼록하므로 $a<0$

축이 y축의 왼쪽에 있으므로 $ab>0$

$\therefore b<0$

원점을 지나므로 $c=0$

답 $a<0,\ b<0,\ c=0$

25 위로 볼록하므로 $a<0$

축이 y축의 오른쪽에 있으므로 $ab<0$

$\therefore b>0$

y축과의 교점이 원점보다 아래쪽에 있으므로 $c<0$

답 $a<0,\ b>0,\ c<0$

P. 132

Step2 개념탄탄

01 $y=-x^2+3x+1=-\left(x^2-3x+\dfrac{9}{4}-\dfrac{9}{4}\right)+1$

$\qquad\qquad =-\left(x-\dfrac{3}{2}\right)^2+\dfrac{13}{4}$

답 꼭짓점 : $\left(\dfrac{3}{2},\ \dfrac{13}{4}\right)$, 축의 방정식 : $x=\dfrac{3}{2}$

02 $y=\dfrac{1}{3}x^2-2x+5=\dfrac{1}{3}(x^2-6x+9-9)+5$

$\qquad\qquad =\dfrac{1}{3}(x-3)^2+2$

답 꼭짓점 : $(3,\ 2)$, 축의 방정식 : $x=3$

03 $y=-\dfrac{1}{3}(x^2-6x+9-9)+2$

$\qquad =-\dfrac{1}{3}(x-3)^2+3+2$ **답** (ㄷ)

04 $a<0$이므로 그래프의 모양이 위로 볼록하다.

또, $ab<0$이므로 그래프의 축은 y축의 오른쪽에 있으며 원점을 지난다.

따라서 $y=ax^2+bx$의 그래프는 위의 그림과 같으므로 꼭짓점은 제1사분면 위에 있다.

답 제1사분면

---

05 $y=x^2+6x+8=(x+3)^2-1$

④ $x<-3$일 때 x의 값이 증가하면 y의 값은 감소한다. **답** ④

06 $y=x^2+4x+m=(x+2)^2+m-4$

꼭짓점의 좌표가 $(p,\ -3)$이므로

$p=-2,\ m-4=-3$

$\therefore p=-2,\ m=1$ … **답**

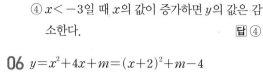

P. 133~135

Step3 실력완성

1 $y=2x^2+8x-3=2(x^2+4x)-3$

$\qquad =2(x^2+4x+4-4)-3$

$\qquad =2(x+2)^2-11$

따라서 $a=2,\ p=-2,\ q=-11$이므로

$a+p+q=-11$ **답** ②

2 $y=x^2+2ax+4=(x+a)^2+4-a^2$

꼭짓점의 좌표가 $(1,\ b)$이므로

$-a=1,\ 4-a^2=b$

$\therefore a=-1,\ b=3$

$\therefore a+b=2$ **답** ⑤

3 $y=x^2-2ax+b$의 그래프가 점 $(5,\ 3)$을 지나므로

$3=25-10a+b \qquad \therefore b=10a-22 \quad\cdots\cdots\ \text{㉠}$

꼭짓점의 좌표가 $(2,\ c)$이므로

$y=(x-a)^2+b-a^2$에서

$a=2,\ b-a^2=c \qquad\qquad\cdots\cdots\ \text{㉡}$

㉠에서 $b=10\times2-22=-2$이므로 ㉡에 대입하면 $c=-2-2^2=-6$

$\therefore a+b+c=2-2-6=-6$ **답** -6

채점 기준	
그래프 위의 점을 이용하여 관계식 얻기	20%
꼭짓점의 좌표를 이용하여 관계식 얻기	30%
a, b, c의 값 구하기	30%
답 구하기	20%

4 $y=3(x-2)^2-1=3x^2-12x+11$

따라서 $a=3$, $b=-12$, $c=11$이므로

$a+b+c=2$ **답** ④

5 $y=(x-2)^2-1=x^2-4x+3$이 주어진 식과 일
치해야 하므로

$2a=-4$, $2a^2-b^2+4b=3$

$a=-2$이므로 $2\times(-2)^2-b^2+4b=3$

$b^2-4b-5=0$, $(b+1)(b-5)=0$

$\therefore b=5(\because b$는 양수) **답** 5

6 ① $y=(x-2)^2-4$ ② $y=2(x-2)^2-3$

③ $y=-(x-2)^2-2$ ④ $y=-(x+1)^2-3$

⑤ $y=-(x+1)^2+3$ **답** ⑤

7 p, q는 이차방정식 $x^2-x-2=0$의 두 근이므
로 근과 계수의 관계에서 $p+q=1$

$x=0$을 대입하면 $y=-2$이므로 $r=-2$

$\therefore p+q+r=1-2=-1$ **답** ②

8 $y=\dfrac{1}{2}(x^2-4x+4-4)+1=\dfrac{1}{2}(x-2)^2-1$

이므로 꼭짓점이 $(2, -1)$이고 아래로 볼록하
므로 그래프는 ③이다.

답 ③

9 $y=-(x^2-4x)-2=-(x-2)^2+2$이므로
꼭짓점이 $(2, 2)$이고 위로 볼록하며 y절편이
-2이므로 제2사분면을 지나지 않는다.

답 ②

10 $y=2(x^2-4x)+3a-2=2(x-2)^2+3a-10$
의 그래프가 x축과 한 점에서 만나므로

$3a-10=0$ $\therefore a=\dfrac{10}{3}$ **답** $\dfrac{10}{3}$

11 $y=x^2-4x-m+2=(x-2)^2-m-2$의 그래
프가 x축과 서로 다른 두 점에서 만나려면
(꼭짓점의 좌표)<0이어야 하므로

$-m-2<0$ $\therefore m>-2$

답 ④

12 $y=x^2-4x+1=(x-2)^2-3$

$y=x^2+2x+2=(x+1)^2+1$

점 $(2, -3)$을 x축의 방향으로 -3만큼, y축의
방향으로 4만큼 평행이동하면 점 $(-1, 1)$이
되므로 $p=-3$, $q=4$

$\therefore pq=-12$ **답** ①

13 $y=-2(x^2-2x+1-1)+1=-2(x-1)^2+3$

그래프가 위로 볼록하므로 $x>1$일 때 x의 값이
증가하면 y의 값은 감소한다.

답 ③

14 $y=-2(x^2+6x+9-9)-18=-2(x+3)^2$

⑤ $y=-2x^2$의 그래프를 x축의 방향으로 -3만
큼 평행이동한 것이다.

답 ⑤

15 $-x^2+x+2=0$에서 $x^2-x-2=0$

$(x+1)(x-2)=0$ $\therefore x=-1$ 또는 $x=2$

$\therefore$ A$(-1, 0)$, B$(2, 0)$

y절편이 2이므로 C$(0, 2)$

$\therefore \triangle ABC=\dfrac{1}{2}\times3\times2=3$ **답** 3

채점 기준

x축과의 교점 A, B의 좌표 구하기	40%
y축과의 교점 C의 좌표 구하기	30%
답 구하기	30%

16 ① $ab>0$

② $a>0$, $c<0$이므로 $ac<0$

③ $b>0$, $c<0$이므로 $\dfrac{b}{c}<0$

④ 그래프가 점 $(1, 0)$을 지나므로 $a+b+c=0$

⑤ $x=-1$일 때 $y<0$이므로 $a-b+c<0$

답 ⑤

17 $a<0$, $ab>0$에서 $b<0$

$c>0$이므로

(기울기)$=\dfrac{a}{c}<0$, (y절편)$=\dfrac{b}{c}<0$

따라서 직선 $y=\dfrac{a}{c}x+\dfrac{b}{c}$는 제2, 3, 4사분면을

지난다. **답** ③

P. 136

Step **4** 유형 클리닉

1 $y=0$을 대입하면 $x^2-2x-3=0$

$(x+1)(x-3)=0$　　$\therefore x=-1$ 또는 $x=3$

$\therefore \mathrm{A}(-1,\ 0),\ \mathrm{B}(3,\ 0)$

$y=x^2-2x-3=(x-1)^2-4$이므로 $\mathrm{C}(1,\ -4)$

$\therefore \triangle \mathrm{ABC}=\dfrac{1}{2}\times 4\times 4=8$　　　**답** 8

1-1 $y=0$을 대입하면 $x^2-4x-1=0$

$\therefore x=\dfrac{4\pm\sqrt{16+4}}{2}=\dfrac{4\pm 2\sqrt{5}}{2}=2\pm\sqrt{5}$

따라서 두 점 A, B는 $(2+\sqrt{5},\ 0),\ (2-\sqrt{5},\ 0)$
이므로

$\overline{\mathrm{AB}}=(2+\sqrt{5})-(2-\sqrt{5})=2\sqrt{5}$

답 $2\sqrt{5}$

1-2 $y=0$을 대입하면 $x^2+2x-3=0$

$(x+3)(x-1)=0$　　$\therefore x=-3$ 또는 $x=1$

$\therefore \mathrm{A}(-3,\ 0)$

$y=x^2+2x-3=(x+1)^2-4$이므로

$\mathrm{C}(-1,\ -4)$

또, $\mathrm{B}(0,\ -3)$이므로 $\mathrm{D}(0,\ -4)$라 하면

$\triangle \mathrm{ABC}=\square \mathrm{AODC}-\triangle \mathrm{OAB}-\triangle \mathrm{BCD}$

$=\dfrac{1}{2}(1+3)\times 4-\dfrac{1}{2}\times 3\times 3-\dfrac{1}{2}\times 1\times 1$

$=8-5=3$　　　**답** 3

2 $a<0,\ b>0$이므로

$y=ax^2-bx-ab$에서

$a<0$이므로 위로 볼록하

고 $a\times(-b)=-ab>0$

이므로 축이 y축의 왼쪽에 있으며 y축과의 교점

이 원점보다 위쪽에 있다. 따라서 그래프의 개형

은 위의 그림과 같다.　　　**답** 풀이 참조

2-1 y절편이 양수이므로 $c>0$

축이 y축의 왼쪽에 있으므로

$1\times b>0$　　$\therefore b>0$　　**답** $b>0,\ c>0$

2-2 $y=ax^2+bx+c$의 그래프
의 개형이 오른쪽 그림과
같으므로

$a<0,\ b>0,\ c<0$ … **답**

P. 137

Step **5** 서술형 만점 대비

1 $y=2x^2-12x+a$의 그래프가 점 $(2,\ -3)$을
지나므로 $-3=2\times 2^2-12\times 2+a$

$\therefore a=13$

$y=2x^2-12x+13=2(x-3)^2-5$

따라서 꼭짓점의 좌표는 $(3,\ -5)$이다.

답 $(3,\ -5)$

채점 기준	
a의 값 구하기	50%
꼭짓점의 좌표 구하기	50%

2 $y=\dfrac{1}{2}(x^2-2x+1-1)+\dfrac{5}{6}$

$=\dfrac{1}{2}(x-1)^2+\dfrac{1}{3}$

점 $\left(1,\ \dfrac{1}{3}\right)$을 x축의 방향으로 $\dfrac{1}{2}$만큼, y축의 방

향으로 $-\dfrac{2}{3}$만큼 평행이동하면 $\left(\dfrac{3}{2},\ -\dfrac{1}{3}\right)$이므

로 구하는 꼭짓점의 좌표는 $\left(\dfrac{3}{2},\ -\dfrac{1}{3}\right)$이다.

답 $\left(\dfrac{3}{2},\ -\dfrac{1}{3}\right)$

채점 기준	
이차함수의 식 변형하기	40%
꼭짓점을 평행이동하기	40%
답 구하기	20%

3 점 $(-1, 0)$을 지나므로

$0=1+a-2$ ∴ $a=1$

$y=x^2-x-2$에서 $y=0$을 대입하면

$x^2-x-2=0$, $(x-2)(x+1)=0$

∴ $x=2$ 또는 $x=-1$

따라서 다른 한 점의 좌표는 $(2, 0)$이다.

답 $(2, 0)$

채점 기준	
a의 값 구하기	30%
x절편 구하기	40%
답 구하기	30%

4 $y=2x^2+4x-2=2(x+1)^2-4$

위의 그래프를 x축의 방향으로 -3만큼 평행이
동하면

$y=2(x+3+1)^2-4=2(x+4)^2-4$

점 $(a, 4)$를 지나므로

$4=2(a+4)^2-4$, $2(a+4)^2=8$

$(a+4)^2=4$, $a+4=\pm 2$

∴ $a=-2$ 또는 -6 **답** -2 또는 -6

채점 기준	
평행이동한 그래프의 식 구하기	60%
a의 값 구하기	40%

03 이차함수의 활용

P. 138~141

Step 1 교과서 이해

01 $y=a(\boxed{x+2})^2+1$로 놓고 $x=\boxed{-1}$, $y=\boxed{4}$를
대입하면

$4=a(-1+2)^2+1$ ∴ $a=\boxed{3}$

∴ $y=\boxed{3(x+2)^2+1}$

02 $y=a(x+2)^2+3$으로 놓고 $x=-1$, $y=5$를
대입하면 $5=a(-1+2)^2+3$ ∴ $a=2$

∴ $y=2(x+2)^2+3$ … **답**

03 $y=a(x+1)^2+2$로 놓고 $x=0$, $y=1$을 대입하
면 $1=a+2$ ∴ $a=-1$

따라서 $y=-(x+1)^2+2=-x^2-2x+1$이므로

$a=-1$, $b=-2$, $c=1$ … **답**

04 꼭짓점이 점 $(2, 3)$이므로 $y=a(x-2)^2+3$으
로 놓으면 점 $(0, 1)$을 지나므로

$1=a(0-2)^2+3$, $4a+3=1$ ∴ $a=-\dfrac{1}{2}$

∴ $y=-\dfrac{1}{2}(x-2)^2+3$ … **답**

05 $y=a(\boxed{x-2})^2+q$로 놓고 $x=1$, $y=-1$을 대
입하면 $\boxed{-1}=a+q$ …… ㉠

$x=4$, $y=8$을 대입하면

$\boxed{8}=4a+q$ …… ㉡

㉠, ㉡을 연립하여 풀면 $a=\boxed{3}$, $q=\boxed{-4}$

∴ $y=\boxed{3(x-2)^2-4}$

06 $y=a(x-4)^2+q$로 놓고 $x=1$, $y=12$를 대입
하면 $12=9a+q$ …… ㉠

$x=2$, $y=7$을 대입하면

$7=4a+q$ …… ㉡

㉠, ㉡을 연립하여 풀면 $a=1$, $q=3$

∴ $y=(x-4)^2+3$ … **답**

07 $y=a(x-2)^2+q$로 놓고 $x=0$, $y=1$을 대입하

면　$1=4a+q$　……㉠

$x=3$, $y=4$를 대입하면

$4=a+q$　……㉡

㉠, ㉡을 연립하여 풀면　$a=-1$, $q=5$

∴ $y=-(x-2)^2+5$ … 답

08 $c=-2$　……㉠

$a+b+c=\boxed{0}$　……㉡

$\boxed{9a+3b+c}=-2$　……㉢

㉠, ㉡, ㉢을 연립하여 풀면

$a=\boxed{-1}$, $b=\boxed{3}$, $c=-2$

∴ $y=\boxed{-x^2+3x-2}$

09 $y=ax^2+bx+c$에 $x=-1$, $y=-8$을 대입하면

$a-b+c=-8$　……㉠

$x=0$, $y=-6$을 대입하면 $c=-6$　……㉡

$x=1$, $y=0$을 대입하면 $a+b+c=0$　……㉢

㉠, ㉡, ㉢을 연립하여 풀면

$a=2$, $b=4$, $c=-6$

∴ $y=2x^2+4x-6$ … 답

10 $y=ax^2+bx+c$에 $x=0$, $y=2$를 대입하면

$c=2$　……㉠

$x=1$, $y=0$을 대입하면 $a+b+c=0$　……㉡

$x=-2$, $y=2$를 대입하면

$4a-2b+c=2$　……㉢

㉠, ㉡, ㉢을 연립하여 풀면

$a=-\dfrac{2}{3}$, $b=-\dfrac{4}{3}$, $c=2$

∴ $y=-\dfrac{2}{3}x^2-\dfrac{4}{3}x+2$ … 답

11 $y=a(x+1)(\boxed{x-3})$으로 놓고 $x=\boxed{0}$, $y=\boxed{-3}$

을 대입하면　$-3=a\times1\times(-3)$

∴ $a=\boxed{1}$

∴ $y=\boxed{(x+1)(x-3)}$

12 $y=a(x+2)+(x-3)$으로 놓고 $x=0$, $y=6$

을 대입하면　$6=-6a$　∴ $a=-1$

∴ $y=-(x+2)(x-3)$ … 답

13 $y=a(x+3)(x+1)$로 놓고 $x=0$, $y=1$을

대입하면　$1=3a$　∴ $a=\dfrac{1}{3}$

∴ $y=\dfrac{1}{3}(x+3)(x+1)=\dfrac{1}{3}x^2+\dfrac{4}{3}x+1$

따라서 $a=\dfrac{1}{3}$, $b=\dfrac{4}{3}$, $c=1$이므로

$9abc=4$　답 4

14 최댓값, 최솟값

15 최솟값, 최댓값, 최댓값, 최솟값

16 $x=0$에서 최솟값 2, 최댓값은 없다.

17 $x=0$에서 최댓값 -1, 최솟값은 없다.

18 $x=-3$에서 최솟값 0, 최댓값은 없다.

19 $x=6$에서 최댓값 0, 최솟값은 없다.

20 $x=3$에서 최댓값 20, 최솟값은 없다.

21 $x=-3$에서 최솟값 5, 최댓값은 없다.

22 $x=5$에서 최댓값 -2, 최솟값은 없다.

23 $y=(x-1)^2-6$

답 $x=1$에서 최솟값 -6, 최댓값은 없다.

24 $y=2(x-2)^2-8$

답 $x=2$에서 최솟값 -8, 최댓값은 없다.

25 $y=-2(x+2)^2+13$

답 $x=-2$에서 최댓값 13, 최솟값은 없다.

26 $y=-2(x^2-2x+1-1)+k$

$=-2(x-1)^2+k+2$

최댓값이 8이므로 $k+2=8$　∴ $k=6$　답 6

27 $y=2(x^2+2x+1-1)+k-1$

$=2(x+1)^2+k-3$

$k-3=5$　∴ $k=8$　답 8

28 $y=-(x^2-2kx+k^2-k^2)+5$

$=-(x-k)^2+k^2+5$

$k^2+5=14$　∴ $k^2=9$

∴ $k=3$ (∵ k는 양수)　답 3

29 $y=(x-a)^2+b$는 $x=a$에서 최솟값 b를 가지므로 $a=-1$, $b=3$ … **답**

30 $12-x$

31 $y=x(12-x)$

32 $y=x(12-x)=-x^2+12x$
$=-(x-6)^2+36$　　　　　**답** 36

33 $x=6$일 때 y가 최대이다.　　　**답** 6, 6

34 $(20-x)$cm

35 $y=x(20-x)$

36 $y=x(20-x)=-x^2+20x$
$=-(x-10)^2+100$　　　**답** $100\,\text{cm}^2$

37 $x=10$일 때 y가 최대이다.
답 가로의 길이 : 10cm, 세로의 길이 : 10cm

38 차가 10인 두 수를 x, $x-10$이라 하고 두 수의 곱을 y라 하면
$y=x(x-10)=x^2-10x=(x-5)^2-25$
$x=5$에서 y가 최소이므로 곱이 최소가 될 때는 두 수가 5, 5$-$10, 즉 5, -5일 때이다.
답 5, -5

39 반지름의 길이를 $r$cm라 하면 호의 길이는 $(40-2r)$cm이므로 넓이를 S라 하면
$S=\dfrac{1}{2}r(40-2r)=-r^2+20r$
$=-(r-10)^2+100$
따라서 $r=10$일 때 넓이가 최대이다.
답 10cm

40 직사각형의 넓이를 $y\,\text{cm}^2$라고 하면
$y=(7-x)(3+x)=-x^2+4x+21$
$=-(x-2)^2+25$　　　**답** $25\,\text{cm}^2$

41 $y=-5(x^2-6x)+20=-5(x-3)^2+65$
답 65m

P. 142~143

Step**2** 개념탄탄

01 $y=a(x+1)^2-2$에 $x=1$, $y=-6$을 대입하면
$-6=4a-2$　　$\therefore a=-1$
$\therefore y=-(x+1)^2-2=-x^2-2x-3$
따라서 $a=-1$, $b=-2$, $c=-3$이므로
$abc=-6$　　　　　　　　　**답** -6

02 $y=a(x-2)^2+4$에 $x=4$, $y=0$을 대입하면
$0=4a+4$　　$\therefore a=-1$
$\therefore y=-(x-2)^2+4$
$x=0$을 대입하면 $y=0$이므로 y절편은 0이다.
답 0

03 $y=x^2+ax+b=\left(x+\dfrac{a}{2}\right)^2+b-\dfrac{a^2}{4}$
축의 방정식이 $x=2$이므로 $-\dfrac{a}{2}=2$
$\therefore a=-4$
$x=1$, $y=3$을 대입하면　　$3=1+a+b$
$a=-4$이므로 $b=6$
$\therefore ab=-24$　　　　　　**답** -24

04 $y=a(x+2)^2+q$로 놓고 $x=-1$, $y=1$을 대입하면 $1=a+q$　　　　　　…… ㉠
$x=0$, $y=-5$를 대입하면
$-5=4a+q$　　　　　　　　…… ㉡
㉠, ㉡에서 $a=-2$, $q=3$
$\therefore y=-2(x+2)^2+3=-2x^2-8x-5$
따라서 $a=-2$, $b=-8$, $c=-5$이므로
$a+b+c=-15$　　　　　　**답** -15

05 점 $(0,\ 1)$을 지나므로 식을 $y=ax^2+bx+1$로 놓으면
점 $(1,\ 2)$를 지나므로 $a+b+1=2$
점 $(-1,\ 4)$를 지나므로 $a-b+1=4$
$\therefore a=2$, $b=-1$
$\therefore y=2x^2-x+1$ … **답**

06 y절편이 6이므로 $c=6$

점 $(1, 4)$를 지나므로 $a+b+6=4$

점 $(-1, 12)$를 지나므로 $a-b+6=12$

$\therefore a=2, b=-4$

$\therefore abc=-48$ **답** -48

07 $y=a(x-2)(x+4)$로 놓으면 점 $(0, -2)$를

지나므로 $-2=-8a$ $\therefore a=\dfrac{1}{4}$

$\therefore y=\dfrac{1}{4}(x-2)(x+4)=\dfrac{1}{4}x^2+\dfrac{1}{2}x-2$ … **답**

08 $y=ax(x-2)$로 놓으면 점 $(1, -1)$을 지나므로

$-1=-a$ $\therefore a=1$

$\therefore y=x(x-2)=x^2-2x$ … **답**

09 $y=-(x^2+6x+9-9)+10$

$\quad=-(x+3)^2+19$

따라서 $x=-3$일 때 최댓값 19를 가지므로

$a=-3, b=19$ $\therefore a+b=16$ **답** 16

10 $y=(x-1)^2+3=x^2-2x+4$

위의 식이 $y=x^2+2ax+b$와 일치하므로

$2a=-2, b=4$ $\therefore a=-1, b=4$

$\therefore ab=-4$ **답** -4

11 두 수를 $x, x+8$이라 하면

$x(x+8)=x^2+8x=(x+4)^2-16$

따라서 $x=-4$일 때 곱이 최소이다.

답 $-4, 4$

12 두 수를 $x, x+4$라 하면

$x^2+(x+4)^2=2x^2+8x+16$

$\qquad\qquad\qquad=2(x+2)^2+8$

따라서 $x=-2$일 때 두 수의 제곱의 합이 최소

이다. **답** $-2, 2$

13 $h=30t-5t^2=-5(t-3)^2+45$

$t=3$일 때 최댓값 45이므로 최고 높이는 45m

이고 3초 후에 도달한다. **답** 45m, 3초

P. 144~148

Step 3 실력완성

1 $y=a(x+1)^2-2$에 $x=0, y=0$을 대입하면

$0=a-2$ $\therefore a=2$

$\therefore y=2(x+1)^2-2=2x^2+4x$

따라서 $a=2, b=4, c=0$이므로

$a+b+c=6$ **답** ③

2 축의 방정식이 $x=-1$이고 x축과 한 점에서 만

나므로 이차함수의 식을 $y=a(x+1)^2$으로 놓

을 수 있다.

점 $(-2, 12)$를 지나므로

$12=a(-2+1)^2$ $\therefore a=12$

$\therefore y=12(x+1)^2$ … **답**

3 $y=a(x-2)^2+q$에 $x=-1, y=0$을 대입하면

$9a+q=0$ ……㉠

$x=0, y=5$를 대입하면 $4a+q=5$ ……㉡

㉠, ㉡에서 $a=-1, q=9$

$\therefore y=-(x-2)^2+9=-x^2+4x+5$

따라서 $a=-1, b=4, c=5$이므로

$a+b+c=8$ **답** 8

4 $y=-3(x-1)^2+b=-3x^2+6x-3+b$

위의 식이 $y=-3x^2+ax+2$와 일치하므로

$a=6, b=5$ $\therefore ab=30$ **답** ⑤

5 점 $(1, 1)$을 지나므로

$1=2+a-4$ $\therefore a=3$

따라서 $y=2x^2+3x-4$의 그래프가

점 $(-1, b)$를 지나므로

$b=2\times(-1)^2+3\times(-1)-4=-5$

또, 점 $(2, c)$를 지나므로

$c=2\times2^2+3\times2-4=10$

$\therefore a-b+c=18$ **답** ④

6 $y=a(x-1)(x-3)$으로 놓으면 점 $(0, 1)$을

지나므로

$1=3a$ $\therefore a=\dfrac{1}{3}$

$\therefore y=\dfrac{1}{3}(x-1)(x-3)=\dfrac{1}{3}(x^2-4x+3)$

$\qquad =\dfrac{1}{3}x^2-\dfrac{4}{3}x+1$

$\therefore 9abc=9\times\dfrac{1}{3}\times\left(-\dfrac{4}{3}\right)\times1=-4$ 　답 -4

7 점 $(0,\ 8)$을 지나므로 식을 $y=ax^2+bx+8$로
놓으면 점 $(2,\ 2)$를 지나므로

$4a+2b+8=2$

$\therefore 2a+b=-3$ 　　$\cdots\cdots$ ㉠

점 $(6,\ 2)$를 지나므로 $36a+6b+8=2$

$\therefore 6a+b=-1$ 　　$\cdots\cdots$ ㉡

㉠, ㉡에서 $a=\dfrac{1}{2},\ b=-4$

$\therefore y=\dfrac{1}{2}x^2-4x+8=\dfrac{1}{2}(x-4)^2$

따라서 꼭짓점의 좌표는 $(4,\ 0)$이다.

　답 ②

8 $0=16-4a+b,\ 0=9+3a+b$를 연립하여 풀
면 $a=1,\ b=-12$

$\therefore ab=-12$ 　답 -12

9 $y=x^2+6x+5=(x+3)^2-4$ 　$\therefore a=-4$

$y=-2x^2+8x=-2(x-2)^2+8$ 　$\therefore b=8$

$\therefore a+b=4$ 　답 ⑤

10 ① $y=\dfrac{1}{2}(x-3)^2+\dfrac{7}{2}$

② $y=(x-1)^2+4$

③ $y=2\left(x-\dfrac{1}{2}\right)^2+\dfrac{7}{2}$

④ $y=3(x-1)^2+6$

⑤ $y=3\left(x-\dfrac{3}{2}\right)^2-\dfrac{19}{4}$ 　답 ④

11 $y=a(x+3)^2+1$에 $x=-2,\ y=0$을 대입하면

$0=a+1$ 　$\therefore a=-1$

$\therefore y=-(x+3)^2+1=-x^2-6x-8$

따라서 $a=-1,\ b=-6,\ c=-8$이므로

$a+b-c=-1-6+8=1$ 　답 ③

12 $y=ax^2+4ax+a$

$\qquad =a(x^2+4x+4-4)+a$

$\qquad =a(x+2)^2-3a$

최댓값이 3이므로 $a<0$이고 $-3a=3$

$\therefore a=-1$

따라서 꼭짓점의 좌표는 $(-2,\ 3)$이다.

　답 $a=-1,\ (-2,\ 3)$

채점 기준	
이차함수의 식 변형하기	40%
a의 값 구하기	30%
꼭짓점의 좌표 구하기	30%

13 $y=-2(x^2-2x)+k-3$

$\qquad =-2(x-1)^2+k-1$

$x=1$일 때 최댓값 $k-1$이므로 $k-1=9$

$\therefore k=10$ 　답 ④

14 $x=2$일 때 최댓값 b를 가지므로

$y=-(x-2)^2+b=-x^2+4x-4+b$

위의 식이 $y=-x^2+4(a-1)x+1$과 일치하므로

$4(a-1)=4,\ 1=-4+b$

$a=2,\ b=5$ 　$\therefore a+b=7$ 　답 7

채점 기준	
$a,\ b$의 관계식 구하기	60%
$a,\ b$의 값 구하기	30%
답 구하기	10%

15 $y=a(x-2)^2+3$의 그래프가 점 $(0,\ -1)$을
지나므로

$-1=4a+3$ 　$\therefore a=-1$

$\therefore y=-(x-2)^2+3=-x^2+4x-1$

따라서 $a=-1,\ b=4,\ c=-1$이므로

$a+b+c=2$ 　답 ②

16 $y=a(x+2)(x-4)=a(x^2-2x-8)$

$\qquad =a(x-1)^2-9a$

최댓값이 27이므로 $a<0$이고 $-9a=27$

$\therefore a=-3$

따라서 $y=-3(x^2-2x-8)$의 그래프 위의 점
은 $(-1,\ 15),\ (0,\ 24),\ (1,\ 27),\ (2,\ 24),$
$(3,\ 15)$이다. 　답 ⑤

17 $y=-x^2+2ax-6a+2$

$\qquad =-(x^2-2ax+a^2-a^2)-6a+2$

$\qquad =-(x-a)^2+a^2-6a+2$

$$\therefore M = a^2 - 6a + 2 = (a-3)^2 - 7$$

따라서 M은 $a=3$일 때 최솟값 -7을 갖는다.

답 ④

18 $y = x^2 - 2kx + k^2 - k^2 - k = (x-k)^2 - k^2 - k$

$$m = -k^2 - k = -\left(k^2 + k + \frac{1}{4}\right) + \frac{1}{4}$$

$$= -\left(k + \frac{1}{2}\right)^2 + \frac{1}{4}$$

따라서 m은 $k = -\dfrac{1}{2}$일 때 최대가 된다.

답 $-\dfrac{1}{2}$

19 점 $(3, 5)$를 지나므로 $5 = 9 - 6a + b$

$$\therefore b = 6a - 4 \qquad \cdots\cdots \ \textcircled{\scriptsize ㄱ}$$

$\textcircled{\scriptsize ㄱ}$을 이차함수의 식에 대입하면

$$y = x^2 - 2ax + 6a - 4 = (x-a)^2 - a^2 + 6a - 4$$

꼭짓점의 좌표는 $(a, -a^2 + 6a - 4)$이고 이 점이 직선 $y = 2x$ 위에 있으므로

$$-a^2 + 6a - 4 = 2a, \ a^2 - 4a + 4 = 0$$

$$(a-2)^2 = 0 \qquad \therefore a = 2$$

$$\therefore b = 6 \times 2 - 4 = 8$$

$$\therefore a + b = 10$$

답 10

채점 기준	
a, b의 관계식 구하기	20%
꼭짓점의 좌표 구하기	40%
a, b의 값 구하기	30%
답 구하기	10%

20 점 $(1, 2)$를 x축의 방향으로 a만큼, y축의 방향으로 -1만큼 평행이동한 점은

$(1+a, \ 1)$

위의 점이 $y = 2x^2 + 4x + b = 2(x+1)^2 + b - 2$의 꼭짓점과 일치하므로

$1 + a = -1, \ 1 = b - 2$

따라서 $a = -2, \ b = 3$이므로

$$a^2 + b^2 = 13$$

답 ③

21 두 수를 x, $20-x$라 하면

$$x(20-x) = -x^2 + 20x = -(x-10)^2 + 100$$

답 ④

22 두 수를 x, $x+12$라 하면

$$x(x+12) = x^2 + 12x = (x+6)^2 - 36$$

따라서 $x = -6$일 때 곱이 최소가 된다.

답 $6, \ -6$

23 $2y = 8 - 3x > 0$이므로 $0 < x < \dfrac{8}{3}$

$$6xy = 3x(8-3x) = -9x^2 + 24x$$

$$= -9\left(x^2 - \frac{8}{3}x\right)$$

$$= -9\left(x - \frac{4}{3}\right)^2 + 16$$

따라서 $x = \dfrac{4}{3}$일 때 최댓값 16을 갖는다.

답 ③

24 가로의 길이는 $(16-2x)$m이므로 울타리 안의 넓이는

$$x(16-2x) = -2x^2 + 16x$$

$$= -2(x-4)^2 + 32$$

따라서 $x = 4$일 때 최댓값 32를 갖는다.

답 $x = 4, \ 32\,\mathrm{m}^2$

채점 기준	
가로의 길이를 x에 대한 식으로 나타내기	20%
울타리 안의 넓이를 x에 대한 식으로 나타내기	30%
최댓값 구하기	40%
답 구하기	10%

25 물받이의 높이를 $x$cm라고 하면 단면의 넓이는

$$x(20-2x) = -2x^2 + 20x$$

$$= -2(x-5)^2 + 50$$

따라서 $x = 5$일 때 단면의 넓이가 최대가 된다.

답 ④

26 $\overline{\mathrm{AP}} = x$cm라 하면 $\overline{\mathrm{BP}} = (12-x)$cm이므로 두 도형의 넓이의 합은

$$x^2 + \frac{1}{2}(12-x)^2 = \frac{3}{2}x^2 - 12x + 72$$

$$= \frac{3}{2}(x^2 - 8x + 16 - 16) + 72$$

$$= \frac{3}{2}(x-4)^2 + 48$$

따라서 $x = 4$, 즉 $\overline{\mathrm{AP}} = 4$cm일 때 넓이의 합이 최소가 된다.

답 $4\,\mathrm{cm}$

27 $\dfrac{1}{2}(12+x)(16-x)=-\dfrac{1}{2}x^2+2x+96$

$$=-\dfrac{1}{2}(x^2-4x)+96$$

$$=-\dfrac{1}{2}(x-2)^2+98$$

따라서 $x=2$일 때 넓이의 최댓값은 $98\,\mathrm{cm}^2$이다.

답 $98\,\mathrm{cm}^2$

28 $\mathrm{A}(a,\ -2a+6)$이라 하면

$\square\mathrm{ACOB}=a(-2a+6)=-2a^2+6a$

$$=-2(a^2-3a)=-2\left(a-\dfrac{3}{2}\right)^2+\dfrac{9}{2}$$

답 ④

29 직사각형의 세로의 길이를 $x\,\mathrm{cm}$라 하면

가로의 길이는 $(24-2x)\,\mathrm{cm}$이므로 그 넓이는

$x(24-2x)=-2x^2+24x$

$$=-2(x^2-12x+36)+72$$

$$=-2(x-6)^2+72$$

따라서 $x=6$일 때 최댓값 72를 갖는다.

답 $72\,\mathrm{cm}^2$

30 $y=-5(x^2-4x+4-4)+100$

$$=-5(x-2)^2+120$$

2초 후에 최고 높이 $120\,\mathrm{m}$에 도달하므로

$a=2,\ b=120$ $\quad\therefore\ a+b=122$

답 122

P. 149~150

Step**4** 유형 클리닉

1 $y=a(x-1)^2+3$의 그래프가 점 $(0,\ 2)$를 지나

므로

$2=a+3$ $\quad\therefore\ a=-1$

$\therefore\ y=-(x-1)^2+3=-x^2+2x+2$

$y=0$을 대입하면 $-x^2+2x+2=0$

$x^2-2x-2=0$ $\quad\therefore\ x=1\pm\sqrt{3}$

따라서 $\overline{\mathrm{BC}}=(1+\sqrt{3})-(1-\sqrt{3})=2\sqrt{3}$이므로

$\triangle\mathrm{ABC}=\dfrac{1}{2}\times2\sqrt{3}\times3=3\sqrt{3}$

답 $3\sqrt{3}$

1-1 $y=a(x+2)^2+9$의 그래프가 점 $(0,\ 1)$을 지나

므로

$1=4a+9$ $\quad\therefore\ a=-2$

$\therefore\ y=-2(x+2)^2+9=-2x^2-8x+1$ … **답**

1-2 점 $(0,\ 5)$를 지나므로 $y=ax^2+bx+5$로 놓으면

점 $(2,\ -3)$을 지나므로 $4a+2b+5=-3$

$\therefore\ 2a+b=-4$ $\quad\cdots\cdots$ ㉠

점 $(-1,\ 6)$을 지나므로 $a-b+5=6$

$\therefore\ a-b=1$ $\quad\cdots\cdots$ ㉡

㉠, ㉡에서 $a=-1,\ b=-2$

$y=-x^2-2x+5$에 $y=0$을 대입하면

$-x^2-2x+5=0,\ x^2+2x-5=0$

$\therefore\ x=-1\pm\sqrt{6}$

$\therefore\ \overline{\mathrm{AB}}=(-1+\sqrt{6})-(-1-\sqrt{6})=2\sqrt{6}$

답 $2\sqrt{6}$

2 $y=a(x+1)(x-5)$로 놓으면 y절편이 10이므로

$10=-5a$ $\quad\therefore\ a=-2$

$\therefore\ y=-2(x+1)(x-5)=-2(x^2-4x-5)$

$$=-2(x-2)^2+18$$

따라서 최댓값은 18이다. **답** 18

2-1 $y=-x^2+2x+3=-(x-1)^2+4$이므로 $x=1$

일 때 최댓값 4를 갖는다.

$\therefore\ a=1,\ b=4$ … **답**

2-2 $y=\dfrac{1}{2}x^2+kx+4k-8$

$$=\dfrac{1}{2}(x^2+2kx+k^2-k^2)+4k-8$$

$$=\dfrac{1}{2}(x+k)^2-\dfrac{1}{2}k^2+4k-8$$

꼭짓점의 x좌표가 -1이므로 $-k=-1$

$\therefore\ k=1$

따라서 최솟값은 $-\dfrac{1}{2}k^2+4k-8=-\dfrac{9}{2}$

답 $-\dfrac{9}{2}$

3 $x=2$일 때 최댓값 8을 가지므로

$y=a(x-2)^2+8$

원점을 지나므로 $4a+8=0$ $\quad\therefore a=-2$

$\therefore y=-2(x-2)^2+8=-2x^2+8x$ … 답

3-1 $y=-2x^2+ax=-2\left(x^2-\dfrac{a}{2}x\right)$

$=-2\left(x-\dfrac{a}{4}\right)^2+\dfrac{a^2}{8}$

최댓값이 8이므로 $\dfrac{a^2}{8}=8$, $a^2=64$

$\therefore a=8(\because a$는 양수$)$ 답 8

3-2 $x=-4$일 때 최댓값이 b이므로

$y=-\dfrac{1}{2}(x+4)^2+b=-\dfrac{1}{2}x^2-4x+b-8$

위의 식이 $y=-\dfrac{1}{2}x^2+ax-5$와 일치하므로

$a=-4$, $b=3$

또, $y=-\dfrac{1}{2}x^2-4x-5$의 그래프가

점 $(-1,\ c)$를 지나므로

$c=-\dfrac{1}{2}+4-5$ $\quad\therefore c=-\dfrac{3}{2}$

$\therefore abc=18$ 답 18

4 상품 1개당 판매 가격을 $(100+x)$원이라 하면
판매량은 $(400-2x)$가 된다. 총 판매 금액을 y원
이라 하면

$y=(100+x)(400-2x)$

$=-2x^2+200x+40000$

$=-2(x-50)^2+45000$

따라서 $x=50$일 때 y가 최대이므로 1개당 판매
가격은 $100+x=100+50=150$(원) 이다.

답 150원

4-1 $y=(10-x)(6+2x)=-2x^2+14x+60$

$=-2\left(x-\dfrac{7}{2}\right)^2+\dfrac{169}{2}$ 답 $\dfrac{169}{2}$ cm²

4-2 $h=130$이므로

$-5t^2+50t+50=130$, $t^2-10t+16=0$

$(t-2)(t-8)=0$ 답 2초, 8초

Step5 서술형 만점 대비

1 점 $(2,\ 1)$을 지나므로 $1=12-12a+b$

$\therefore 12a-b=11$ …… ㉠

$y=3(x-3)^2+c=3x^2-18x+27+c$

위의 식이 $y=3x^2-6ax+b$와 일치하므로

$6a=18$, $27+c=b$ …… ㉡

$a=3$이므로 ㉠에 대입하면 $b=25$

㉡에 대입하면 $c=-2$

$\therefore a+b+c=26$ 답 26

채점 기준	
a, b, c의 관계식 구하기	60%
a, b, c의 값 구하기	30%
답 구하기	10%

2 $y=x^2+\dfrac{4}{3}kx+\dfrac{4}{9}k^2-k=\left(x+\dfrac{2}{3}k\right)^2-k$

최솟값이 3이므로 $-k=3$ $\quad\therefore k=-3$

따라서 꼭짓점의 좌표는 $\left(-\dfrac{2}{3}k,\ -k\right)$, 즉

$(2,\ 3)$이다. 답 $(2,\ 3)$

채점 기준	
k의 값 구하기	50%
꼭짓점의 좌표 구하기	50%

3 $y=x^2-2ax+6a-4=(x-a)^2-a^2+6a-4$

$\therefore m=-a^2+6a-4=-(a-3)^2+5$

따라서 m의 최댓값은 5이다. 답 5

채점 기준	
주어진 이차함수의 최솟값 구하기	50%
m의 최솟값 구하기	50%

4 $y=(12-x)(8+2x)$

$=-2x^2+16x+96$

$=-2(x-4)^2+128$

따라서 y의 최댓값은 128이다.

답 128

채점 기준	
y를 x의 식으로 나타내기	50%
최댓값 구하기	50%

P. 152~154

Step 6 도전 1등급

1 $y=\dfrac{3}{2}x^2$의 그래프 위에 점 $\mathrm{A}(-2, a)$가 있으므로 $a=\dfrac{3}{2}\times(-2)^2=6$

또, 점 $\mathrm{B}(b, 24)$도 지나므로 $24=\dfrac{3}{2}b^2$

$b^2=16$ $\therefore b=4(\because b>0)$

$\mathrm{A}(-2, 6)$, $\mathrm{B}(4, 24)$이므로 구하는 직선의 방정식은 $y-6=\dfrac{24-6}{4-(-2)}(x+2)$

$\therefore y=3x+12$ ··· 답

2 (가), (다)에서 구하는 이차함수의 식을 $y=a(x-2)^2$으로 놓을 수 있다.

(나)에서 점 $(4, 2)$를 지나므로

$2=a(4-2)^2$ $\therefore a=\dfrac{1}{2}$

$\therefore y=\dfrac{1}{2}(x-2)^2$ ··· 답

3 $\mathrm{D}(k, 2k^2)$으로 놓으면 $k>0$이고

$\mathrm{A}(-k, 2k^2)$, $\mathrm{C}\left(k-\dfrac{1}{2}k^2\right)$

따라서 $\overline{\mathrm{AD}}=2k$, $\overline{\mathrm{CD}}=\dfrac{5}{2}k^2$이고 $\square\mathrm{ABCD}$가 정사각형이므로

$2k=\dfrac{5}{2}k^2$, $5k^2=4k$

$\therefore k=\dfrac{4}{5}$ $(\because k>0)$

$\therefore \mathrm{D}\left(\dfrac{4}{5}, \dfrac{32}{25}\right)$ 답 $\mathrm{D}\left(\dfrac{4}{5}, \dfrac{32}{25}\right)$

4 $y=x^2-1$의 그래프를 x축의 방향으로 -4만큼, y축의 방향으로 2만큼 평행이동한 그래프의 식은

$y=(x+4)^2-1+2$

$\therefore y=(x+4)^2+1$

위의 그래프를 x축에 대하여 대칭이동한 그래프의 식은 $y=-(x+4)^2-1$

따라서 $a=-1$, $p=-4$, $q=-1$이므로

$apq=-4$ 답 -4

5 $y=0$을 대입하면 $-x^2+4x+5=0$

$x^2-4x-5=0$, $(x+1)(x-5)=0$

$\therefore x=-1$ 또는 $x=5$

$\therefore \mathrm{A}(-1, 0)$, $\mathrm{B}(5, 0)$

$\mathrm{D}(0, 5)$이고 $y=-(x-2)^2+9$이므로

$\mathrm{C}(2, 9)$

따라서 $\triangle\mathrm{ABC}=\dfrac{1}{2}\times6\times9=27$,

$\triangle\mathrm{ABD}=\dfrac{1}{2}\times6\times5=15$이므로

$\triangle\mathrm{ABC}:\triangle\mathrm{ABD}=27:15=9:5$ 답 $9:5$

6 $2k^2-3k=k^2+2k+k$

$k^2-6k=0$ $\therefore k=0$ 또는 $k=6$ ······ ㉠

$y=x^2+2x+k=(x+1)^2+k-1$이므로 그래프가 x축과 만나지 않으려면

$k-1>0$ $\therefore k>1$ ······ ㉡

㉠, ㉡에서 $k=6$ 답 6

7 $y=(x-1)^2-3$, $y=(x-3)^2-3$이므로

$\mathrm{C}(1, -3)$, $\mathrm{D}(3, -3)$

$y=(x-1)^2-3$의 그래프를 x축의 방향으로 2만큼 평행이동한 그래프의 식이 $y=(x-3)^2-3$이므로 $\square\mathrm{ACDB}$는 평행사변형이다.

$\therefore \square\mathrm{ACDB}=2\times3=6$ 답 6

8 $b=a^2-2a+3$이므로

$a+b=a+a^2-2a+3$

$=a^2-a+3=\left(a-\dfrac{1}{2}\right)^2+\dfrac{11}{4}$

따라서 $a+b$의 최솟값은 $\dfrac{11}{4}$이다. 답 $\dfrac{11}{4}$

9 $\triangle\mathrm{OAB}$의 높이를 h라 하면

$\dfrac{1}{2}\times4\times h=6$에서 $h=3$

또, 포물선의 축은 $\overline{\mathrm{OB}}$의 중점 $(2, 0)$을 지나므로 $\mathrm{A}(2, 3)$

따라서 $y=a(x-2)^2+3$으로 놓으면 원점 O를 지나므로 $0=4a+3$ $\therefore a=-\dfrac{3}{4}$

$\therefore y=-\dfrac{3}{4}(x-2)^2+3=-\dfrac{3}{4}x^2+3x$

즉, $a=-\dfrac{3}{4}$, $b=3$, $c=0$이므로

$a+b+c=\dfrac{9}{4}$ 답 $\dfrac{9}{4}$

10 $y=a(x-2)^2-3$으로 놓으면

$a>0$이고 제3사분면을 지나지 않으려면
(y절편)≥0이어야 한다.

$4a-3\geq0$ ∴ $a\geq\dfrac{3}{4}$ 답 ⑤

11 $y=-\dfrac{1}{3}(x^2+6ax)+a-1$

$\quad=-\dfrac{1}{3}(x+3a)^2+3a^2+a-1$

축의 방정식이 $x=-3$이므로

$-3a=-3$ ∴ $a=1$

∴ $y=-\dfrac{1}{3}(x+3)^2+3$

따라서 꼭짓점의 좌표는 $(-3,\ 3)$이다.

답 $(-3,\ 3)$

12 $P(a,\ a^2+1)$이라 하면 두 점 P, Q의 y좌표가
같으므로 점 Q의 x좌표를 b라 하면

$Q(b,\ a^2+1)$

점 Q가 직선 $y=x-1$ 위의 점이므로

$a^2+1=b-1$ ∴ $b=a^2+2$

따라서 $Q(a^2+2,\ a^2+1)$이므로

$\overline{PQ}=a^2+2-a=\left(a-\dfrac{1}{2}\right)^2+\dfrac{7}{4}$

에서 $\overline{PQ}$의 길이의 최솟값은 $\dfrac{7}{4}$이다. 답 $\dfrac{7}{4}$

P. 155~158

Step 7 대단원 성취도 평가

1 ②, ③

2 이차항의 계수가 $y=x^2$과 같지 않은 것은

$\quad$ ④ $y=(x+1)^2-2x^2=-x^2+2x+1$

답 ④

3 ⑤ $y=ax^2+q$의 그래프를 y축의 방향으로 $-q$
만큼 평행이동하면 $y=ax^2$의 그래프가 된다.

답 ⑤

4 $y=2(x-m)^2+(m-3)$의 그래프가 점 $(4,\ 7)$
을 지나므로 $7=2(4-m)^2+m-3$

$2m^2-15m+22=0$

$(m-2)(2m-11)=0$

∴ $m=2$ (∵ m은 정수) 답 ②

5 $y=-\dfrac{2}{3}(x^2+6x)-3$

$\quad=-\dfrac{2}{3}(x+3)^2+3$

따라서 $p=-3$, $q=3$이므로

$q-p=6$ 답 ④

6 $y=-(x^2-4x+4-4)+5$

$\quad=-(x-2)^2+9$

점 $(2,\ 9)$를 x축의 방향으로 3만큼 y축의 방향
으로 -2만큼 평행이동한 점의 좌표는 $(5,\ 7)$

답 ④

7 a, b는 이차방정식 $2x^2-2x-1=0$의 근이므로
근과 계수의 관계에서

$a+b=-\dfrac{-2}{2}=1$

c는 y절편이므로 $c=-1$

∴ $a+b+c=0$ 답 ③

8 $y=-3(x^2-4x)-1$

$\quad=-3(x-2)^2+11$

$x>2$에서 x의 값이 증가할 때 y의 값은 감소
한다. 답 ②

9 $y=-(x-2)^2+5$

① 꼭짓점 : $(2,\ 5)$ ② 축의 방정식 : $x=2$

④ 꼭짓점이 제1사분면에 있고 (y절편)>0이
므로 모든 사분면을 다 지난다.

⑤ $y=-(x-2)^2$의 그래프를 평행이동하여
포갤 수 있다. 답 ③

10 $y=-\dfrac{1}{2}x^2+ax-5$

$\qquad =-\dfrac{1}{2}(x^2-2ax+a^2-a^2)-5$

$\qquad =-\dfrac{1}{2}(x-a)^2+\dfrac{1}{2}a^2-5$

최댓값이 3이므로 $\dfrac{1}{2}a^2-5=3$

$\dfrac{1}{2}a^2=8,\ a^2=16\qquad \therefore a=4\ (\because a>0)$ 　답 ⑤

11 $a>0,\ ab<0$에서 $b<0$

$\quad (y$절편$)=c<0$

① $ab<0$ 　　　　　② $ac<0$

③ $x=1$일 때 $y<0$이므로 $a+b+c<0$

④ $x=-1$일 때 $y>0$이므로 $a-b+c>0$

⑤ 이차함수의 그래프가 x축과 서로 다른 두 점
　 에서 만나므로 이차방정식 $ax^2+bx+c=0$
　 은 서로 다른 두 근을 갖는다.

$\quad \therefore b^2-4ac>0$ 　　　　　답 ③, ⑤

12 x축과 두 점 $(-3,\ 0),\ (2,\ 0)$에서 만나는 그
　래프는 ③이다. 　　　　　답 ③

13 $(15-x)(11+x)=-x^2+4x+165$

$\qquad\qquad\qquad\qquad =-(x-2)^2+169$ 　답 ④

14 꼭짓점의 좌표가 $(3,\ 3)$이므로

$\quad y=-2(x-3)^2+3=-2x^2+12x-15$

따라서 $a=12,\ b=-15$이므로

$a+b=-3$ 　　　　　답 -3

15 $p=2$이고 $y=a(x-2)^2$의 그래프가

점 $(0,\ -4)$를 지나므로

$-4=4a\qquad \therefore a=-1$

$\therefore a+p=1$ 　　　　　답 1

16 $y=\dfrac{1}{2}(x^2-4x+4-4)+7$

$\qquad =\dfrac{1}{2}(x-2)^2+5$

따라서 꼭짓점의 좌표가 $(2,\ 5)$이므로

$5=2m+1\qquad \therefore m=2$ 　　　답 2

17 $y=(x+m)^2-m^2+6m$에서

$M=-m^2+6m=-(m-3)^2+9$

따라서 M의 최댓값은 9이다. 　　　답 9

18 $y=(x-3)^2-1$이므로 A$(3,\ -1)$

y절편이 8이므로 B$(0,\ 8)$

$\therefore \triangle\text{ABO}=\dfrac{1}{2}\times 8\times 3=12$ 　답 12

채점 기준	
꼭짓점의 좌표 구하기	2점
y축과의 교점의 좌표 구하기	1점
답 구하기	2점

19 직선 $y=5$와 $y=x^2-4x$의 그래프의 교점은

$5=x^2-4x,\ x^2-4x-5=0$

$(x+1)(x-5)=0\qquad \therefore x=-1\ 또는\ x=5$

$\therefore \text{A}(-1,\ 5),\ \text{B}(5,\ 5)$

$y=x^2-4x=(x-2)^2-4$이므로

C$(2,\ -4)$

$\therefore \triangle\text{ABC}=\dfrac{1}{2}\times(5+1)\times(5+4)=27$

답 27

채점 기준	
두 점 A, B의 좌표 구하기	2점
꼭짓점 C의 좌표 구하기	2점
답 구하기	2점

내신 만점 테스트 3회

1
① $(-1)^2+4\times(-1)-5\neq0$

② $(-1+2)(-1-3)\neq4$

③ $(-1-2)^2-9=0$

④ $(-1)^2-2\times(-1)+1\neq0$

⑤ $(-1)^2+8\times(-1)+7=0$ 답 ③, ⑤

2
① $5^2-4\times1\times6=1>0$

② $2^2-4\times1\times8=-28<0$

③ $5^2-4\times1\times4=9>0$

④ $(-6)^2-4\times1\times9=0$

⑤ $10^2-4\times100=-300<0$ 답 ④

3
$(2x-1)^2=25$에서 $2x-1=\pm5$

$2x=-4$ 또는 $2x=6$

$\therefore x=-2$ 또는 $x=3$ 답 ③

4
$x^2-8x=-3$, $(x-4)^2=13$

따라서 $a=-4$, $b=13$이므로

$a+b=9$ 답 ②

5
$x^2-4x-14=0$에서

$x=\dfrac{4\pm\sqrt{16+56}}{2}=\dfrac{4\pm6\sqrt{2}}{2}=2\pm3\sqrt{2}$

따라서 $a=2$, $b=3$, $c=2$이므로

$2x^2-3x-2=0$에서

$(2x+1)(x-2)=0$

$\therefore x=-\dfrac{1}{2}$ 또는 $x=2$ 답 ②

6
$(15+x)(10+x)=2\times15\times10$

$x^2+25x-150=0$

$(x+30)(x-5)=0$

$x>0$이므로 $x=5$ 답 ②

7
위로 볼록한 것은 ②, ③, ⑤이고 이 중 폭이 가장 좁은 것은 ⑤이다.   답 ⑤

8
$y=2(x+2)^2+2$

② 축의 방정식은 $x=-2$이다.

③ 꼭짓점의 좌표는 $(-2,\ 2)$이다.   답 ②, ③

9
$a>0$, $b>0$이므로 $y=a(x-b)^2$의 그래프는
②이다.   답 ②

10
$p=-1$, $q=5$이므로 $y=a(x+1)^2+5$

점 $(0,\ 2)$를 지나므로 $2=a+5$

$\therefore a=-3$

$\therefore a+p+q=1$ 답 ①

11
① $a<0$ ② $ab<0$이므로 $b>0$

③ 원점을 지나므로 $c=0$

④ $x=-1$일 때 $y<0$이므로 $a-b+c<0$

⑤ $x=1$일 때 $y>0$이므로 $a+b+c>0$ 답 ④

12
$y=a(x-3)^2+2$로 놓고 이 그래프가 제2사분면을 지나지 않으려면

$a<0$, (y절편)≤0

이어야 한다.

(y절편)$=9a+2\leq0$에서 $a\leq-\dfrac{2}{9}$ 답 ①

13
$y=a(x-3)(x+1)=a(x^2-2x-3)$

$\qquad=a(x-1)^2-4a$

최솟값이 -4이므로 $a>0$이고 $-4a=-4$

$\therefore a=1$

따라서 $y=x^2-2x-3$과 x축에 대칭인 그래프의 식은 $y=-x^2+2x+3$이므로

$a=-1$, $b=2$, $c=3$

$\therefore a+b+c=4$ 답 ④

14
$y=2(x-2)^2+a-8$에서 꼭짓점 $(2,\ a-8)$이

직선 $y=-3x-5$ 위에 있으므로

$a-8=-6-5$ $\therefore a=-3$

따라서 최솟값 $-3-8=-11$을 갖는다.

   답 ①

15 $-x^2+4x+7=0$에서 $x^2-4x-7=0$

$$\therefore x=\frac{4\pm\sqrt{16+28}}{2}=\frac{4\pm2\sqrt{11}}{2}$$
$$=2\pm\sqrt{11}$$
$$\therefore \overline{AB}=2+\sqrt{11}-(2-\sqrt{11})=2\sqrt{11}$$

답 ①

16 A$(-4,\ 0)$, B$(4,\ 0)$, C$(0,\ 8)$이고

점 D에서 x축에 내린 수선의 발을 E라 하면

E$(8,\ 0)$

구하는 넓이는 □OEDC의 넓이와 같으므로

$8\times8=64$

답 ⑤

17 연속하는 세 자연수를 $n-1$, n, $n+1$이라 하면

$(n-1)^2+n^2+(n+1)^2=302$

$3n^2+2=302$, $n^2=100$

$\therefore n=10$ ($\because n$은 자연수)

따라서 세 자연수는 9, 10, 11이므로 그 합은

$9+10+11=30$

답 30

18 x초 후에 넓이가 같아진다고 하면

$(24-2x)(15+5x)=24\times15$

$360+90x-10x^2=360$

$10x^2-90x=0$, $10x(x-9)=0$

$x>0$이므로 $x=9$

답 9초

19 $f(0)=b=-3$

$f(3)=-9+3a+b=-6$

$b=-3$이므로 $-9+3a-3=-6$

$\therefore a=2$

$\therefore a+b=-1$

답 -1

20 $y=(x-4)^2$의 그래프의 꼭짓점의 좌표는

$(4,\ 0)$ ...... ㉠

$y=x^2-2x+5=(x-1)^2+4$의 그래프의 꼭짓점의 좌표는 $(1,\ 4)$ ...... ㉡

㉠을 x축의 방향으로 -3만큼, y축의 방향으로 4만큼 평행이동하면 ㉡이 되므로

$m=-3$, $n=4$

$\therefore m+n=1$

답 1

21 ㈎에서 $a=2$

㈏, ㈐에서 꼭짓점의 좌표가 $(-1,\ -4)$이므로

$y=2(x+1)^2-4=2x^2+4x-2$

따라서 $b=4$, $c=-2$이므로

$a+b+c=4$

답 4

22 $y=x^2+ax+b$의 그래프는 아래로 볼록하므로 (꼭짓점의 y좌표)>0이면 모든 함숫값이 양수가 된다.

$$y=x^2+ax+b=\left(x+\frac{a}{2}\right)^2-\frac{a^2}{4}+b$$

에서 $-\dfrac{a^2}{4}+b>0$이므로 $a^2<4b$

위의 식을 만족하는 a, b는

$b=1$일 때 $a=1$

$b=2$일 때 $a=1,\ 2$

$b=3$일 때 $a=1,\ 2,\ 3$

$b=4$일 때 $a=1,\ 2,\ 3$

$b=5$일 때 $a=1,\ 2,\ 3,\ 4$

$b=6$일 때 $a=1,\ 2,\ 3,\ 4$

$1+2+3+3+4+4=17$이므로 구하는 확률은 $\dfrac{17}{36}$이다.

답 $\dfrac{17}{36}$

채점 기준	
모든 함숫값이 양수일 조건 알기	2점
꼭짓점 구하기	2점
조건을 만족하는 경우의 수 구하기	3점
답 구하기	1점

23 $80x-5x^2=240$에서 $x^2-16x+48=0$

$(x-4)(x-12)=0$

$\therefore x=4$ 또는 $x=12$

따라서 처음으로 높이 240 m인 지점에 도달하는 것은 4초 후이다.

답 4초 후

채점 기준	
식 세우기	2점
이차방정식 풀기	2점
조건에 맞는 답 구하기	2점

내신 만점 테스트 4회

1 ①

2 $9a-2(a-3)\times3+a-10=0$

$9a-6a+18+a-10,\ 4a+8=0$

$\therefore a=-2$

$a=-2$를 대입하면 $-2x^2+10x-12=0$

$x^2-5x+6=0,\ (x-2)(x-3)=0$

$\therefore x=2$ 또는 $x=3$ **답** ②

3 ① $(-2)^2=4$

② $(-2)\times(-2+2)=0$

③ $(-2+1)^2=-(-2)-1$

④ $2\times(-2)^2+3\times(-2)-2=0$

⑤ $(-2)^2-2-6\neq0$ **답** ⑤

4 $x=-1+\sqrt{3}$에서 $(x+1)^2=3$이므로

$a=1,\ b=3$

$\therefore a-b=-2$ **답** ②

5 근과 계수의 관계에서 $a+b=4,\ ab=-1$

① $x=a$가 근이므로 $a^2-4a-1=0$

$a-4-\dfrac{1}{a}=0,\quad a-\dfrac{1}{a}=4$

② $\dfrac{1}{a}+\dfrac{1}{b}=\dfrac{a+b}{ab}=\dfrac{4}{-1}=-4$

⑤ $a^2+b^2=(a+b)^2-2ab$

$\qquad\qquad =4^2-2\times(-1)=18$ **답** ①, ④

6 $x=2$를 $x^2-x+a=0$에 대입하면

$4-2+a=0\quad\therefore a=-2$

$x=2$가 $x^2+bx+c=0$의 근이고 이 이차방정식의 근의 개수가 1개이므로 $x=2$는 이 이차방정식의 중근이다.

즉, $x^2+bx+c=(x-2)^2$이므로

$b=-4,\ c=4$

$\therefore a+b+c=-2$ **답** ①

7 ① $6^2-4\times(-3)\times(-1)=24>0$: 2개

② $(-4)^2-4\times4\times1=0$: 1개

③ $1^2-4\times4=-15<0$: 0개

④ $4^2-4\times(-2)\times3=40>0$: 2개

⑤ $(-5)^2-4\times\dfrac{1}{2}\times1=23>0$: 2개

    답 ⑤

8 중근을 가지려면 $(2a)^2-4\times1\times b=0$이어야 하므로 $4a^2-4b=0$, 즉 $b=a^2$

$b=a^2$을 만족하는 순서쌍 $(a,\ b)$는

$(1,\ 1),\ (2,\ 4)$의 2개이므로 구하는 확률은

$\dfrac{2}{36}=\dfrac{1}{18}$ **답** ②

9 ⑤

10 $y=\dfrac{1}{2}(x+3)^2-4=\dfrac{1}{2}x^2+3x+\dfrac{1}{2}$

② 꼭짓점 : $(-3,\ -4)$ **답** ②

11 점 $(0,\ 1)$을 지나므로 $y=ax^2+bx+1$로 놓으면

점 $(2,\ -3)$을 지나므로 $4a+2b+1=-3$

$\therefore 2a+b=-2$ $\cdots\cdots$ ㉠

점 $(-1,\ 6)$을 지나므로 $a-b+1=6$

$\therefore a-b=5$ $\cdots\cdots$ ㉡

㉠, ㉡에서 $a=1,\ b=-4$

$\therefore y=x^2-4x+1=(x-2)^2-3$

    답 ③

12 $y=-2(x+1)^2-3$의 그래프는 위로 볼록하고 꼭짓점이 $(-1,\ -3)$이므로 제3, 4사분면을 지나고 제1, 2사분면은 지나지 않는다.

    답 ②

13 $y=\dfrac{1}{3}x^2$을 x축에 대칭이동한 그래프의 식은

$y=-\dfrac{1}{3}x^2$이고, 다시 x축의 방향으로 1만큼, y축의 방향으로 -1만큼 평행이동한 그래프의 식은

$y=-\dfrac{1}{3}(x-1)^2-1$ **답** ③

14 $y=-\frac{1}{2}(x-4)^2+4$이므로 $M=4$

$y=(x-2)^2-4$이므로 $m=-4$

$\therefore M+m=0$ **답** ②

15 $x^2+2x-3=0$에서 $(x+3)(x-1)=0$

$\therefore \mathrm{A}(-3,\ 0),\ \mathrm{B}(1,\ 0)$

또, $\mathrm{C}(0,\ -3)$이므로 점 C를 지나는 직선이 △ABC의 넓이를 이등분하려면 $\overline{\mathrm{AB}}$의 중점을 지나야 한다. $\overline{\mathrm{AB}}$의 중점은 $(-1,\ 0)$이므로 직선 $y=ax+b$는 두 점 $(-1,\ 0),\ (0,\ -3)$을 지난다.

$\therefore a=\frac{-3-0}{0-(-1)}=-3$ **답** ④

16 $\mathrm{P}(a,\ b)$이므로 $\mathrm{Q}(a,\ 0),\ \mathrm{R}(0,\ b)$

직선 l의 방정식은 $y=-\frac{1}{2}x+3$이고 점 P가 직선 l 위의 점이므로 $b=-\frac{1}{2}a+3$

$\square\mathrm{OQPR}=ab=a\left(-\frac{1}{2}a+3\right)$

$=-\frac{1}{2}a^2+3a$

$=-\frac{1}{2}(a-3)^2+\frac{9}{2}$

따라서 $a=3$일 때 최대이므로 이때

$b=-\frac{3}{2}+3=\frac{3}{2}$

$\therefore 2ab=2\times 3\times\frac{3}{2}=9$ **답** ④

17 $x^2+6x+7=0$의 두 근이 $p,\ q$이므로

$p+q=-6,\ pq=7$

$\therefore (p-q)^2=(p+q)^2-4pq$

$=36-28=8$

$p>q$이므로 $p-q=2\sqrt{2}$ **답** $2\sqrt{2}$

18 십의 자리의 수를 x라 하면 일의 자리의 수는 $14-x$이다.

$x(14-x)=10x+(14-x)-38$

$x^2-5x-24=0,\ (x+3)(x-8)=0$

x는 자연수이므로 $x=8$

따라서 두 자리의 자연수는 86이다. **답** 86

19 $\overline{\mathrm{AD}}=x$라 하면 $\overline{\mathrm{AE}}=x+1,\ \overline{\mathrm{EC}}=x+2$

$\overline{\mathrm{BC}}/\!/\overline{\mathrm{DE}}$이므로 $\overline{\mathrm{AD}}:\overline{\mathrm{DB}}=\overline{\mathrm{AE}}:\overline{\mathrm{EC}}$

$x:3=(x+1):(x+2),\ x(x+2)=3(x+1)$

$x^2-x-3=0$ $\therefore x=\frac{1\pm\sqrt{13}}{2}$

$x>0$이므로 $x=\frac{1+\sqrt{13}}{2}$ **답** $\frac{1+\sqrt{13}}{2}$

20 $y=a(x+1)(x-5)=a(x^2-4x-5)$

$=a(x-2)^2-9a$

$a>0$이고 $-9a=-18$이므로 $a=2$

$\therefore y=2(x^2-4x-5)=2x^2-8x-10$

따라서 $a=2,\ b=-8,\ c=-10$이므로

$\therefore a+b+c=-16$ **답** -16

21 $y=0$을 대입하면

$x^2-2ax+2a-1=0$ $\cdots\cdots$ ㉠

㉠의 두 근을 $p,\ q$라 하면

$p+q=2a,\ pq=2a-1$

$\overline{\mathrm{AB}}=|p-q|$이므로

$(p-q)^2=(p+q)^2-4pq=4a^2-8a+4$

$\overline{\mathrm{AB}}=2$에서 $\overline{\mathrm{AB}}^2=4$

즉, $4a^2-8a+4=4,\ 4a^2-8a=0$

$4a(a-2)=0$ $\therefore a=2\ (\because a>0)$ **답** 2

22 (1) $y=-x^2+2x+5=-(x-1)^2+6$

따라서 꼭짓점의 좌표는 $(1,\ 6)$이다.

(2) $\mathrm{B}(k,\ 0)$이면 $\mathrm{C}(k,\ -k^2+2k+5)$

또 두 점 A, B가 직선 $x=1$에 대칭이므로

$\overline{\mathrm{AB}}=2(k-1)$

$\square\mathrm{ABCD}$의 둘레의 길이는

$2\overline{\mathrm{AB}}+2\overline{\mathrm{BC}}=4(k-1)+2(-k^2+2k+5)$

$=-2k^2+8k+6$

$=-2(k-2)^2+14$

이므로 최댓값은 14이다.

답 (1) $(1,\ 6)$ (2) 14

채점 기준	
꼭짓점의 좌표 구하기	2점
$\overline{\mathrm{AB}},\ \overline{\mathrm{BC}}$의 길이를 k에 대한 식으로 나타내기	2점
둘레의 길이를 k에 대한 식으로 나타내기	2점
최댓값 구하기	2점